精选 案例效果图

U0240194

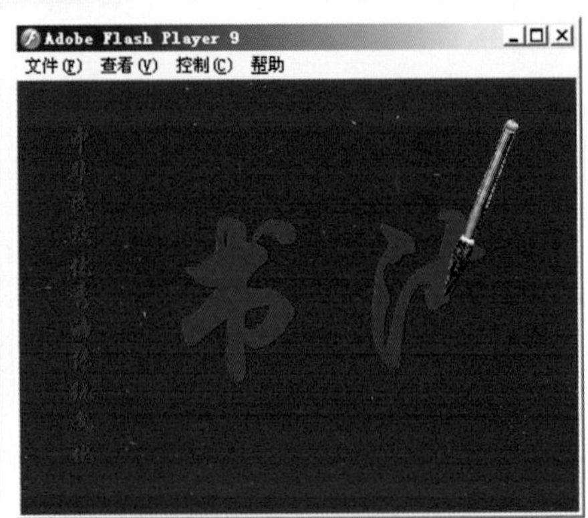
Adobe Flash Player 9
文件(F) 查看(V) 控制(C) 帮助

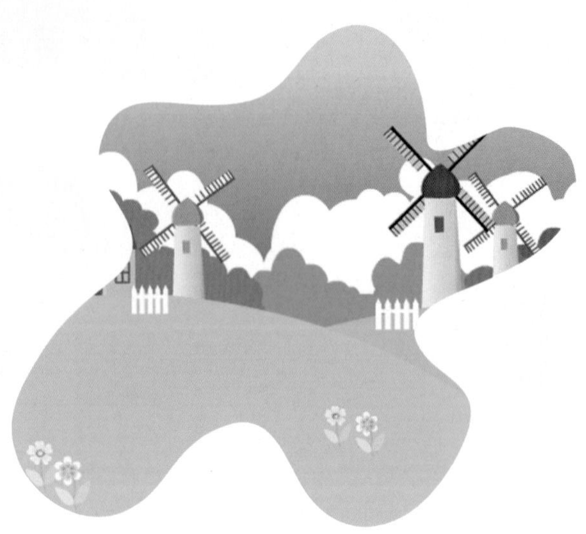

结果
文件(F) 视图(V) 控制(C) 调试(D)
开心
职场
36行
全省动画设计

场景 1
蝴蝶(背景透明)

精选 案例效果图

二维动画设计与制作 Flash CS3

ERWEI DONGHUA SHEJI YU ZHIZUO FLASH CS3

总主编 龙天才
副总主编 何长健 卢启衡
主　编 付仕平
副主编 黄 毅 左 红
主　审 黄渝川
编　者（以姓氏笔画为序）
付仕平 左 红 古建伟
何起虎 黄 毅 赖安芳
黎 伟

重庆大学出版社

内容提要

本书是中等职业学校计算机及应用专业的核心课程教材，采用案例任务驱动模式，介绍二维动画的设计与制作方法。全书共分10个部分，主要介绍了初识Flash CS3、使用Flash CS3设计工具、制作Flash CS3逐帧动画、创建补间动画、创建遮罩层动画、创建引导层动画、处理声音、创建ActionScript动画、应用Flash CS3组件、Flash综合实例等内容。

本书的特色在于案例丰富，图文并茂。既可作为中等职业学校计算机专业"二维动画设计与制作"的核心教材，也可作为初学者和爱好者一本无师自通的读物。

图书在版编目(CIP)数据

二维动画设计与制作Flash CS3 / 付仕平主编.
—重庆:重庆大学出版社,2011.7(2022.8重印)
(中等职业教育计算机专业系列教材)
ISBN 978-7-5624-6019-0

Ⅰ.①二… Ⅱ.①付… Ⅲ.①二维—动画—图形软件,Flash CS3—中等专业学校—教材 Ⅳ.①TP391.41

中国版本图书馆CIP数据核字(2011)第032277号

中等职业教育计算机专业系列教材
二维动画设计与制作Flash CS3
总主编 龙天才
副总主编 何长健 卢启衡
主 编 付仕平
副主编 黄 毅 左 红
主 审 黄渝川
策划编辑:王 勇 李长惠 王海琼
责任编辑:王海琼 张晓华 丁薇薇 版式设计:迪 美 王海琼
责任校对:邬 忌 责任印制:赵 晟

*

重庆大学出版社出版发行
出版人:饶帮华
社址:重庆市沙坪坝区大学城西路21号
邮编:401331
电话:(023) 88617190 88617185(中小学)
传真:(023) 88617186 88617166
网址:http://www.cqup.com.cn
邮箱:fxk@cqup.com.cn(营销中心)
全国新华书店经销
重庆升光电力印务有限公司印刷

*

开本:787mm×1092mm 1/16 印张:14.25 字数:356千 插页:16开1页
2011年7月第1版 2022年8月第10次印刷
印数:21 501—23 500
ISBN 978-7-5624-6019-0 定价:38.00元

编委会 BIANWEIHUI

序 XU

2010年，我国中等职业教育进入了一个新的时期，国家中长期教育改革和发展规划纲要明确指出了我国职业教育的发展方向。国务院要求各地要以落实国家中长期教育改革和发展规划纲要为契机，以服务为宗旨，以就业为导向，以提高质量为重点，改革人才培养模式，实行工学结合、校企合作、顶岗实习，使行业和企业真正参与教育教学环节，促进职业教育与经济社会发展需求更加适应。经过多年的努力，职业教育有了长足的进步，不少教师已摆脱传统教学方式，采用学生喜欢且易于接受的方式，结合学生就业，将工作过程引入课堂，以“项目”为教学驱动，让学生从感性到理性，不急于让学生知道为什么，先让他们感受怎么做，再回到为什么这么做。

在编写本套丛书之前，我们召集了四川、重庆、云南、湖南、江西、浙江等省一线教师和教育专家进行了多场座谈，对老师们的教学思想和实际教学情况总结。应老师们的要求，积极联系行业企业，将很多对学生学习有用的实际工作案例同老师们分享。

本套丛书就是根据现代职业教育的“以学生为主体，以能力为主导，以就业为导向”总体教育理念的要求，结合中等职业学校学生学习现状及学生就业职业能力的要求编写的教材，在设计“项目”和“案例”时尽可能结合行业、企业中的实际工作，同时还参考了劳动和社会保障部全国计算机信息高新技术考试大纲，方便学生学习后也能顺利获取“职业资格证”。

本套丛书作为中等职业学校计算机应用专业教材，突出技能，在学生完成项目后能了解到工作过程，并在实施项目的过程中培养团队精神。丛书编写风格一致，从场景引入，激发学生学习兴趣，并通过项目分析、实施过程及拓展提高等栏目逐步提高学生实际操作能力。

由于编者水平有限，加之与行业企业交流深度还不够，不妥之处还请有关专家、教师们指正，争取在教材修订时让教材有新的变化。

丛书编委会

2010年6月

前言 QIANYAN

在因特网迅猛发展的今天，网络技术已引入了很多的多媒体元素，特别是可以包含声音和视频的动画。Flash技术发展到今天，已经真正成为了网络多媒体的标准，在互联网中得到广泛的应用与推广。Flash是交互式矢量动画设计与制作软件，因其强大的网络应用平台而深受广大动画设计人员和电脑爱好者的喜爱。Flash动画文件质量高、体积小，广泛用于网站设计、广告、CAI、MTV、游戏等领域。不但可以在动画中加入声音、视频、位图，还可以设计出交互式的综合性网站。在日常的学习、工作和生活中诸如课件制作、贺卡设计、多媒体宣传等方面都能让Flash大显身手。

本书使用Flash CS3中文版来引导读者学习二维动画的设计与制作，掌握二维动画制作的一般方法和技巧。本书融合了众多的实际应用案例，每一案例下有多个任务，使用图解的方式说明动画的制作过程。由浅入深，循序渐进地介绍了二维动画设计与制作的基本知识与基本技巧。每一个案例、每一个任务都精心设计，以操作为主，重在动手。另外，本书用到的素材、源文件、最终效果文件以及配套的电子课件等，读者可以在重庆大学出版社网站（www.cqup.com.cn，用户名和密码：cqup）下载。

本书共分为如下10章：

1. 初识Flash CS3。本章首先带领大家一起欣赏3个Flash动画，介绍了Flash CS3软件的安装方法，并通过具体案例详尽介绍了二维动画设计与制作的开发流程。本章还重点介绍了工具箱及面板的使用方法，同时了解动画制作的一般操作，包括文档的发布和输出。

2. 使用Flash CS3设计工具。图形和文字是Flash动画的基础，所以掌握绘图工具的使用对于制作好的Flash作品是至关重要的。由于Flash的绘图工具种类比较多，本章将各种工具融入到案例中进行讲解，以达到学以致用的目的。

3. 制作Flash CS3逐帧动画。重点介绍逐帧动画的制作方法及动画制作的相关重要概念。

4. 创建补间动画。重点介绍动画补间和形状补间动画的主要设计方法和技巧。

5. 创建遮罩层动画。主要通过一些职场中最常见的Flash范例引导读者理解遮罩动画的原理，掌握遮罩层动画的创建方法和创作技巧。

6. 创建引导层动画。主要通过案例引导读者理解引导层动画的原理，掌握引导层动画的创建方法和创作技巧。

7. 处理声音。重点介绍Flash CS3中对声音进行处理的常见方法和技巧。

8. 创建ActionScript动画。通过使用动作脚本来设计与制作交互式动画。

9. 应用Flash CS3组件。重点介绍Flash CS3中常用的组件以及如何利用组件开发应用程序。

10. Flash综合实例。重点介绍Flash CS3在实际工作中的运用，主要包括电子贺卡的制作、网络广告的设计和简单程序的开发。

本书由付仕平任主编，黄毅、左红任副主编，由龙天才、何长健、卢启衡、黄渝川审读全稿并提出了许多宝贵意见，参与编写及整理工作的有付仕平（第1章和第8章）、左红（第1章）、赖安芳（第2章）、何起虎（第3章和第7章）、古建伟（第4章）、黄毅（第5章和第6章）、黎伟（第9章）、林云（第10章）。

由于时间有限，书中难免会存在一些错误和疏漏之处，敬请各位读者、教师和专家批评指正。

编　者

2010年9月

目录 MULU

1

初识Flash CS3

Flash CS3是美国Adobe公司开发的用于矢量动画编辑和动画创作的二维动画软件，主要应用于网页设计和多媒体创作等领域，功能十分强大。其生成的动画具有体积小、交互性强、可无损放大和兼容性好等特点，可创造出效果细腻而独特的网页和多媒体作品，是一种交互式矢量多媒体技术。Flash通常包括Macromedia Flash和Macromedia Flash Player，前者用于设计和编辑Flash文档，后者用于播放Flash影片。Flash因其发布的文件非常小，特别适用于创建通过 Internet提供的内容。

学习目标

学会如何去欣赏一个Flash动画；
熟悉Flash CS3软件的窗口界面；
熟悉二维动画设计与制作的开发流程和具体的制作过程。

案例1.1　走进Flash CS3

王小东听说动画公司正在招聘动画制作人员，而且薪水较高，所以准备在Flash CS3方面有所发展。他平时在网页上看到许多非常不错的Flash 作品，已经领略到Flash的无穷魅力，迫不及待地想用这个软件来设计出自己的作品。现在我们就和王小东一起走进Flash CS3。

任务  欣赏Flash作品

任务要求

◎欣赏用Flash CS3制作好的作品，并能作一些思考。

任务解析

1.相关知识

欣赏动画作品，要具备一定的的美工知识和创新意识，除了要多想一想，看一看，还要多试一试，练一练。

2.操作步骤

第1步：双击素材\案例1.1\卷轴画效果.swf，欣赏卷轴由中间向两边打开画面的动画，如图1.1.1所示。

图1.1.1　Flash作品——卷轴画效果

想一想

为什么能够实现逐步展开的效果？

第2步：双击素材\案例1.1\毛笔书法.swf，欣赏用毛笔书写字的动画，如图1.1.2所示。

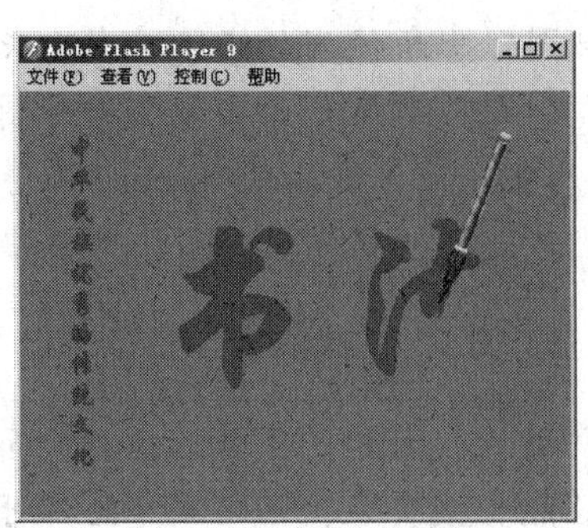

图1.1.2　Flash作品——毛笔书法

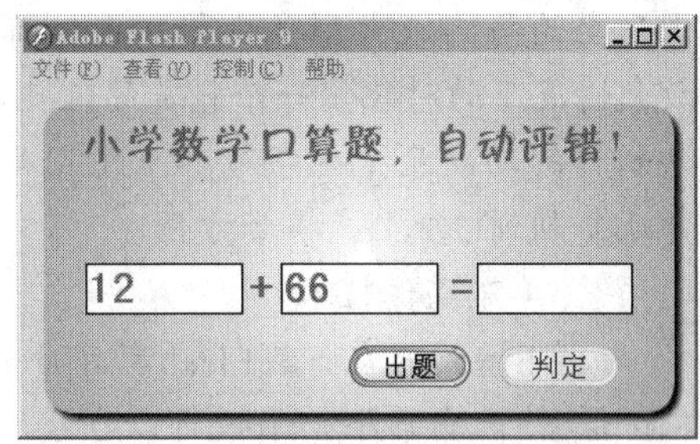

图1.1.3　Flash作品——小学数学口算题

为什么毛笔的运动方向刚好是字的笔画走向？

第3步：双击素材\案例1.1\小学数学口算题.swf，欣赏动画作品是如何实现交互的，如图1.1.3所示。运行后，先单击“出题”按钮，作品会自动出题，你在“=”号后的文本框中输入答案，并单击“判定”按钮。

为什么单击“出题”按钮后能自动随机的出题？怎样保证是100以内的算术题？当你输入答案并单击“判定”按钮后，作品为什么能够正确地进行判别并给出提示？

你也可以借助 Internet 去领略更多、更好的Flash作品。

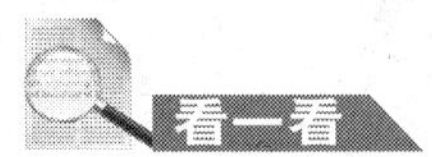

Flash的特点

（1）操作简单，容易学习。

Flash是通过帧来组织动画。在制作动画时，只要将某段动画的第一帧和最后一帧制作出来，在这两帧之间移动、旋转、变形和颜色的渐变都可以通过简单的设置来实现，从而在最短的时间制作出最优秀的作品。

（2）矢量格式，文件小。

下载一个含有几个场景的Flash动画文件只需几分钟的时间，因为Flash的图

形系统是基于矢量的，而不是大多数网页动画图像中所使用的点阵技术。矢量图形无论将它放大到多少倍，图像都不会失真，图1.1.4所示为矢量图和位图在放大情况下的对比。一个精美的Flash动画大约几兆字节，这相对Authorware等软件制作的动画几十兆字节甚至几百兆字节，优势是再明显不过的了，可以很方便地复制到U盘上，携带方便。

（3）流媒体技术。

Flash播放器在下载Flash影片时采用流媒体方式，可以边下载边播放。而且Flash播放器非常小，不仅可以在线下载并且还能直接安装，任何浏览器都可以顺利观看。

（4）强大的交互功能。

内置ActionScript语言，能生成复杂的互动性动画，交互性更人性化。一个课件的制作要用到不少交互性按钮，而正是这些交互性按钮，使教学操作起来得心应手。图1.1.5所示为CAI课件，交互性极强。另外，图1.1.3所示的小学数学口算题也是一个交互性作品。

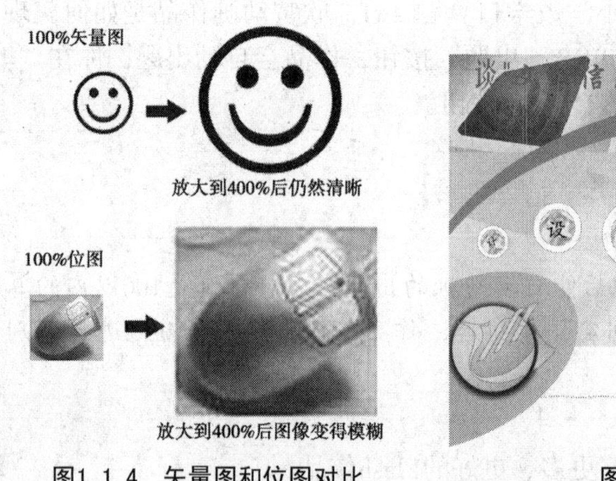

图1.1.4　矢量图和位图对比

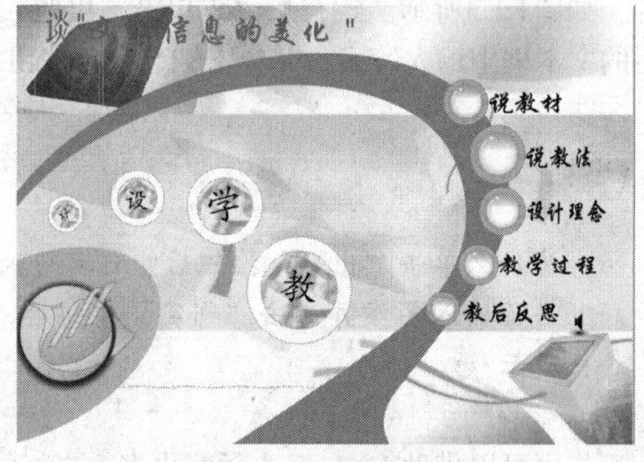

图1.1.5　CAI课件封面

任务 2 走进Flash CS3

王小东对Flash动画一直很感兴趣，但对相关知识和操作仍然生疏。他深知“万丈高楼平地起”的道理，所以决定从最基本的知识入手学习。现在我们就和小东一起来认识一下Flash CS3吧。

Adobe Flash CS3作为一款动画设计软件，其首要任务就是图形绘制，所以了解绘制图形的工具箱和一些基础面板的使用方法是学习Flash CS3的基础。下面我们通过实例来认识Flash CS3的窗口和界面。

任务要求

◎掌握工作区的布局操作，熟悉工作区，熟悉创作环境。

◎熟练掌握工具箱的使用方法，理解工具箱的作用。

◎掌握浮动面板的基本操作，理解浮动面板的作用。

◎掌握属性面板的基本操作，理解属性面板的作用。

任务解析

1.工作区

1）相关知识

Flash CS3的工作窗口如图1.1.6所示，由标题栏、菜单栏、主工具栏、文件选项卡、编辑栏、图层、时间轴、工作区（舞台）、工具箱以及各种面板组成。

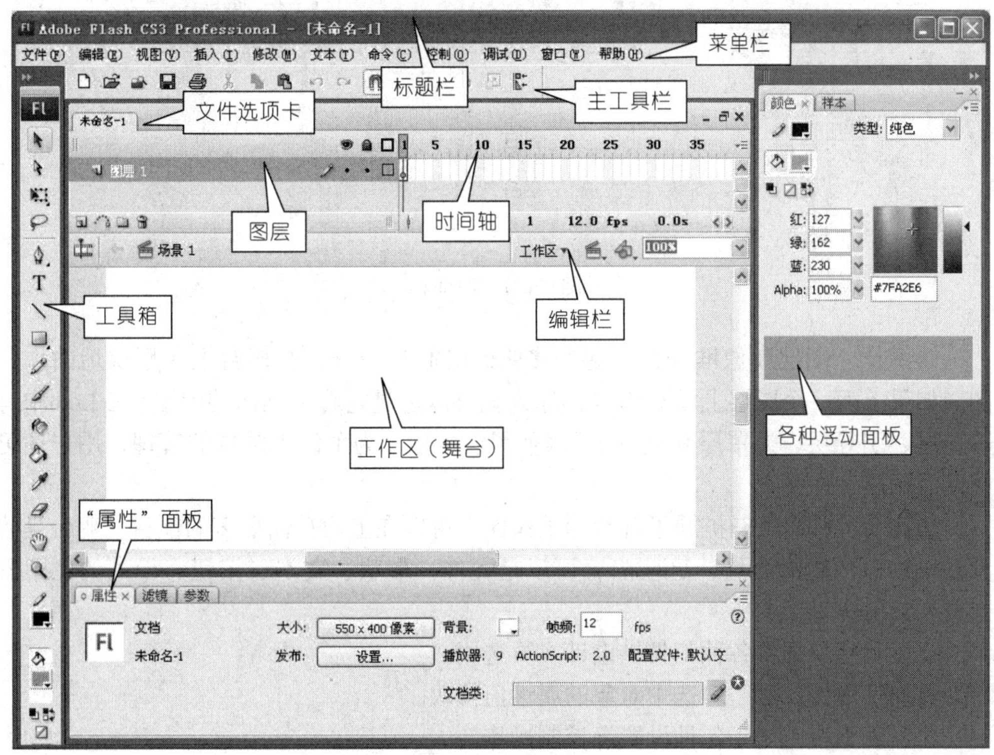

图1.1.6 Flash工作窗口

◎标题栏：自左到右依次为控制菜单按钮、软件名称、当前编辑的文件名称和窗口控制按钮。

◎主工具栏：通过它可以快捷地使用Flash CS3的控制命令。

◎文件选项卡：主要用于切换当前要编辑的文档，其右侧是文件控制按钮。

◎编辑栏：可以用于时间轴的隐藏或显示、工作区布局的切换、编辑场景或编辑组件的切换、舞台显示比例设置等。

◎时间轴：用于组织和控制文件内容在一定时间内播放的图层数和帧数，如图1.1.7所示。

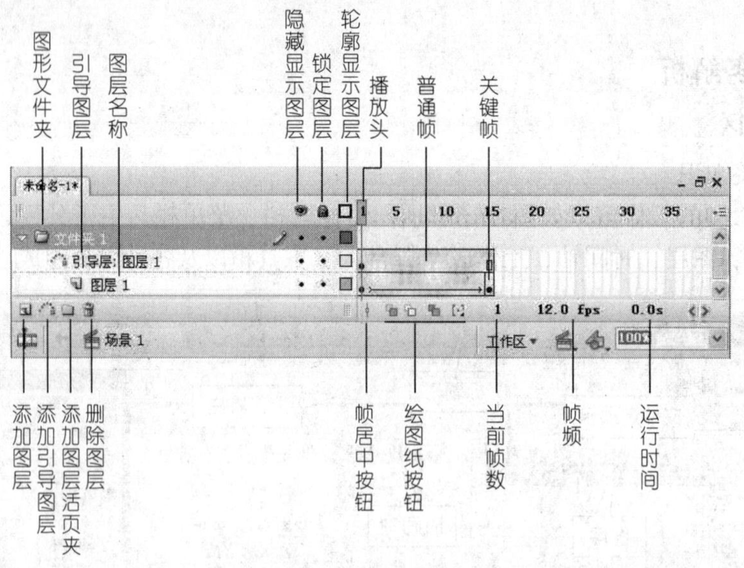

图1.1.7　时间轴

◎图层：图层就像堆栈在一起的多张幻灯胶片一样，在舞台上一层层地向上迭加。如果上面一个图层上没有内容，那么就可以透过它看到下面的图层。 Flash中有普通层、引导层、遮罩层和被遮罩层4种图层类型。为了便于图层的管理，用户还可以使用图层文件夹。

◎舞台：Flash CS3扩展了舞台的工作区，可以在上面存储更多的项目。舞台是放置动画内容的矩形区域，这些内容可以是元件、形状、文本、按钮、导入的位图图形或视频剪辑等。

◎工具箱：提供各种工具供设计人员选用。

◎属性面板：用于对选中对象的属性值修改。

◎浮动面板：用于各种设置等控制操作。

2）操作步骤

第1步：启动Flash CS3，选择【文件】→【新建】命令，新建一个文档。

第2步：修改文档大小为400像素×150像素，背景颜色为黑色，如图1.1.8所示。

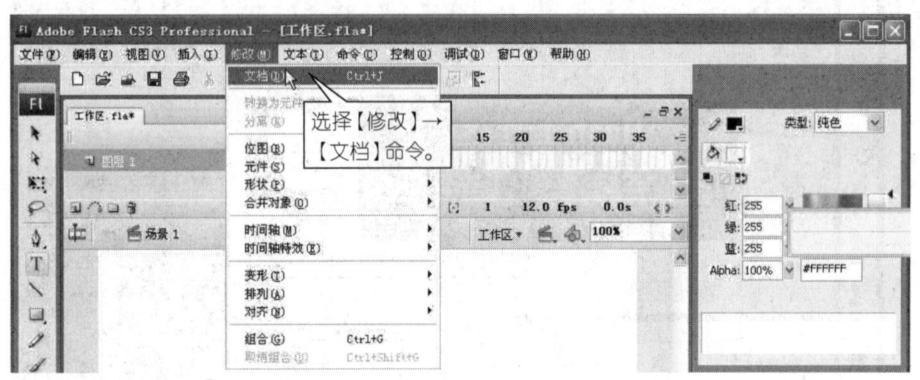

图1.1.8

第3步：设置“文档属性”对话框

第4步：修改图层1名称为“文字 具，设置字号为“40”，白色，加粗，输入“flash工作区”，如

第5步：新建一个图层，更改其名称为 选择文字工具，设置字号为“28”，白色，加粗，输入“时间轴、图层、舞台、工具箱、面板”，如图1.1.11所示。

第6步：保存文件。选择【文件】→【保存】命令，命名为“工作区.fla”。

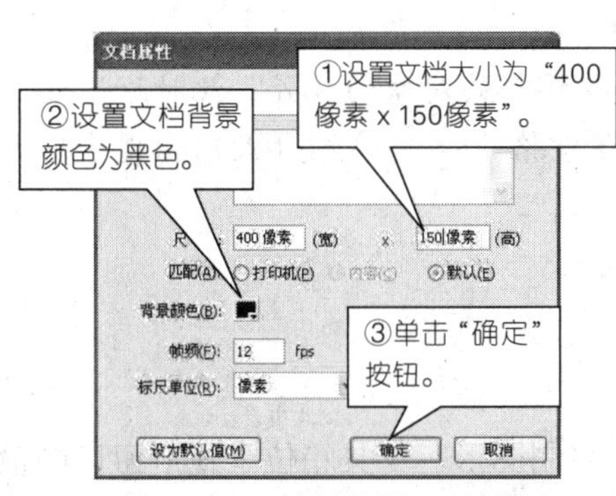

图1.1.9 “文档属性”对话框

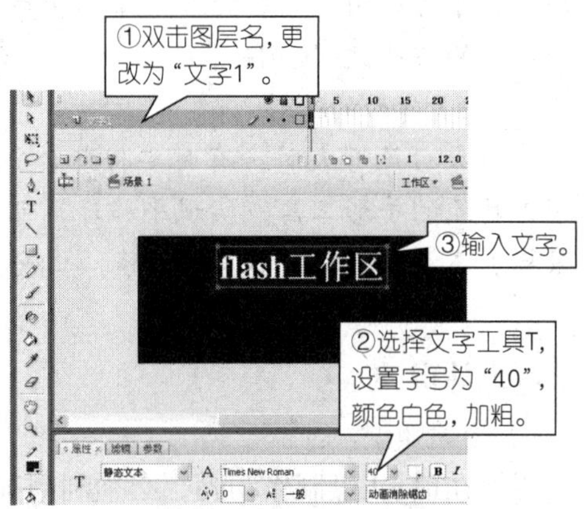

图1.1.10 处理文字1图层

图1.1.11　添加文字层2

试一试

（1）舞台的放大缩小。

在绘制动画的过程中，有些时候需要把舞台上的对象进行放大或缩小处理，除了可以用工具箱的缩放工具调整外，放大舞台的快捷键“Ctrl ++”，缩小舞台的快捷键“Ctrl+-”。

（2）舞台的平移。

当舞台足够大时，有时要将舞台平移至要编辑的对象的位置，此时除了使用工具箱的手形工具实现平移外，可以按住空格（Space）键（此时出现手形鼠标）不放，移动鼠标实现平移。

2.工具箱

1）相关知识

要想在Flash里制作动画，必须利用工具箱绘制图形。工具箱位于整个窗口的最左边，通过单击工具箱上方的按钮可在单双列之间切换。单击【窗口】→【工具】命令，可以打开或关闭如图1.1.12所示的工具箱。Flash CS3的工具箱中包含一套完整的绘图工具。

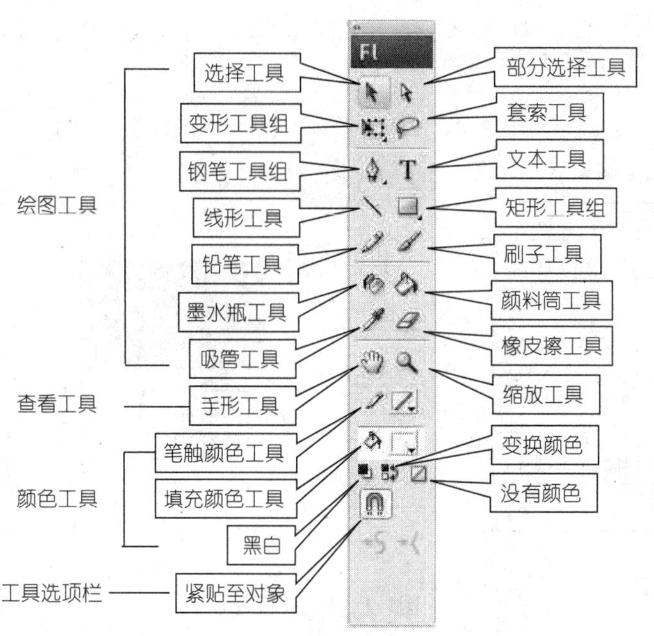

图1.1.12　工具箱说明

工具箱分为绘图工具、查看工具、颜色选择工具和工具选项栏4个部分。用鼠标单击工具箱中的目标工具图标，就可以启动该工具。工具箱选项栏会显示当前工具的具体可用设置项。

图1.1.13　变形工具

其中右下角带小三角形的工具，表示还有可选工具。鼠标按住该工具按钮不放，会出现可选工具进行选择。在图1.1.13所示的变形工具组中，它包括了任意变形工具和渐变变形工具。

2）操作步骤

第1步：启动Flash CS3，选择【文件】→【新建】命令，新建一个文档。

第2步：选择矩形工具，设置红色填充色，无线条，绘制矩形，如图1.1.14所示。

第3步：选择【文件】→【保存】命令，保存的文件命名为“矩形.fla”。

3.浮动面板

1）相关知识

面板是Flash CS3中编辑对象的途径，可以通过面板设置对象的属性，进行各种操作。

（1）打开面板

可以通过选择“窗口”菜单中的相应命令打开指定面板。

（2）关闭面板

在已经打开的面板标题栏上右键单击，然后在弹出的快捷菜单中选择“关闭面

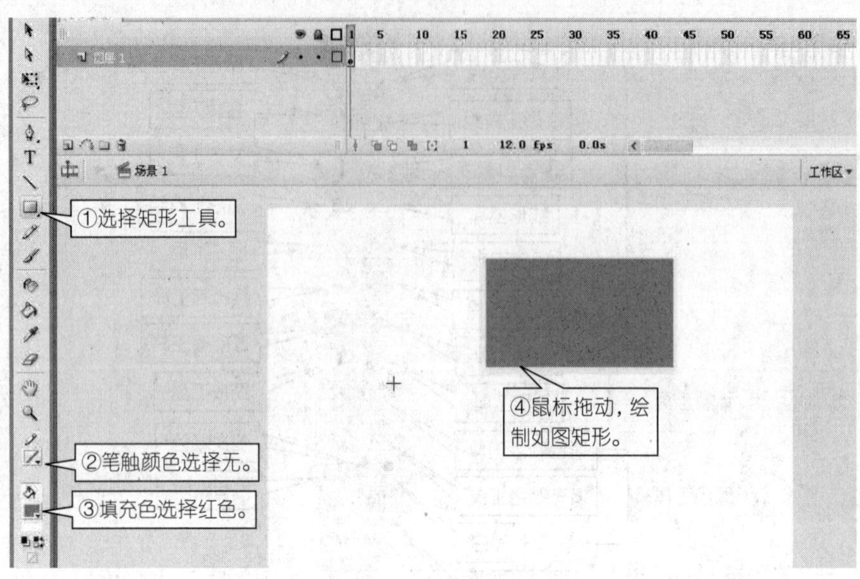

图1.1.14　绘制矩形

板”命令即可，或者也可直接单击面板右上角的“关闭”按钮。

（3）重组面板

在已经打开的面板标题栏上右键单击，然后在弹出的快捷菜单中选择“将面板组合至”某个面板中即可。

（4）重命名面板组

在面板组标题栏上右键单击，然后在弹出的快捷菜单中选择“重命名面板组”命令，打开“重命名面板组”对话框。在定义完“名称”后，单击“确定”按钮即可。

如果不指定面板组名称，各个面板会依次排列在同一标题栏上。

（5）折迭或展开面板

单击标题栏或者标题栏上的折迭按钮可以将面板折迭为其标题栏，再次单击即可展开。

（6）移动面板

可以通过拖动标题栏区域或者将固定面板移动为浮动面板。

（7）将面板缩为图标

在Flash CS3中，面板的操作增加了一项新内容，即“折叠为图标”，它能将面板以图标的形式显现，进一步扩大了舞台区域，为创作动画提供了良好的环境。

（8）恢复默认布局

可以通过选择【窗口】→【工作区布局】→【默认】命令即可。

2）操作步骤

第1步：新建文件。

第2步：用矩形工具，无线条色，黑色填充色绘制一正方形，如图1.1.15所示。

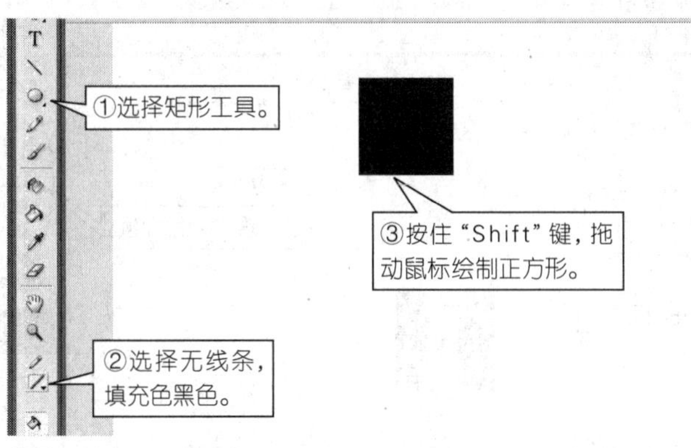

图1.1.15　绘制黑色矩形

第3步：更改填充类型为线性，如图1.1.16所示。

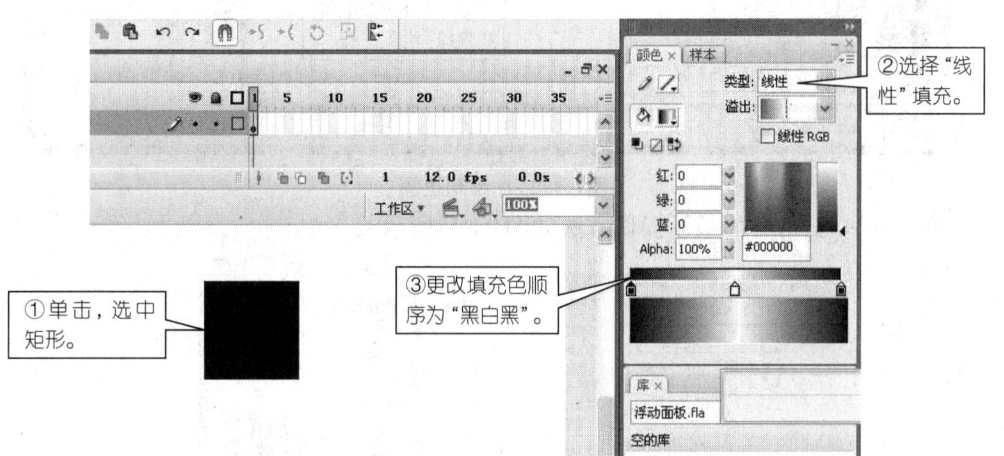

图1.1.16　改变填充色

试一试

调整线性填充颜色的方法如下：

①单击中间部分，添加一个色标。

②单击某一色标，上下拖动 中的三角形滑块，调整色标颜色。

第4步：用椭圆工具绘制一正圆形，无线条色，由红到黑的放射状渐变，如图1.1.17所示。

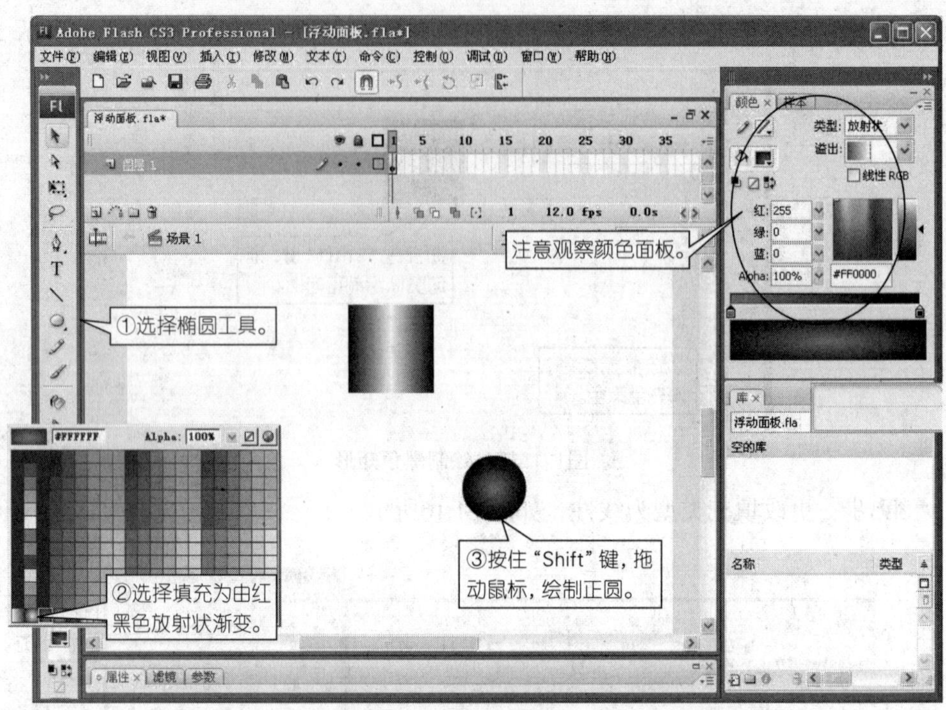

图1.1.17　绘制正圆

第5步：打开对齐面板，操作方法如图1.1.18所示。

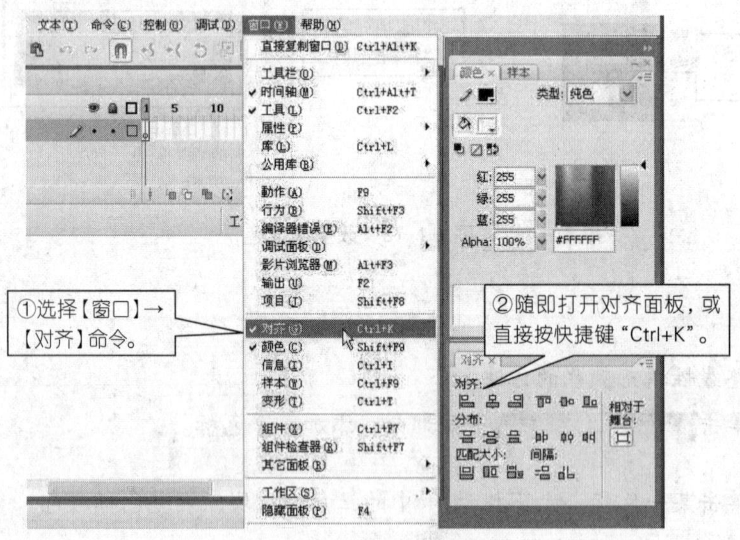

图1.1.18　打开对齐面板

第6步：将两图形居中对齐，如图1.1.19所示。

第7步：选择【文件】→【保存】命令，保存文件，命名为“对齐面板-水平中齐.fla”。

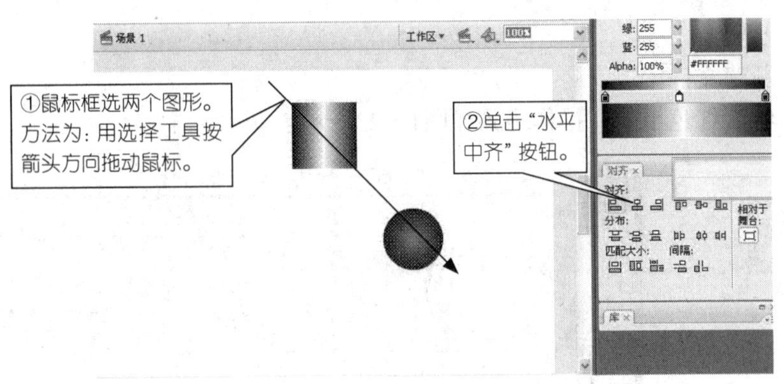

图1.1.19　居中对齐图形

4.属性面板

1）相关知识

（1）属性面板介绍

使用属性面板可以很容易地设置舞台或时间轴上当前选定对象的最常用属性，从而加快Flash文档的创建过程，如图1.1.20所示。

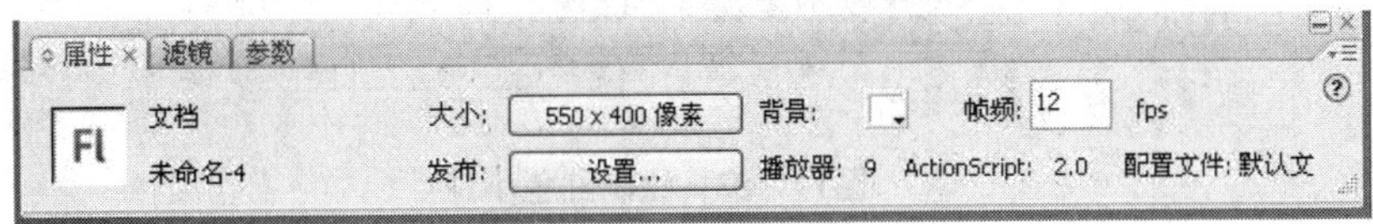

图1.1.20　属性面板

当选定不同的对象时，属性面板中会出现不同的设置参数，默认状态下显示文档的大小、背景色等相关信息，即文档的属性。

（2）最小化和恢复属性面板（如图1.1.21和图1.1.22所示）

图1.1.21　最小化属性面板

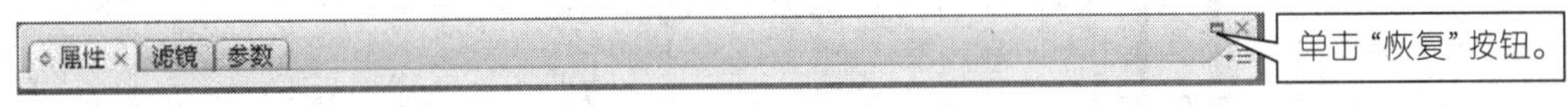

图1.1.22　展开属性面板

要最小化和恢复属性面板，也可以单击属性面板的标题栏空白处，也就是“最小化”和“恢复”按钮左边的空白部分。

2）操作步骤

第1步：新建文件。

第2步：绘制红色小球，操作步骤如图1.1.23所示。

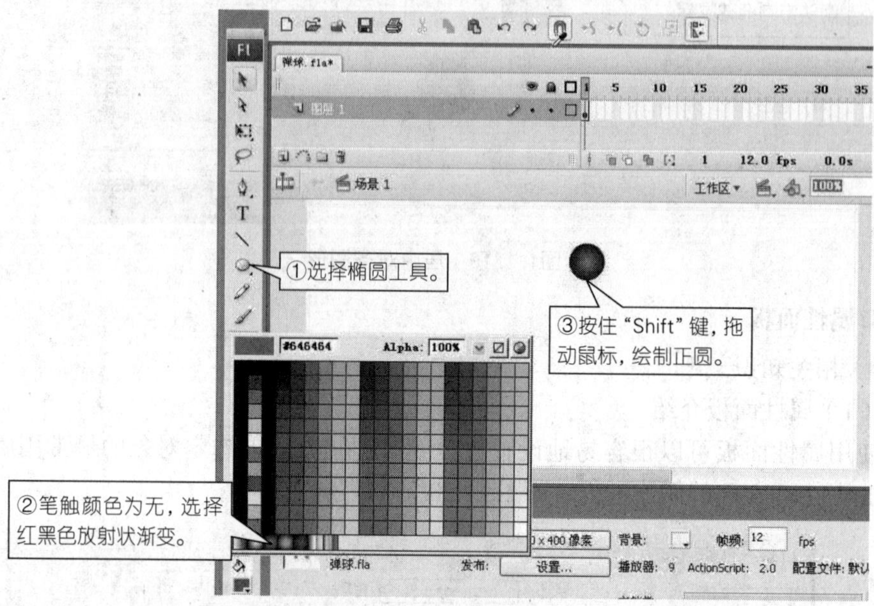

图1.1.23　绘制红色小球

第3步：将小球转换为元件，如图1.1.24所示。

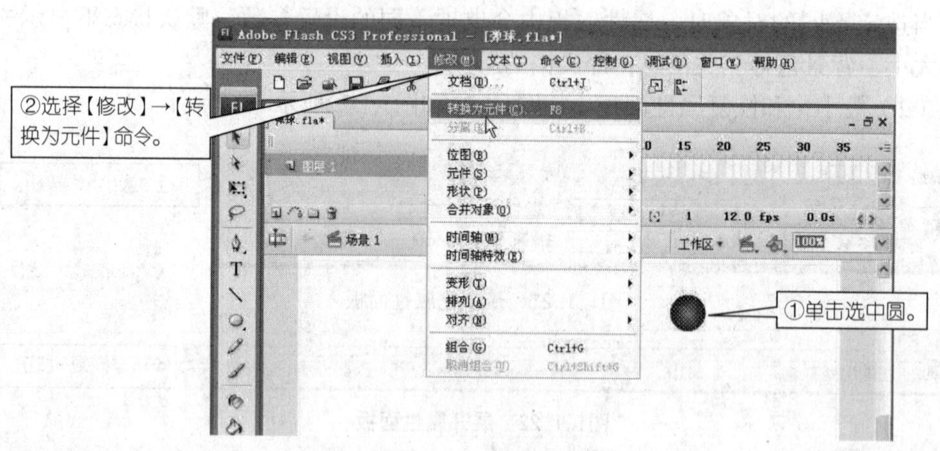

图1.1.24　转换为元件

第4步：设置转换为元件对话框，如图1.1.25所示。

第5步：插入关键帧，如图1.1.26所示。

第6步：添加动画补间动画，如图1.1.27所示。

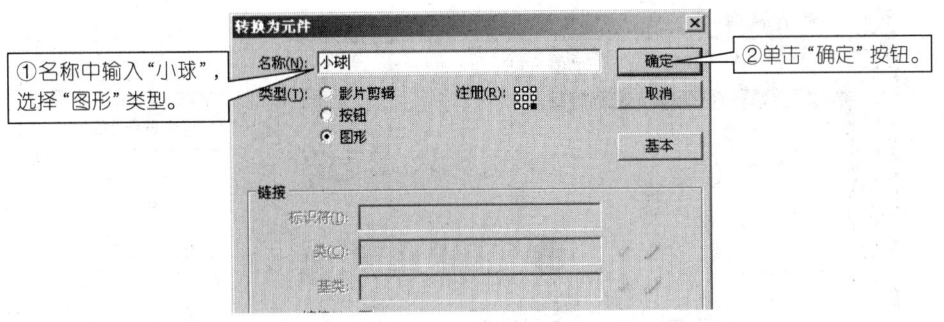

图1.1.25　“转换为元件”对话框

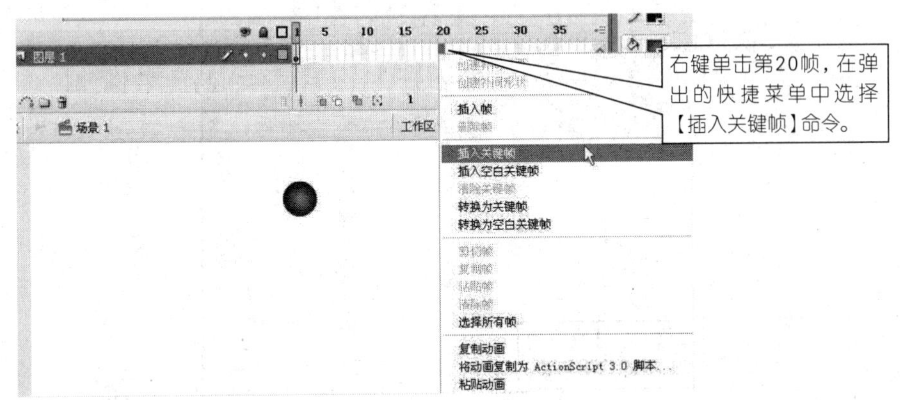

图1.1.26　插入关键帧

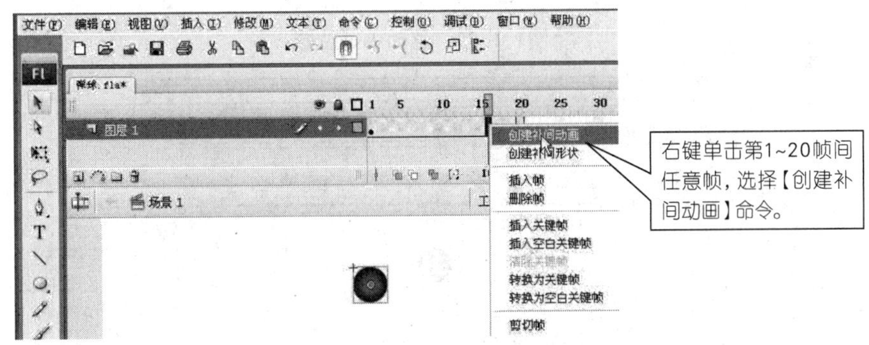

图1.1.27　创建补间动画

第7步：用同样的方法，在第40帧处按“F6”键插入关键帧，并在第20~40帧间也创建补间动画，如图1.1.28所示。

第8步：移动20帧处小球的位置，如图1.1.29所示。

第9步：修改第1帧小球移动速度（加速），如图1.1.30所示。

第10步：同第9步，修改第20帧处小球移动速度（减速），第20帧处的缓动设为“100”。

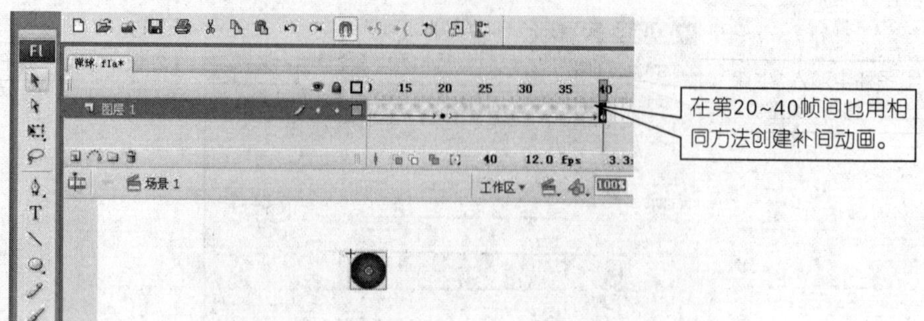

图1.1.28　插入关键帧、创建补间动画

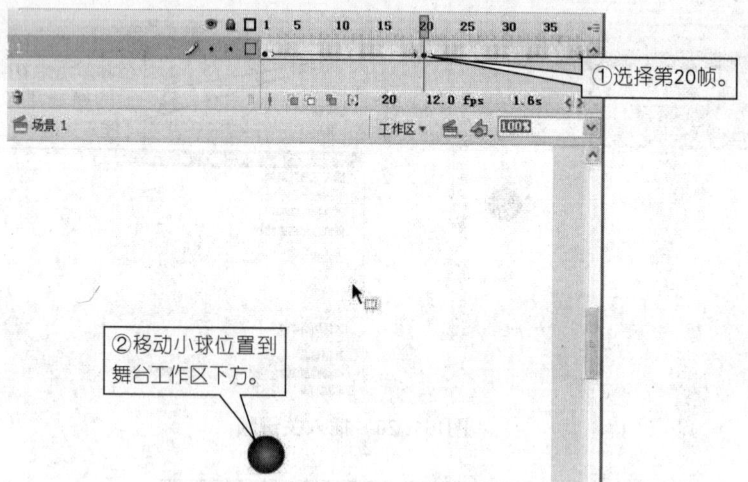

图1.1.29　移动小球位置

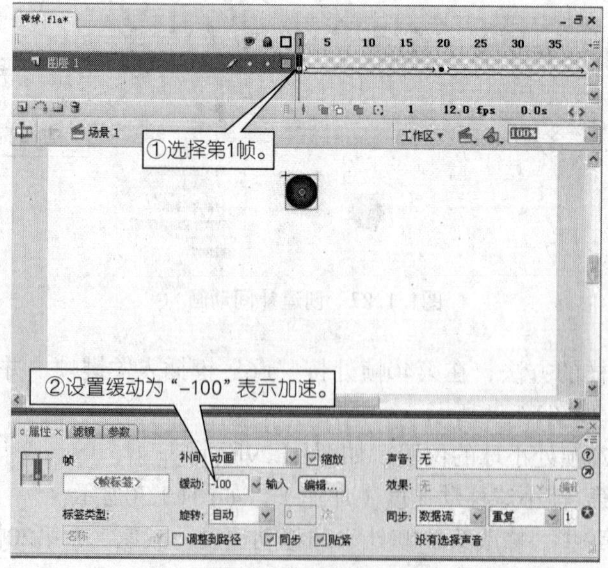

图1.1.30　修改缓动

第11步：保存文件，命名为“弹球.fla”。

第12步：按快捷键“Ctrl+Enter”观看影片测试效果。小球至上而下时，加速下移，小球至下而上时，减速上移。

滤镜面板

在默认情况下，滤镜面板和属性面板、参数面板组成一个面板组，如图1.1.31所示。它是管理Flash滤镜的主要工具，增加、删除滤镜或改变滤镜的参数等操作都可以在此面板中完成。使用滤镜功能，可以对文本、影片剪辑、按钮制作出许多以前只在Photoshop或Fireworks等软件中才能完成的效果，比如阴影、模糊、发光、斜角、渐变发光、渐变斜角和调整颜色等。这些将在后面的章节中具体介绍。

图1.1.31　滤镜面板

对于图1.1.31中的滤镜面板，为什么操作按钮无法使用？

（1）输入任意文字，利用属性面板修改文字属性。

（2）利用滤镜面板，试着自己制作一些特效文字。

任务  设置Flash CS3工作环境参数

王小东在制作动画的过程中，发现有时舞台太小，面板所占位置太多，不利于编辑，工作环境的设置等都还不是很清楚，他想进行调整，以适应自己的需要。本案例我们就和小东一起来进行Flash CS3的首选参数的设置，即平时所说的个性化定制。

本任务进行Flash CS3工作环境的简单设置。

■ 任务要求

◎掌握首选参数的设置。

◎熟练调整工作环境适应舞台编辑需要。

◎记住常用快捷键，并灵活运用基本快捷键进行操作。

■ 任务解析

1.相关知识

选择【编辑】→【首选参数】命令设置首选参数。在首选参数设置中可以进行常规、Action Script、警告、文本等的相应设置。

图1.1.32　舞台比例调整

工作时根据需要可以改变舞台显示的比例大小，可以在时间轴右上角的“显示比例”中设置显示比例，如图1.1.32所示。最小比例为“8%”，最大比例为“2000%”，在下拉菜单中有3个选项：

◎【符合窗口大小】：用来自动调节到最合适的舞台比例大小。

◎【显示帧】：可以显示当前帧的内容。

◎【全部显示】：能显示整个工作区中包括在舞台之外的元素。

选择工具箱中的手形工具，在舞台上拖动鼠标可平移舞台。选择缩放工具，在舞台上单击可放大或缩放舞台的显示。选择缩放工具后，在工具箱的选项下会显示“放大”按钮和“缩小”按钮，单击它们可分别在放大视图工具与缩小视图工具之间切换。选择缩放工具后，按住“Alt”键，单击舞台，也可缩小视图。

2.操作步骤

第1步：选择【编辑】→【首选参数】命令，如图1.1.33所示。

第2步：设置启动时显示“欢迎屏幕”，设置测试影片在选项卡中，如图1.1.34所示。

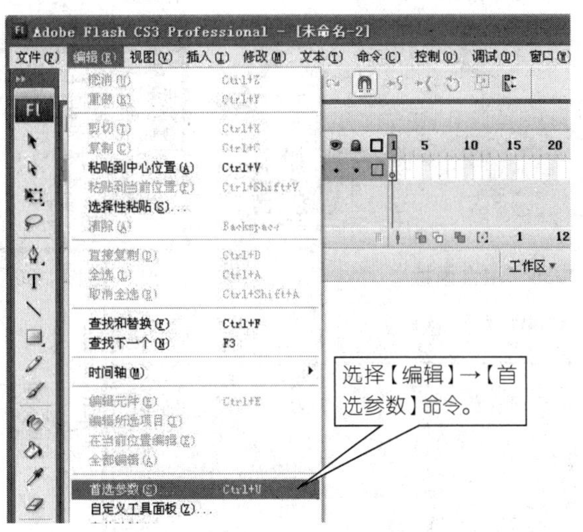

图1.1.33　选择“首选参数”命令

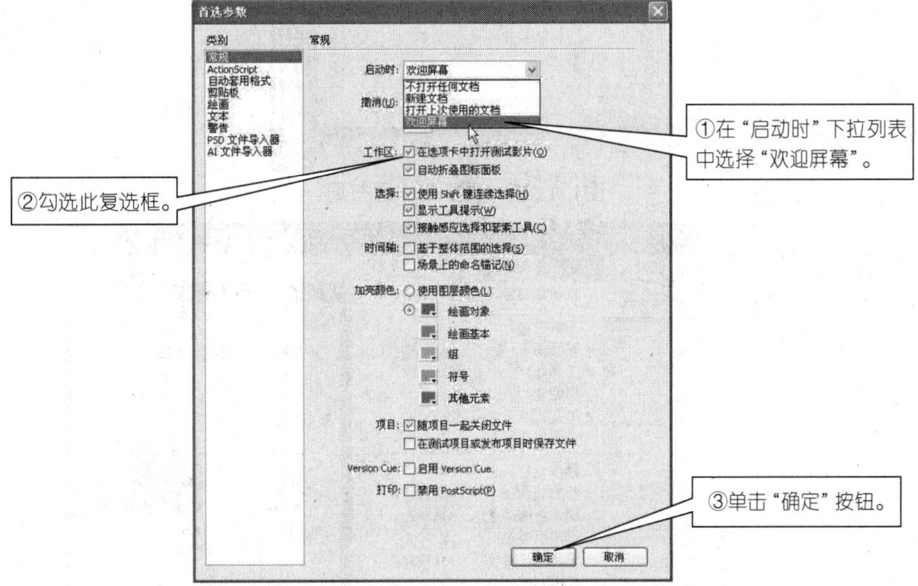

图1.1.34　设置参数

第3步：组合面板。以拖动对齐面板到颜色面板为例，先按快捷键“Ctrl+K”打开对齐面板，如图1.1.35所示。组合面板的效果，如图1.1.36所示。

第4步：将工作区布局设置为“仅图标默认值”，操作步骤如图1.1.37所示。

第5步：恢复面板界面的默认显示，其操作如图1.1.38所示，这时工作区将恢复到最初的默认布局。

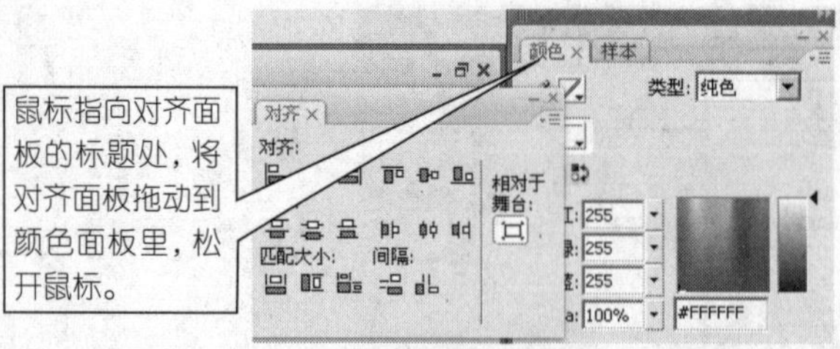

图1.1.35　组合面板　　图1.1.36　面板组合后

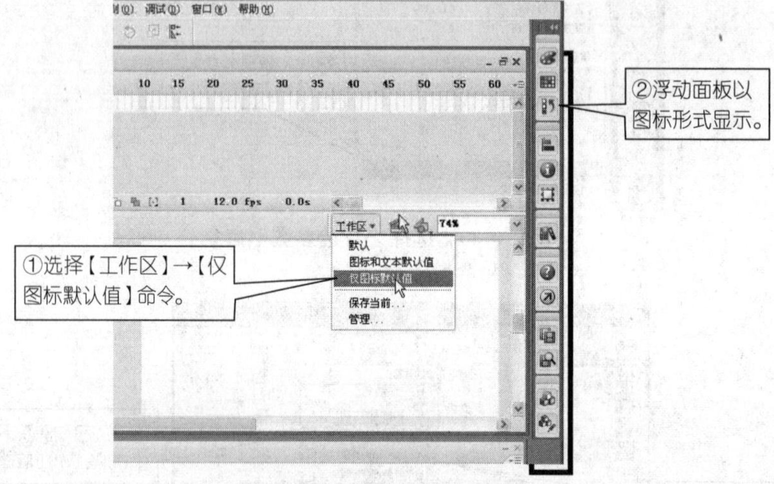

图1.1.37　调整工作区布局

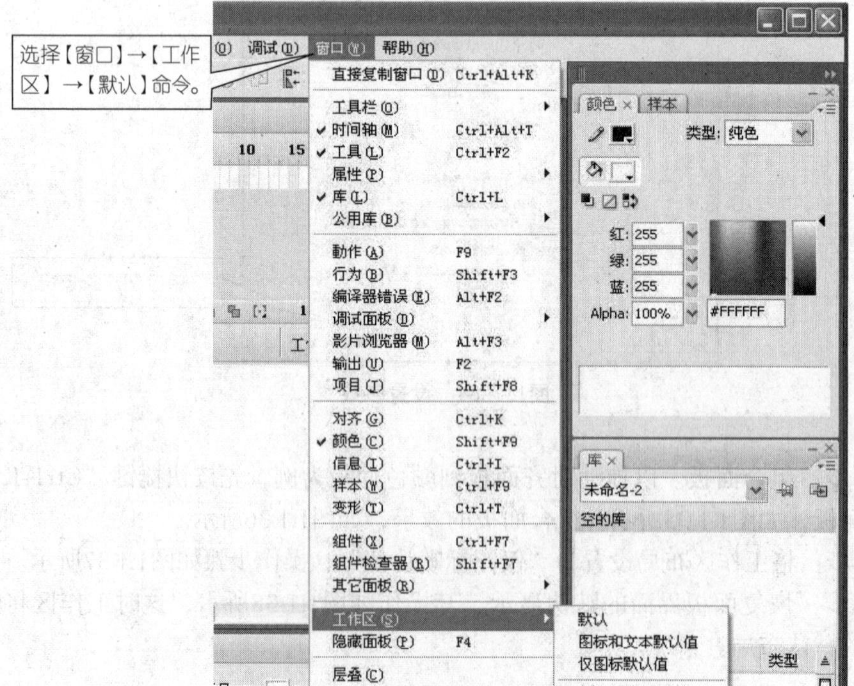

图1.1.38　恢复默认布局

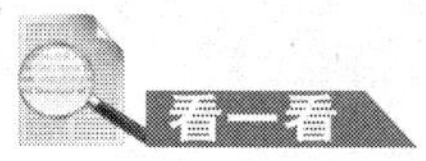

下面是Flash CS3的一些常用快捷键。

快捷键	说　明
Ctrl+O	执行打开文件命令
Ctrl+J	设置文档属性，包括文档大小，背景颜色等
Ctrl+N	新建文档
Ctrl+S	保存命令
Ctrl++和Ctrl+−	放大或缩小整个舞台

当使用其他工具时，临时需要对舞台视图进行平移操作，那么可以在键盘上按住空格键并拖动鼠标进行移动（要选择手型工具）。

快捷键	说　明	快捷键	说　明
Ctrl+F3	打开各种属性面板	Ctrl+V	粘贴到中心
Ctrl+K	打开对齐面板	Ctrl+Shift+V	粘贴到当前位置
F5	插入帧快捷键	Ctrl+F8	新建元件
F6	插入关键帧	Ctrl+B	分离打散
F7	插入空白关键帧	Ctrl+Enter	测试影片
Shift+F6	清除关键帧	Ctrl+L	打开库
T	选择文字工具	F9	动作
V	选择选择工具	F2	输出
Q	选择任意变形工具	Shift+F9	混色器
Ctrl+C	复制		

若想绘制正方形或圆，选择好工具按住“Shift”键并拖动鼠标。

案例1.2　走进Flash CS3

案例1.1中我们和王小东一起欣赏了几个作品，对Flash软件已经有初步认识。此时王小东在思考，设计与制作一个动画作品，一定有它的工作流程。本案例首先用流程图的方式介绍整体的工作流程，然后再介绍开发制作过程中的一般工作步骤。下面我们和王小东一起通过制作的兴海公司的网站封面（见图1.2.1），了解二维动画设计与制作具体的工作流程。

图1.2.1　兴海公司网站封面最终效果图

任务 1　制作准备

任务要求

◎知道动画设计前要做的准备工作。
◎了解动画设计与制作和整体工作流程。
◎新建Flash文档并初始化工作环境。
◎学会导入已经准备好的外部素材以备用。

任务解析

1.相关知识

无论制作什么样的动画，都必须首先在接受委托后确定主题，然后围绕主题组织和选择素材。项目的具体工作流程如图1.2.2所示。

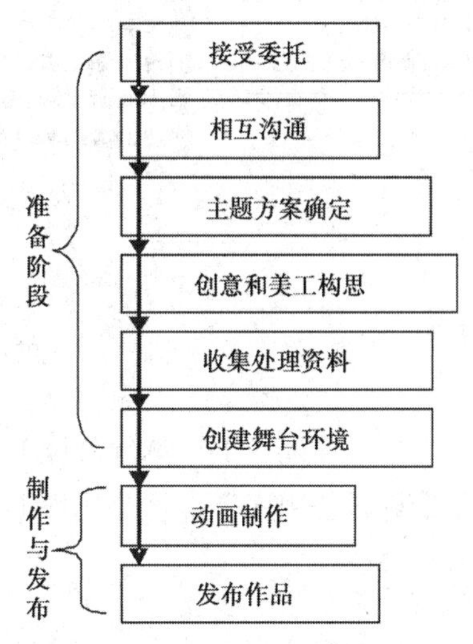

图1.2.2　二维动画设计与制作的工作流程图

2.操作步骤

第1步：设计制作前的准备工作。

①接受委托。现确定受托为“兴海市中子信息公司下属信息技术营销部”设计制作网站的封面。

②相互沟通。通过沟通，了解公司情况、设计意向、主题类别等用户需求信息。

③确定主题。通过多次沟通，定好主题，做好方案。

④创意和美工构思。包括色彩搭配和元素布局等。既然为公司的网站封面项目，诸如logo和标题文字都要考虑到，包括标题文字的字体，本例字体确定是“毛泽东字体”。还有就是动画所展现的效果也是必须要考虑的。如果你的计算机没有“毛泽东字体”，可以到Internet上去下载。

⑤收集处理素材。包括含有计算机的背景图片和logo，特殊美工字体文件。收集到的素材不一定很理想，需要加工和处理才能为我们所用。本例的背景图片已经用Photoshop处理好了，到时只须导入就行，以后用到的图片就需要自行处理。如果要有背景音乐，可能还要使用音乐编辑软件对音乐进行处理。本例没有加背景音乐，不过随着Flash学习的深入，加入音乐是一件再简单不过的事了。

第2步：启动Flash CS3，初始化工作环境，为动画项目的设计与制作作好准备。在如图1.2.3所示的欢迎屏幕上单击“Flash 文件（ActionScript 2.0）”，新建一个文件。之后出现工作窗口，Flash自动建立一个名称为“图层1”的图层。

第3步：建立图层。根据规划，建立好所用到的图层。

第4步：导入。导入已经处理好的素材到元件库中备用。

【文件】菜单下的【导入】子菜单中有如下3个命令：

◎【导入到库】：将用到的素材等元素导入到库。

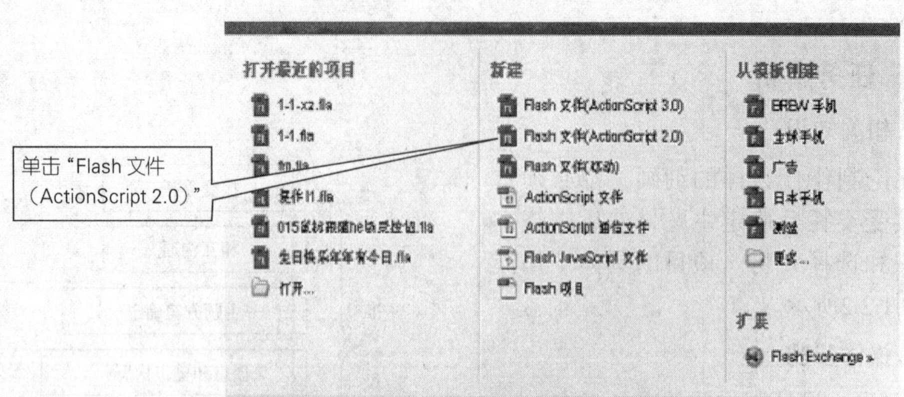

图1.2.3　新建文件

◎【打开外部库】：从外部库面板拖动并引入元件。

◎【打开公用库】：从公用库面板拖动并引入元件。

Flash二维动画设计与制作的几个相关概念

◎时间轴：Flash动画的组织和编排通常都是在时间轴上完成的，在动画正常播放的情况下，播放头随时间的推移在时间轴上顺序播放，也就有了在不同时间动画中有不同的画面和变化。可以把时间轴看作是用连续的时间点串接起来的一根时间线。

◎关键帧：使动画播放过程中发生变化的时间点。在关键帧中可以加入动作脚本。

◎时间帧：使动画播放过程中保持原有画面和状态，不产生动画发生变化的时间点。时间帧不能加入动作脚本。

◎空白关键帧：一种特殊的关键帧，没有任何动画符号和元素，但可以加入动作脚本的时间点。

◎层：类似Photoshop图像编辑中的图层，不同的是图层在Photoshop中是静态的，而在Flash中是动态的。图层可以理解为没有背景的一个单独动画。

◎元件：Flash动画中的主要动画元素，分为影片剪辑、按钮和图形3种类型，它们在动画中各具不同的特性与功能。

任务  动画制作与发布

任务要求

◎初步了解动画制作完成后测试、发布输出作品的过程。

任务解析

1.相关知识

动画制作与发布过程简述为：制作→保存→测试→发布。

2.操作步骤

第1步：开始制作动画。双击打开源文件\案例1.2\任务2–兴海公司网站封面\1–1.fla源文件。

第2步：保存源文件，按快捷键“Ctrl+S”，并按快捷键“Ctrl+Enter”来测试整个动画的运行情况。

第3步：发布输出作品。

按快捷键“Ctrl+Enter”来测试整个动画的运行情况，无误后可以发布输出作品。这里输出swf动画和网页两种作品，如图1.2.4所示操作。

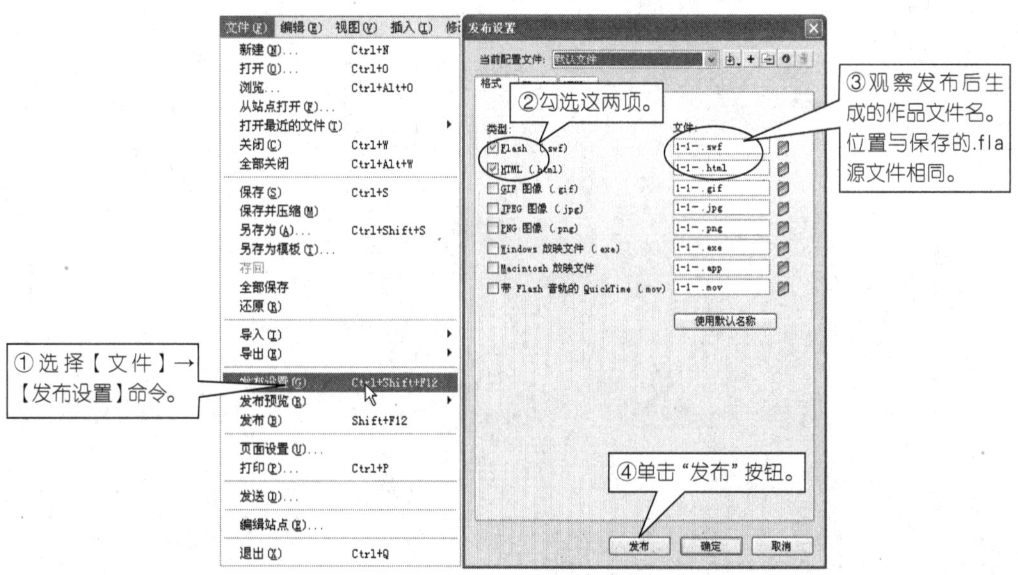

图1.2.4　发布输出作品

第4步：打开作品发布文件夹（即保存.fla源文件的那个文件夹），就会发现已经生成了和Flash源文件名相同的两个文件，这里是“1-1-.swf”和“1-1-.html”。双击“1-1-.html”这个网页，就可以看到我们的作品了，如图1.2.1所示。

帧频

帧频就是视频剪辑每秒显示的帧数，单位是帧/秒，即fps。一个动画只能有一个帧频率。如电影胶片走24张/s，这就是它的频率。

播放一个5 s的动画，电影需要走24×5=120胶片（帧），Flash动画虽然只能有一个频率，但可以更改。一般动画是12~36 fps，Flash CS3默认帧频是12 fps。

设计与制作一个飞机动画，要求由小变大后停留5 s，之后飞机水平向右飞出舞台。可到网上下载飞机图片并导入处理。要求输出html和swf两种格式。

2 使用Flash CS3设计工具

图形和文字是Flash动画的基础，设计工具的熟练使用是制作好的Flash作品的前提。由于Flash的设计工具比较多，我们将把各种工具融入到案例中进行讲解，达到学以致用的目的。

学习目标

了解设计工具的名称；
知道设计工具对应的快捷键；
熟练掌握设计工具的使用方法；
掌握元件与实例的概念；
学会管理、使用“元件库”。

案例2.1　基本设计工具的使用

王小东想要使用Flash CS3的基本设计工具来完成笑脸和铅笔的制作。可工具箱中有各种各样的工具，他该使用哪些工具来完成他的作品呢？现在我们就和王小东一起开始我们神奇的绘画之旅吧！

任务  绘制笑脸

任务要求

◎熟练掌握椭圆工具的使用方法。

◎熟练掌握线条工具的使用方法。

◎掌握选择工具的使用方法。

◎掌握填充颜色的方法。

本任务完成的最终效果图如图2.1.1所示。

图2.1.1　绘制笑脸效果图

任务解析

1.相关知识

◎椭圆工具【O】：用于绘制圆形、椭圆等图形，按住“Shift”键可以画出正圆。

◎线条工具【N】：用来绘制直线，在属性栏中可以设置线段的粗细、颜色、样式等。

◎选择工具【V】:用来选择、移动对象。选中选择工具后，鼠标指针在场景中不同位置的显示图标为：在场景空白为，在对象上为，此时可以移动对象；可修改对象的边角为；可修改线条弧度为。

◎笔触颜色：用于调整线条或对象边框线颜色，可设置单一颜色或多种颜色，如图2.1.2所示。

◎填充颜色：用于调整填充颜色，可设置单一颜色和多种颜色，如图2.1.2所示。

◎对象绘制【J】：我们以对象绘制的两种表现形式，即不选中和选中来

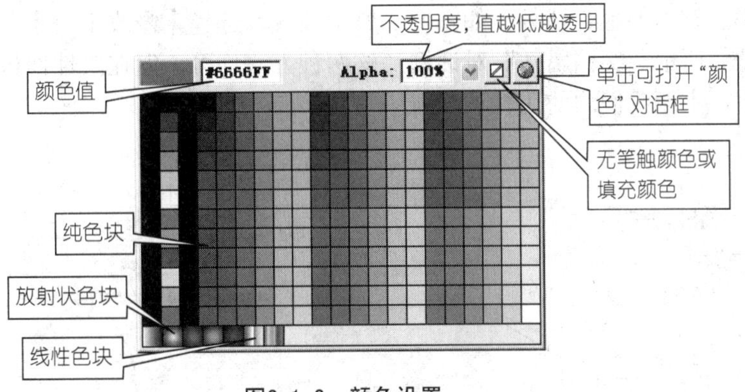

图2.1.2　颜色设置

进行介绍。

不选中"对象绘制"按钮时，如果两个图形重叠在一起绘制，两个图形就会自动合并；如果分开两个图形的话，就会影响到图形的外观，如图2.1.3所示。

图2.1.3　未选中"对象绘制"按钮效果

选中"对象绘制"按钮时，两个图形重叠绘制在一起，也不会被合并，并且两个图形会独立存在，如图2.1.4所示。

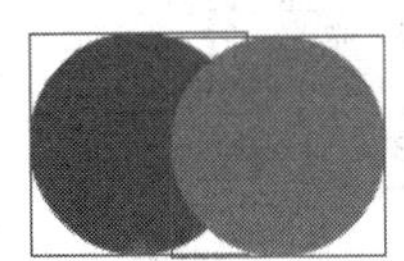
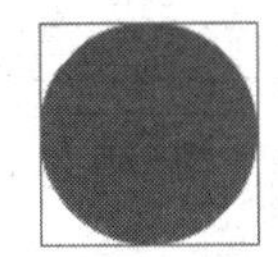
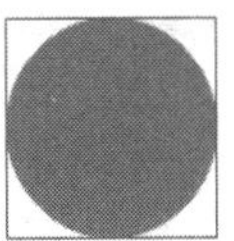

图2.1.4　选中"对象绘制"按钮效果

◎颜色面板：可设置笔触颜色和填充颜色，与工具箱中的笔触颜色按钮和填充颜色按钮相比，颜色面板设置的色彩要丰富得多，如图2.1.5所示。

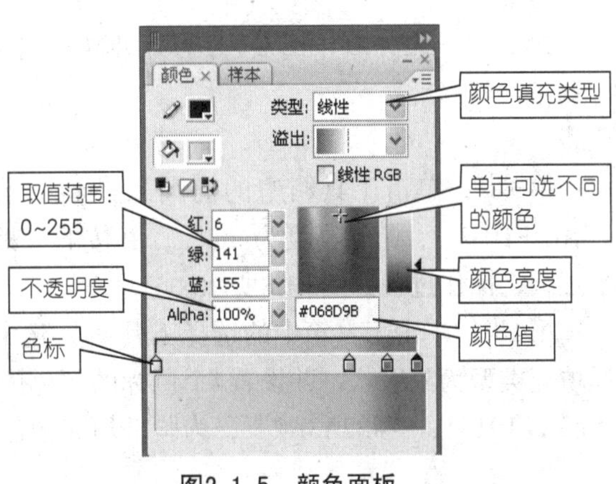

图2.1.5　颜色面板

2.操作步骤

第1步：选择【文件】→【新建】命令，或按快捷键"Ctrl+N"，新建一个文档。

第2步：在属性面板中设置

场景大小、背景颜色、帧频，如图2.1.6所示。或者选择【修改】→【文档】命令，弹出如图2.1.7所示“文档属性”对话框。这两种方法均可，但在属性面板中设置是最常用的方法。本例我们均使用默认设置。

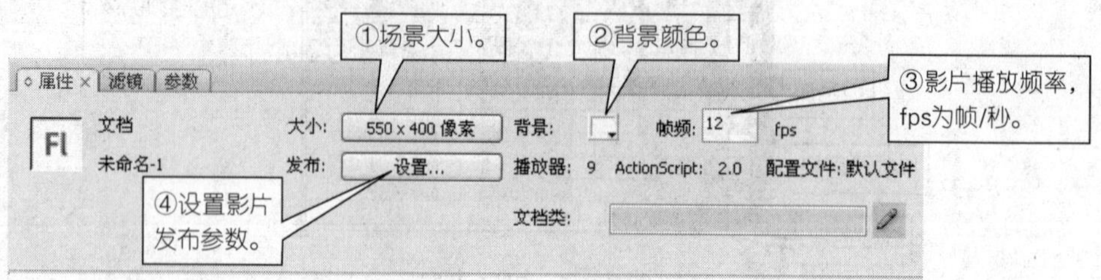

图2.1.6　文档属性面板

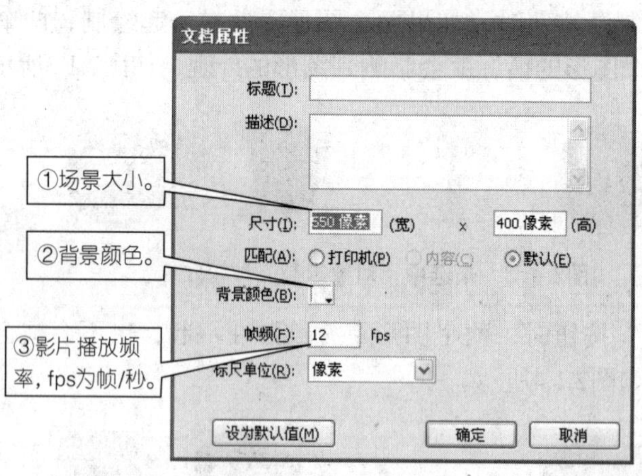

图2.1.7　“文档属性”对话框

提示

新建一文件后，图层1为影片的默认图层，如果不作更改，绘图将在图层1的第1帧进行。

第3步：单击工具箱中的椭圆工具，设置笔触颜色为黑色，填充颜色值为“#BDFDF7”，笔触高度为“8”，并按下“紧帖至对象”按钮，在场景中绘制一个正圆，操作过程如图2.1.8所示。

第4步：单击工具箱中的选择工具，选中正圆的填充色部分，在颜色面板中选择填充类型为放射状，并设置4个色标的颜色依次为“#BDFDF7”、“#75C6BD”、“#3A9A91”、“#32A3A2”，为脸部填充颜色，操作过程如图2.1.9所示。

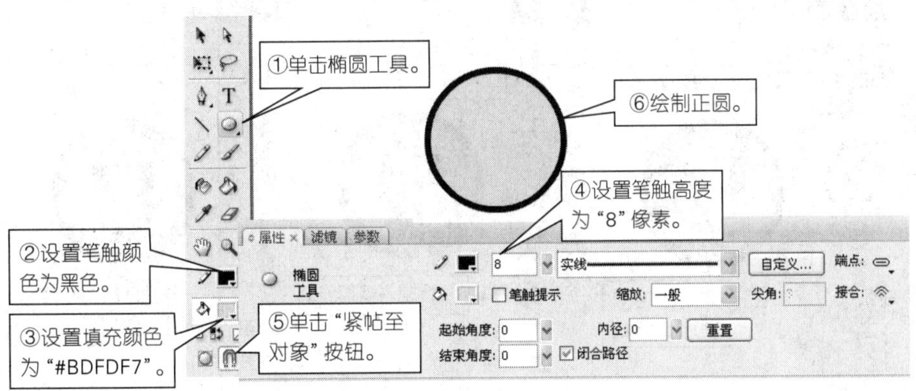

图2.1.8　绘制正圆

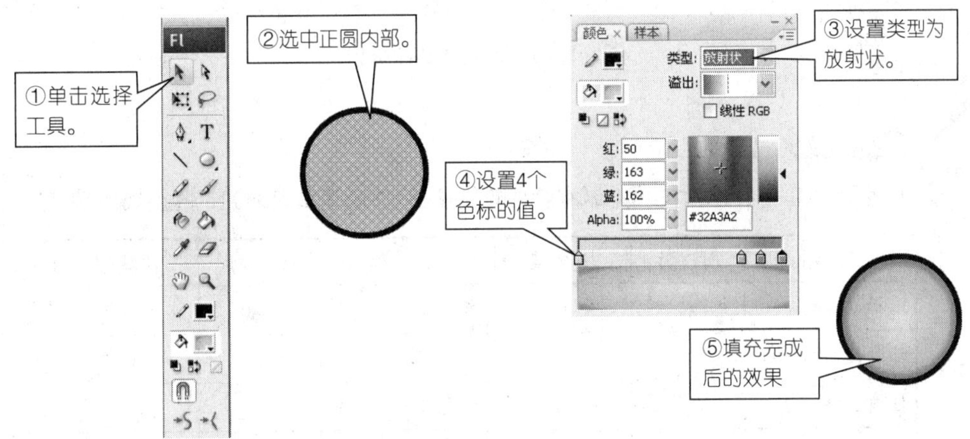

图2.1.9　填充颜色

第5步：选择椭圆工具，设置笔触颜色为无，填充颜色为黑色，绘制出左眼，然后用选择工具单击选中左眼，按下"Alt"键的同时拖动椭圆到右眼位置，绘制出眼睛部分。

第6步：选择直线工具，设置笔触颜色为黑色，笔触高度为"5"，拉出一条直线。

第7步：选择选择工具，将鼠标移动到直线中间，当鼠标指针变为时，向下拖动鼠标，拉出弧线，操作过程如图2.1.10所示。

第8步：至此，第一个作品"笑脸"就完成了。选择【文件】→【保存】命令或按快捷键"Ctrl+S"保存文件，存储文件名字为"笑脸"。

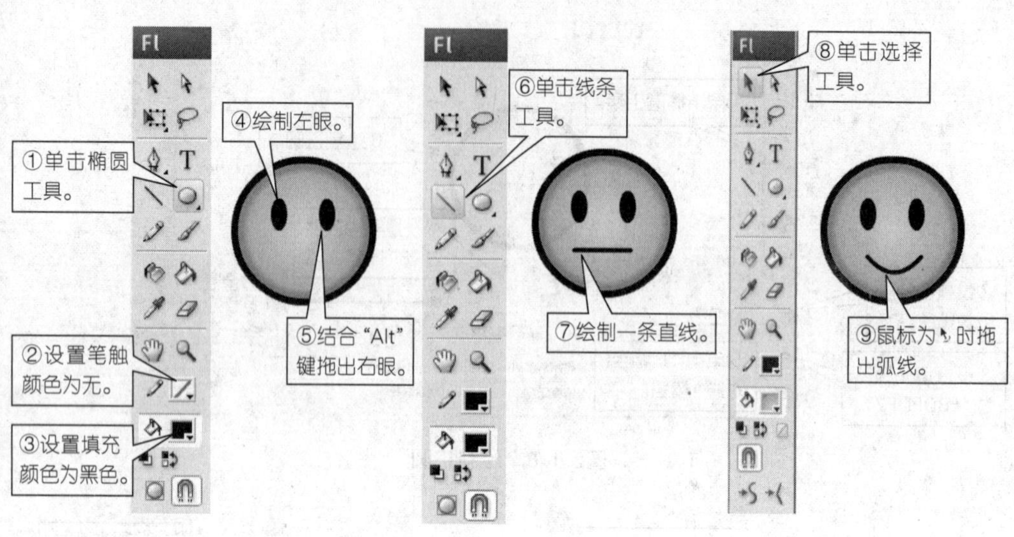

图2.1.10 绘制眼睛和嘴巴

试一试

（1）工具箱中的所有工具都有对应的快捷键，下面是工具对应的快捷键一览表。

名 称	图 标	快捷键	名 称	图 标	快捷键
选择工具		V	矩形工具		R
部分选取工具		A	椭圆工具		O
任意变形工具		Q	铅笔工具		Y
渐变变形工具		F	刷子工具		B
套索工具		L	墨水瓶工具		S
钢笔工具		P	颜料桶工具		K
添加锚点工具		=	滴管工具		I
删除锚点工具		–	橡皮擦工具		E
转换锚点工具		C	手形工具		H
文本工具	T	T	缩放工具		M，Z
线条工具		N	对象绘制		J

（2）菜单的操作也有相应的快捷键，例如保存文件使用快捷键“Ctrl+S”，在操作过程中请注意。

（3）基本椭圆：从椭圆工具扩展，配合“属性”对话框，可以画出环形、扇形等图形，如图2.1.11所示。

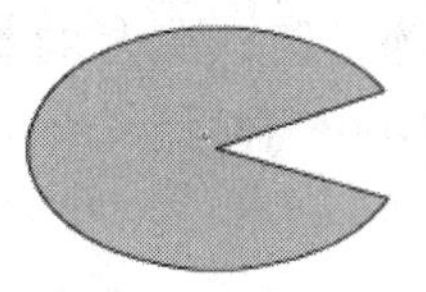
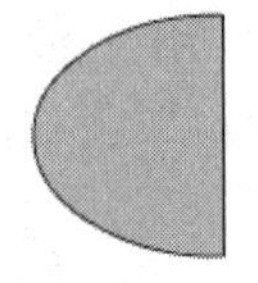
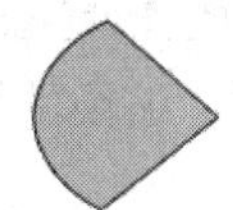

图2.1.11　基本椭圆工具的使用

练一练

利用任务1的方法制作如图2.1.12和图2.1.13所示的笑脸，熟练运用选择工具、线条工具、椭圆工具、属性面板、颜色面板。读者也可举一反三，绘制出其他不同类型的脸部表情。

想一想

用椭圆绘制嘴形，要用到对象绘制，思考是该选中还是不选中？

图2.1.12　笑脸1

图2.1.13　笑脸2

任务 2 绘制铅笔

任务要求

◎熟练掌握矩形工具的使用方法。
◎掌握缩放工具的使用方法。
◎掌握颜料桶工具的使用方法。
◎熟练掌握渐变变形工具的使用方法。
◎熟练掌握任意变形工具的使用方法。
本任务完成的最终效果图如图2.1.14所示。

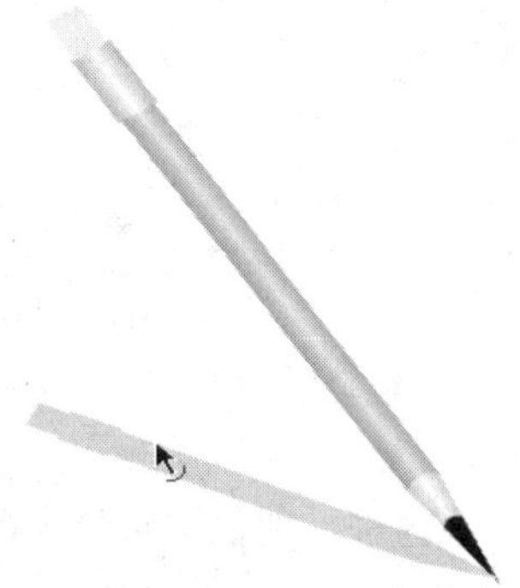

图2.1.14　绘制铅笔效果图

任务解析

1.相关知识

◎矩形工具【R】：用于绘制正方形、矩形等图形，按住“Shift”键可以画正方形。

◎缩放工具【M，Z】：用于缩小和放大编辑区。放大的快捷键为"Ctrl++"，缩小的快捷键为"Ctrl+-"，双击缩放工具为100%显示。

试一试

试试"Ctrl+1"、"Ctrl+2"、"Ctrl+3"快捷键的功能。

◎颜料桶工具【K】：对图像进行填充。

◎渐变变形工具【F】：控制渐变填充的起始和结束位置。

◎任意变形工具【Q】：对图形、元件、文本等进行缩放、旋转、倾斜、扭曲等变形操作。辅助项有旋转与倾斜工具，用于倾斜或者旋转所选的对象；缩放工具，用于缩放所选的对象；扭曲工具，用于将所选对象向某一角度拉伸；封套工具，使用时会出现比扭曲更多的控制点，能够做出更细微的变形。扭曲和变形只能对图形起作用，在使用时可以配合"Alt"键使用。

2.操作步骤

第1步：新建一个文档，在属性面板中设置场景大小为300像素×500像素。

第2步：选择工具箱中的矩形工具，在属性面板中设置填充颜色为无，笔触颜色为黑色，笔触高度为"1"像素，在舞台上绘制一个矩形轮廓，操作过程如图2.1.15所示。

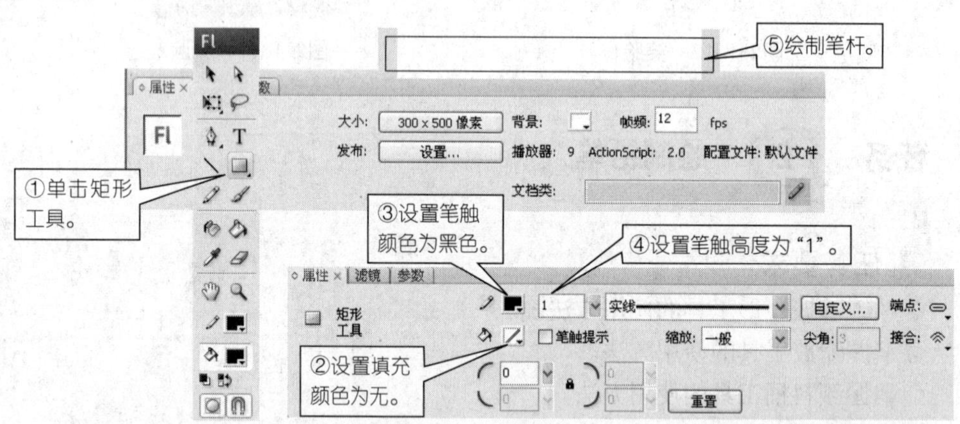

图2.1.15　绘制笔杆

第3步：选择工具箱中的选择工具，双击矩形框线上的任何位置选中框线，在属性面板中打开对象宽高尺寸比例锁定按钮（即不锁定宽高比），并将矩形的长宽尺寸分别设置为"350"像素和"20"像素。

第4步：单击工具箱中的缩放工具，或调整工作区比例，将工作区放大为"200%"。使用手形工具将对象往左移动。单击线条工具拖动鼠标在矩形的右侧绘制出笔尖形状，再使用线条工具在笔尖的中上部分绘制线条画出笔芯部分。

选择选择工具，将鼠标移向笔头和笔芯的两条分割线，当鼠标变成曲线图编辑方式时，拖动分割线使其产生一定弧度，操作过程如图2.1.16所示。

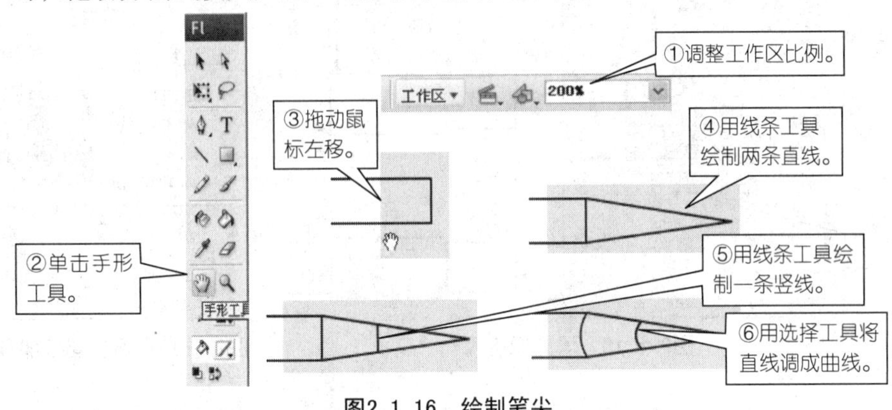

图2.1.16 绘制笔尖

第5步：选择矩形工具，设置无填充色，笔触颜色为黑色，大小为“1”像素，在钢笔的合适位置绘制出橡皮套接部分的轮廓线。选择选择工具，单击套接框内的线条，按“Delete”键删除，操作过程如图2.1.17所示。

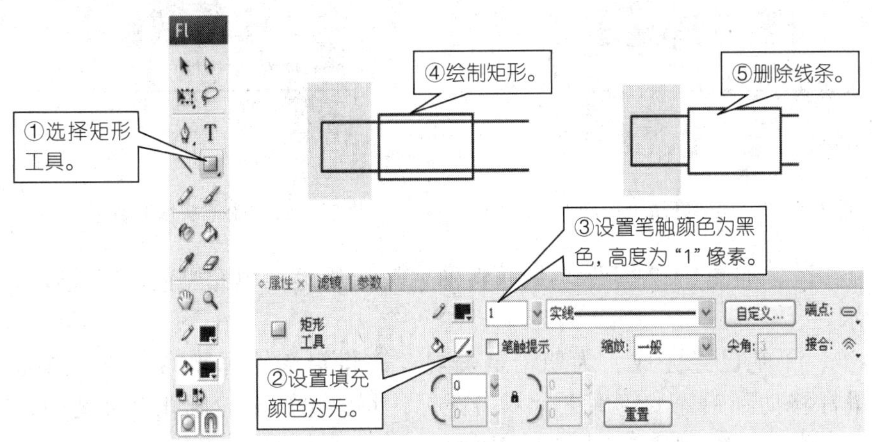

图2.1.17 绘制橡皮套接部分

第6步：填充橡皮擦。打开颜色面板，选择填充颜色，设置类型为纯色，设置填充色为“#FOF8A9”，用颜料桶工具填充橡皮部分颜色，读者也可自行选择颜色填充，操作过程如图2.1.18所示。

第7步：填充橡皮套接部分。打开颜色面板，选择填充颜色，设置类型为线性，设置3个色标，颜色依次为“#EEA944”、“FBEAD0”、“#EEA944”，颜色呈深—浅—深的线性分布。再用颜料桶工具填充套接部分颜色，如图2.1.19所示。

第8步：用同样的方法给铅笔杆填充颜色，颜色值为“#1AC44D”、“#CBF8D8”、“#1AC44D”，如图2.1.20所示。铅笔头的颜色值为“#CFC9C9”、“#FFFFFF”、

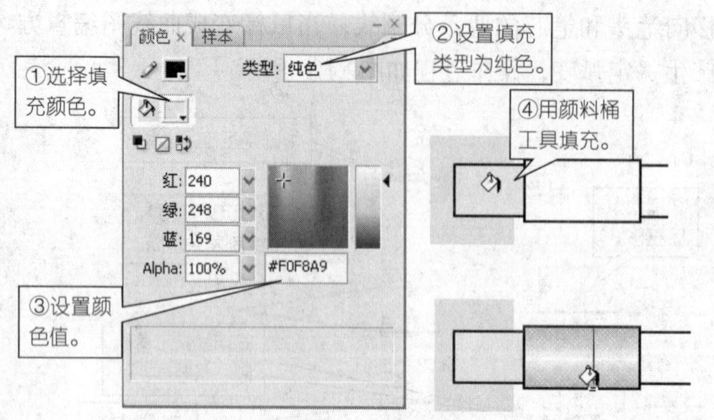

图2.1.18　填充橡皮擦

图2.1.19　橡皮套接部分颜色

图2.1.20　铅笔杆填充颜色

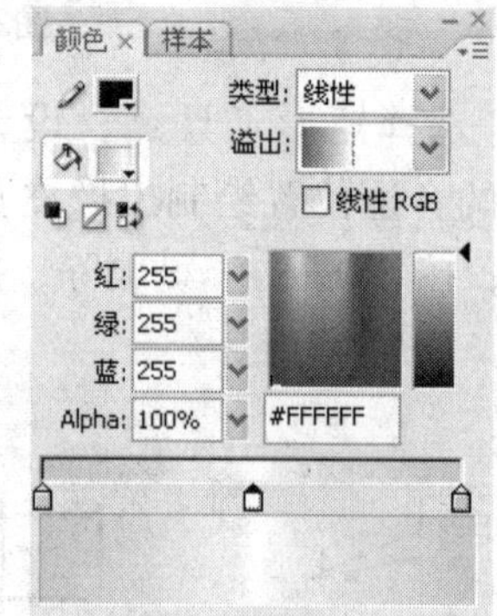

图2.1.21　铅笔头填充颜色

"#CFC9C9"，如图2.1.21所示。用颜料桶工具给笔芯填充黑色，完成效果如图2.1.22所示。

第9步：铅笔已经完成，为使铅笔美观，需将铅笔轮廓删除。选择选择工具，将鼠标移动到铅笔的轮廓上，双击鼠标，将铅笔所有轮廓线全部选中，按下"Delete"键将轮廓线删除，如图2.1.23所示。

图2.1.22　铅笔效果1　　图2.1.23　铅笔效果2

第10步：旋转铅笔。单击工具箱中的任意变形工具，将铅笔全部框选，将鼠标移动到右下角的控制点上，当鼠标呈现为可旋转拖动状态时，顺时针旋转铅笔成一定角度，打开属性面板，确定铅笔处于选中状态，修改铅笔的位置。在X位置输入"60.0"，在Y位置输入"80.0"，按下"Enter"键，铅笔会被自动摆放到输入的坐标上，操作过程如图2.1.24所示。

第11步：做铅笔的阴影部分。单击新建图层按钮，新建图层2，在图层1的第1帧

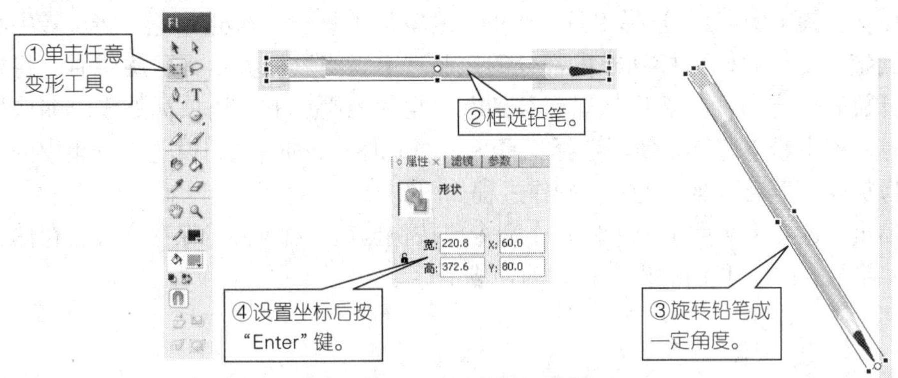

图2.1.24 设置铅笔位置

上单击右键，在弹出的快捷菜单上选择【复制帧】命令；在图层2的第1帧上单击右键，在弹出的快捷菜单上选择【粘贴帧】命令，操作过程如图2.1.25所示。

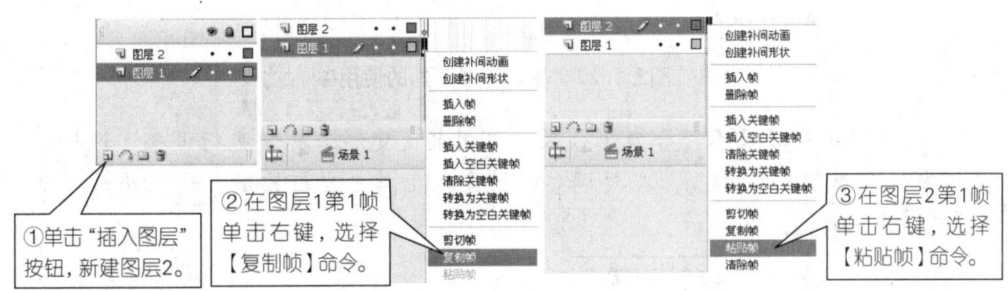

图2.1.25 复制帧与粘贴帧

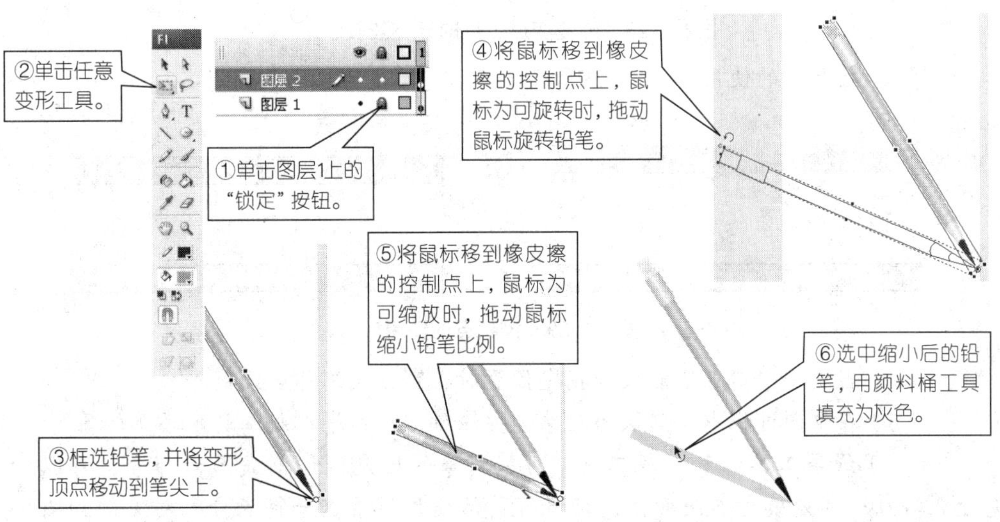

图2.1.26 设置铅笔阴影

第12步：锁定图层1。选择工具箱中的任意变形工具，框选铅笔，将旋转中心点拖动到笔尖上，移动鼠标到橡皮部分的控制点上，当鼠标显示为可旋转时，将铅笔逆时针旋转一定角度。然后将鼠标移到左上角的控制点上，当鼠标处于可缩放拖动状态时，缩小铅笔比例。使用选择工具，框选图层2的铅笔，设置工具箱中的填充颜色为灰色，为铅笔加上阴影，操作过程如图2.1.26所示。

第13步：选择【文件】→【保存】命令或按快捷键“Ctrl+S”保存文件，存储文件名为“铅笔.fla”。我们的作品就大功告成了。

试一试

（1）基本矩形工具：从矩形工具扩展来的，配合“属性”对话框，可以画出各种圆角矩形，如图2.1.27所示。

图2.1.27　基本矩形工具的使用

（2）若填充效果不符合光影效果，可用渐变变形工具进行调整。选择工具箱中的渐变变形工具，在要调整的填充色上单击鼠标左键，这时出现了几个控制点，如图2.1.28所示。

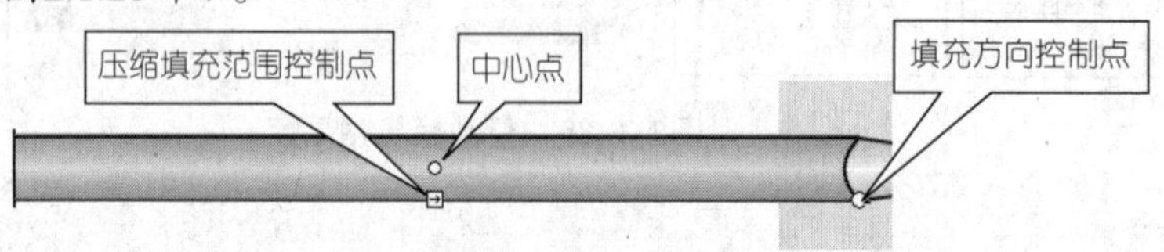

图2.1.28　渐变变形工具的3个控制点

（3）控制点的使用如图2.1.29所示。

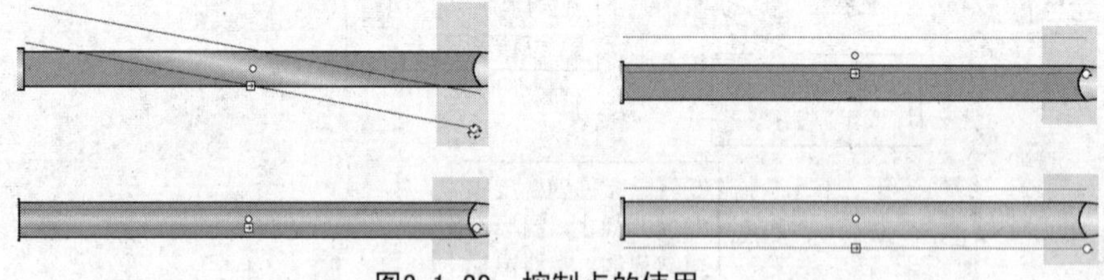

图2.1.29　控制点的使用

（4）当旋转中心点不能放到指定位置时，可放大工作区比例。

（5）在画图过程中，若认为对象需要轮廓，可用墨水瓶工具添加轮廓。

（6）线条工具和铅笔工具可将对象的填充色切割成若干部分，可以分别给每一部分填充不同颜色，读者可灵活运用线条这一特点分割对象，如图2.1.30所示。

图2.1.30　用线条分割填充色前后对比

（7）在填充图形时会遇到有些轮廓线并没有完全封闭好，使用颜料桶工具也是可以填充的。颜料桶填充时的空隙大小有以下4种：

不封闭空隙　　封闭小空隙　　封闭中等空隙　　封闭大空隙

（1）利用所学工具绘制按钮、杯子、桌子、房子等很常见的东西，其中房子如图2.1.31所示，其他读者可自由发挥。

（2）给房子加上轮廓，如图2.1.32所示。

图2.1.31　房子

图2.1.32　添加轮廓后效果

案例2.2　高级设计工具的使用

“心形、花、草等都是一些不规则图形，好难画哦！”王小东说。是的，我们经常看到别人在绘制这类图形时得心应手，而自己却很茫然。而且在绘制图形时，我们经常要用到已绘制过的图形，只是改变了该图形的颜色或在该图形上稍作修改，我们还得重新绘制它呢？回答是“NO”，那我们该怎样做呢？下面我们就和王小东一起领略高级设计工具的风采吧！

任务  绘制心形

任务要求

◎掌握网格的设置方法。

◎掌握标尺的使用方法。

◎掌握辅助线的使用方法。

◎掌握钢笔工具绘制锚点的方法。

◎掌握部分选择工具调整锚点的方法。

◎了解钢笔工具组其他工具的使用方法。

本任务完成的最终效果图如图2.2.1所示。

图2.2.1　绘制心形效果图

任务解析

1.相关知识

（1）钢笔工具

钢笔工具（【P】）主要用于创建复杂的曲线线条，通过增加或者减少节点来精确控制路径的外形，它可以绘制直线和曲线。

◎绘制直线：选中钢笔工具后，每单击一下鼠标左键，就会产生一个锚点，并且同前一个锚点自动用直线相连。

结束图形绘制的方法有如下3种：

①在终止点双击鼠标；

②用鼠标单击工具箱中的钢笔工具；

③按住“Ctrl”键单击鼠标，此时的图形为开口曲线。

如果将钢笔工具移至曲线起点处，当指针变为时单击鼠标，即连成一个闭合曲线，此时可以填充颜色。

◎绘制曲线：钢笔工具最强的功能在于绘制曲线。在添加新的线段时，在某一位置按下左键后不要松开，拖动鼠标，新锚点自动与前一锚点用曲线相连，并显示出控制曲率的切线控制点。这样生成的带曲率控制点的锚点，称为曲线点。角点上没有控制曲率的切线控制点。相关示意图如图2.2.2所示。

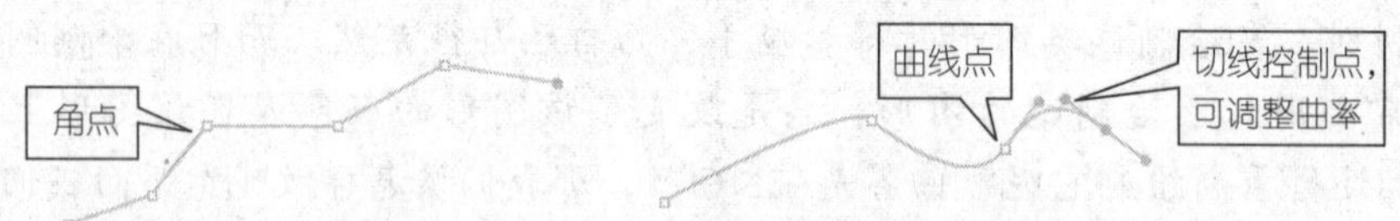

图2.2.2　钢笔工具绘制直线线条和曲线线条

（2）添加锚点工具

添加锚点工具（【=】）用于向路径中添加锚点。

（3）删除锚点工具

删除锚点工具（【-】）用于删除路径中的锚点。

（4）转换锚点工具

转换锚点工具（【C】）用于贝赛尔曲线锚点和转角锚点的相互转化。

（5）部分选取工具

部分选取工具（ 【A】）主要用于调整线条上的锚点，改变线条的形状。用部分选择工具单击工作区中的曲线，曲线上锚点就显示为空心小点，这时可以对线条的锚点进行编辑。

◎选中锚点：单击任意一个空心小点即可选中。

◎删除锚点：选中一个锚点，则该点变成实心的小方点，按“Delete”键可以删除这个锚点。

◎移动锚点：用部分选择工具拖动任意一个锚点，可以将该点移动到新的位置。当鼠标不能准确移动，可用方向键精确移动锚点。方法是先用部分选择工具单击选择一个锚点，使该锚点变为实心点，再用方向键盘来移动该锚点，每按一下，锚点移动一个像素（PX）。若按下“Shift”键，每按一下方向键，移动10个像素。

◎角点转换为曲线点：按下“Alt”键，用部分选择工具拖动角点时，即将角点转换为曲线点。

◎调节曲率：用部分选择工具选中一个曲线点，可以显示出该点的切线以及切线端点的手柄，用鼠标拖动手柄，改变切线的长度和斜率，可以调整该曲线的曲率。

2.操作步骤

第1步：设置网格。

新建一个Flash文档。选择【视图】→【网格】→【显示网格】命令，在场景中会出现灰色的格线，这些方格称为“网格”，它们起到辅助设计的作用，不会在最终的影片中出现。

选择【视图】→【网格】→【编辑网格】命令，弹出“网格”对话框，设置网格的水平间隔和网格的垂直间隔均为“18像素”，选中“贴紧至网格”单选项，并将“对齐精确度”设定为“可以远离”，这种设置可以使绘制的对象更加容易的贴紧网格，从而对绘制对象的大小有较为精确认识。操作过程如图2.2.3所示。

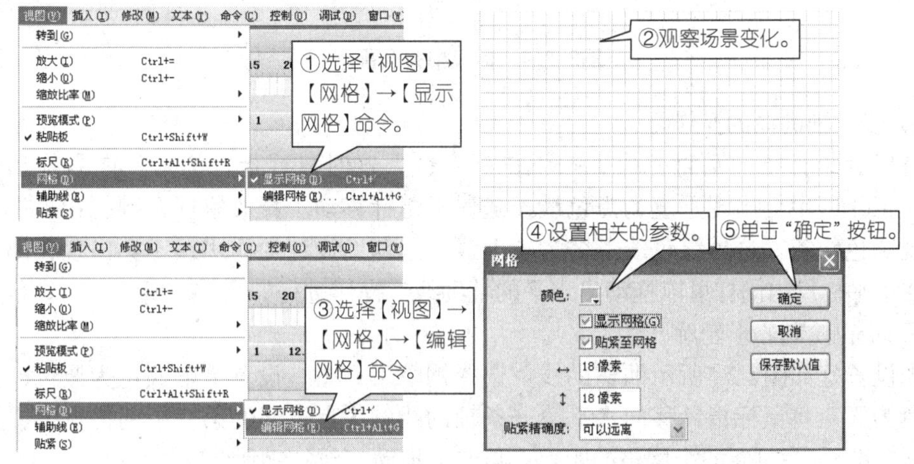

图2.2.3 设置网格

提示

显示网格的快捷键为“Ctrl+’”，编辑网格的快捷键为“Ctrl+Alt+G”。

第2步：设置标尺与辅助线。

选择【视图】→【标尺】命令，会在工作区的上边界和左边界出现标尺。标尺默认的单位是像素（px）。

当标尺在工作区显示后，在【标尺】菜单项前会出现一个勾号，再次执行该命令就会消失。标尺的单位是可以进行调整的，选择【修改】→【文档】命令，在弹出的对话框中可以将标尺的单位设定为“毫米”、“厘米”等单位，如图2.2.4所示。

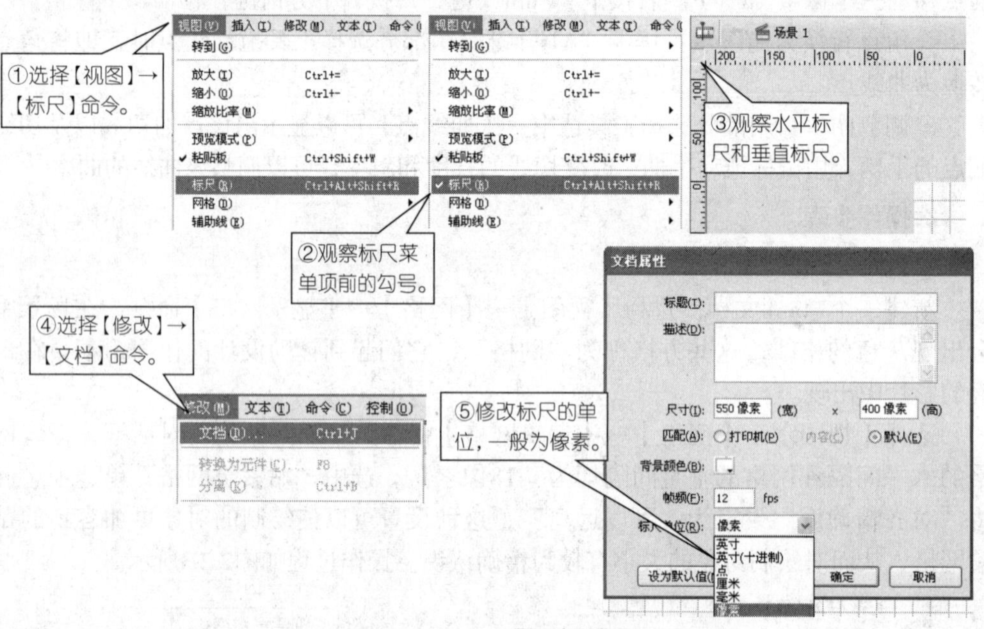

图2.2.4　标尺相关设置

第3步：辅助线的操作。

将鼠标指针指向垂直标尺，按下鼠标左键，这时鼠标指针为。向右拖动鼠标，在工作区中会出现垂直的黑色线条随鼠标指针移动。释放鼠标左键，在工作区中出现绿色线条。这种绿色线条名为辅助线，起辅助设计的作用，不会出现在影片中，在水平标尺内同样可以拖动出水平的辅助线。操作过程如图2.2.5所示。

第4步：绘制心形轮廓。

先设置好如图2.2.5所示的辅助线。选择钢笔工具，设置笔触颜色为黑色，填充颜色为无。将鼠标指针移向水平第一条辅助线的中点下面的第一个网格点上，按下鼠标左键，向左拖动3个网格的距离，再向上拖动2个网格距离，释放鼠标。

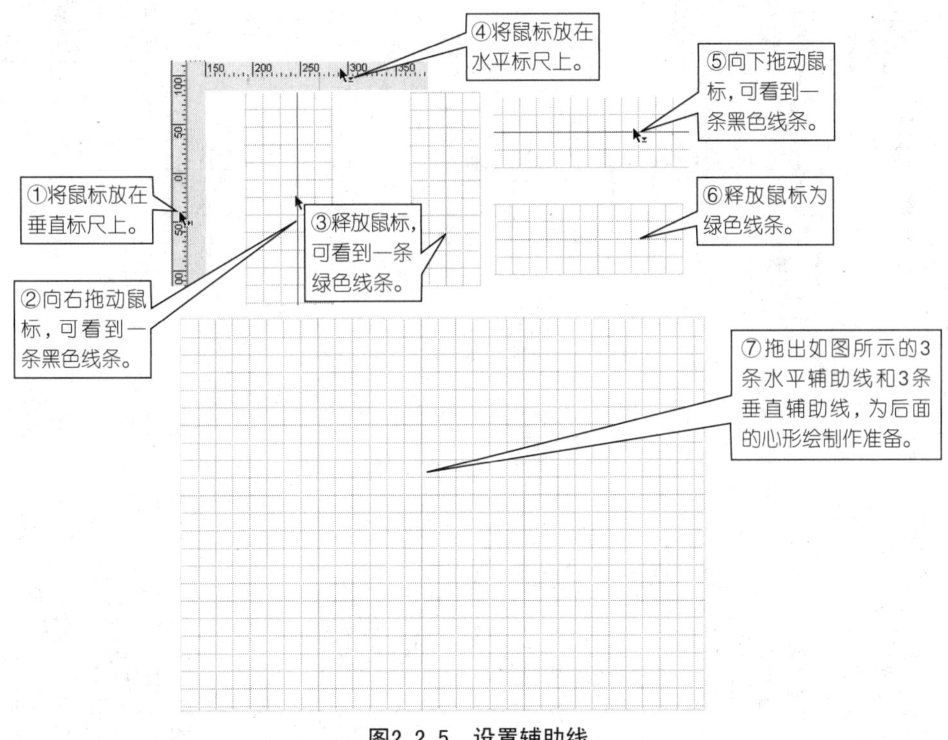

图2.2.5　设置辅助线

这时鼠标指针变为钢笔形状，在左面垂直的第1条辅助线与水平第2条辅助线的交点处，按下鼠标左键，这时会在两点出一条曲线。拖动鼠标，可调整曲线外形，向下拖动3个网格的距离，释放鼠标。

在中间的垂直辅助线与水平第3条辅助线的交点处，单击鼠标（一定不要有拖动的动作）。

在右面垂直的第1条辅助线与水平第2条辅助线的交点处，按下鼠标左键，向上拖动鼠标3个网格的距离，释放鼠标。

将鼠标指针再次指向曲线的起始点（即水平第1条辅助线的中点下面的第一个网格点），这时鼠标指针发生变化，按下鼠标左键向下拖动2个网格的距离，再向左拖动3个网格的距离，释放鼠标。这样心形的贝赛尔曲线就完成了，按下快捷键“Ctrl+;”取消辅助线的显示。操作过程如图2.2.6所示。

第5步：部分选择工具调整曲线。

若绘制出的心形轮廓不理想，可用部分选择工具作调整。

选择部分选择工具，单击心形曲线，这时曲线被选中，并在4个不同位置出现空白小格，这些小格称之为“锚点”，它们就出现在绘制曲线进用钢笔工具单击的位置，用鼠标可以拖动锚点的位置。

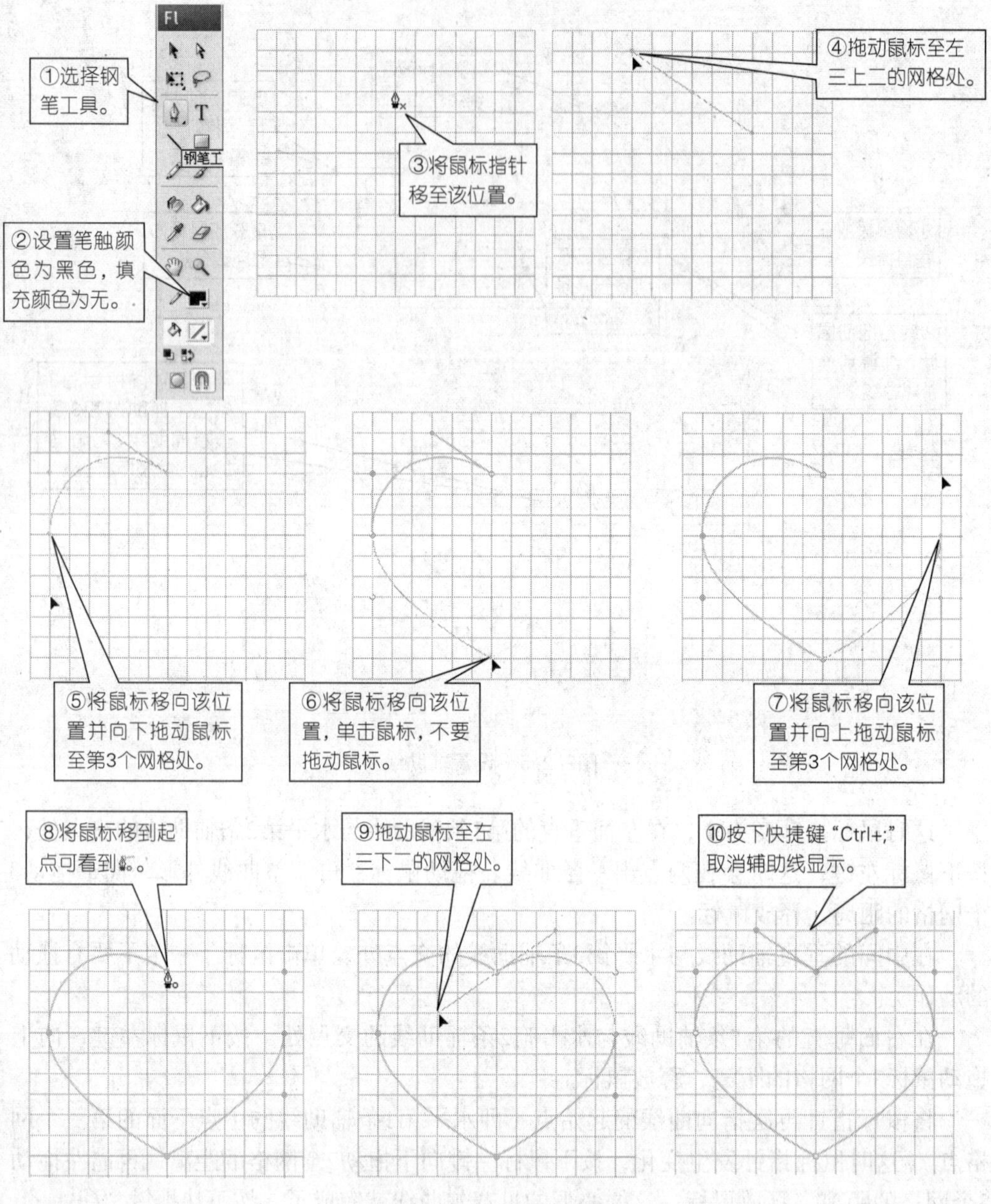

①选择钢笔工具。

②设置笔触颜色为黑色，填充颜色为无。

③将鼠标指针移至该位置。

④拖动鼠标至左三上二的网格处。

⑤将鼠标移向该位置并向下拖动鼠标至第3个网格处。

⑥将鼠标移向该位置，单击鼠标，不要拖动鼠标。

⑦将鼠标移向该位置并向上拖动鼠标至第3个网格处。

⑧将鼠标移到起点可看到。

⑨拖动鼠标至左三下二的网格处。

⑩按下快捷键“Ctrl+;”取消辅助线显示。

图2.2.6　绘制心形轮廓

提示

可选中锚点，再用键盘方向键来调整锚点位置，对锚点做很小范围移动。

选择缩放工具，放大图形，观察4个锚点是否贴紧到了网格点，没有贴紧的可用部分选择工具将其贴紧到各自相应的网格点上。

用部分选择工具，单击锚点，锚点会变为实心小格，并在锚点两侧出现切线控制点，可以用鼠标拖动控制点来改变曲线的曲率。

第6步：填充渐变色。

下面将给心形上色，让图形变得有立体感。

打开颜色面板，单击填充颜色，在“类型”选项中选择“放射状”，增加一个色标，分别设置3个色标的颜色值为“#FE8181”、“#FF0000”、“#760101”。

选择颜料桶工具，在心形中心处单击鼠标，看到填充效果并不理想，这时可用渐变变形工具来调整。选择渐变变形工具，单击已填充的颜色，调整控制点，以达到我们所需的效果。操作过程如图2.2.7所示。

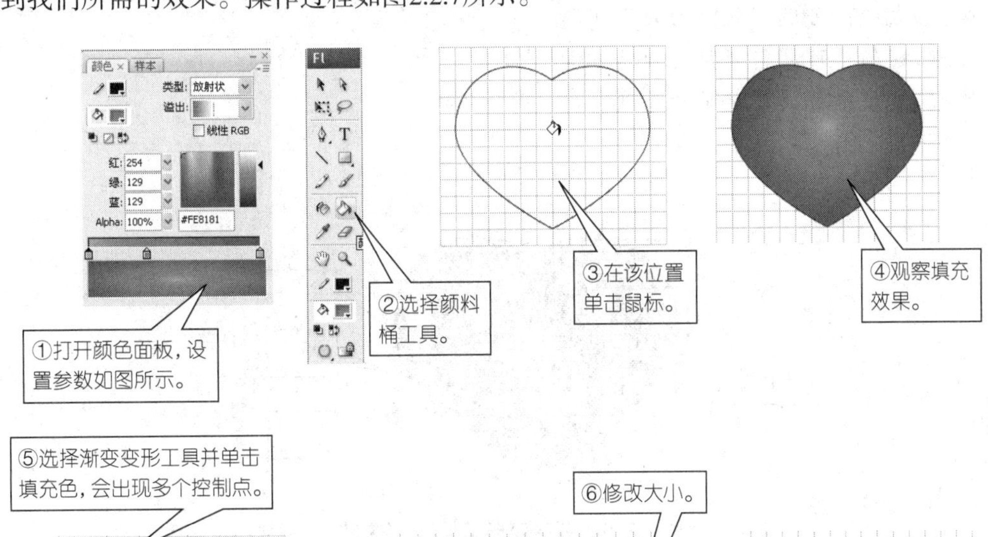

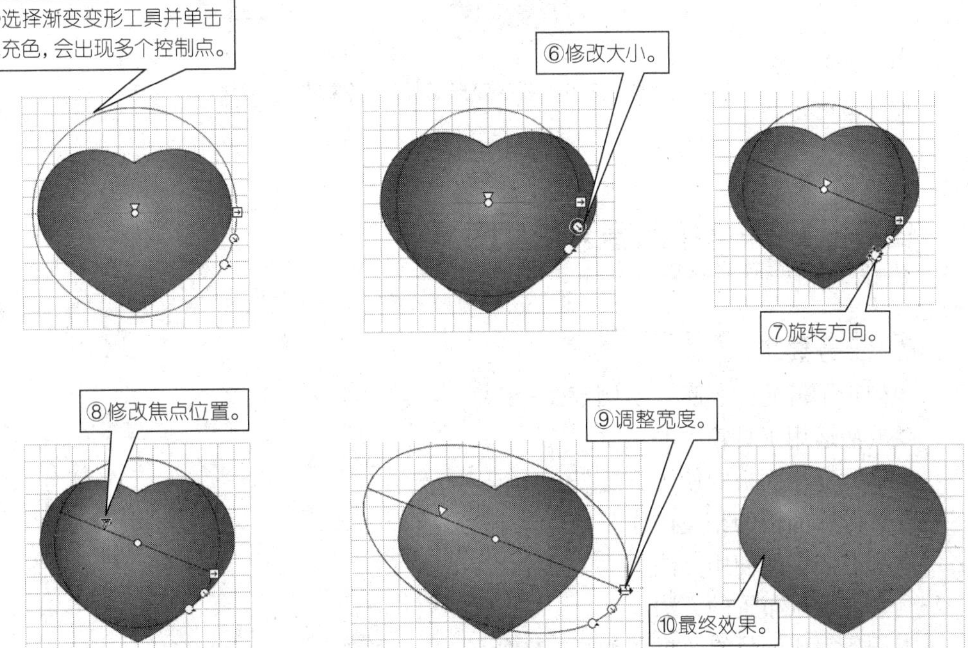

图2.2.7　给心形填充颜色

至此心形就完成了，最后保存文件，文件名为“心形.fla”。

用渐变变形工具作放射状填充时，会出现图2.2.8所示的5个控制点，其作用分别是：

◎中心点：用鼠标移动中心点可以调整中心点位置。

◎焦点：用鼠标移动焦点可改变放射状渐变的焦点，只有在放射状渐变时，才会显示焦点。

◎大小：可调整渐变的大小。

◎旋转：可调整渐变的旋转方向。

◎宽度：可调整渐变的宽度。

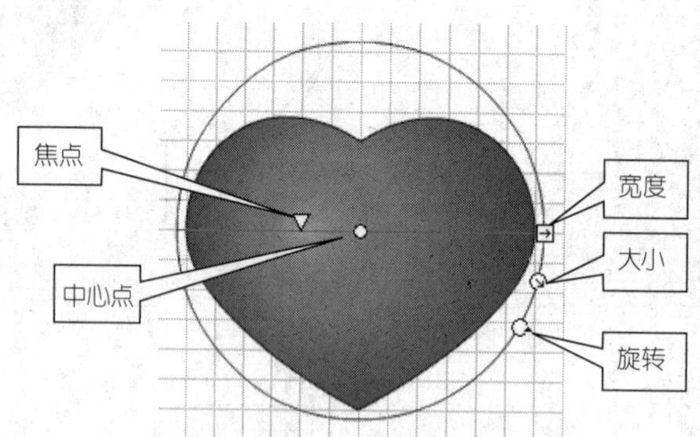

图2.2.8　渐变变形工具5个控制点

任务 2 绘制春天花草图

■ 任务要求

◎初步了解元件、库、实例等概念。

◎灵活运用工具箱中的工具。

◎掌握变形面板的使用方法。

◎掌握库面板的相关操作。

◎掌握图层的使用方法。

◎掌握场景布置的方法。

本任务完成的最终效果图如图2.2.9所示。

图2.2.9　绘制春天花草图效果图

任务解析

1.相关知识

（1）元件

元件是Flash管理中最基本的单元，可把元件称之为“基本演员”。在舞台上绘制的图形称之为“矢量图形”，被选中时，它是离散状的，在属性面板上显示为“形状”，能修改的也仅有宽度、高度等；当矢量图形被转换为元件后，它就不再是离散状的，而是一个整体了，在属性面板上显示为“图形”，能修改的属性也增加了很多，如图2.2.10所示。

图2.2.10　转换元件前后的属性比较

（2）转换元件的方法

选中对象，选择【修改】→【转换为元件】命令或按“F8”键可将对象转换为元件，操作过程如图2.2.11所示。

（3）库

库即“演员”的“休息室”。元件仅存在于库中，选择【窗口】→【库】命令或按快捷键“Ctrl+L”，可打开库面板，如图2.2.12所示。

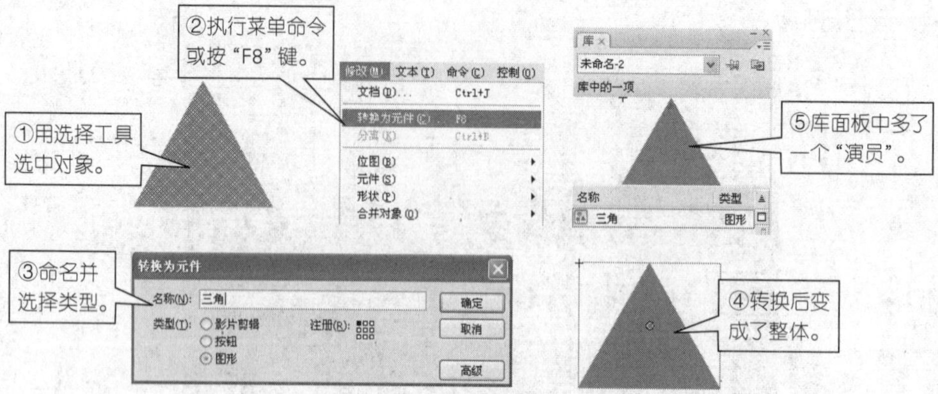

①用选择工具选中对象。

②执行菜单命令或按"F8"键。

③命名并选择类型。

④转换后变成了整体。

⑤库面板中多了一个"演员"。

图2.2.11　将对象转换为元件

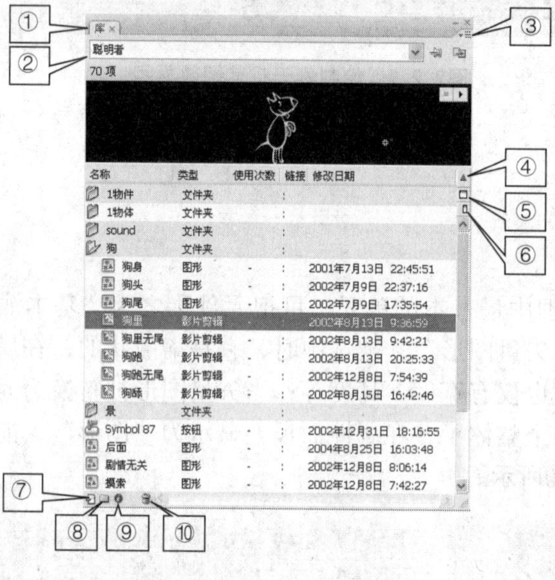

图2.2.12　库面板

各个方框内序号所指示的含义如下：

①拖动它可随意移动库面板。若库包含在面板集中，可将鼠标放在此处拖离面板集。

②文件名，可用选择已打开的Flash文件，即可查看该文件的所有"演员"。

③单击此处可打开库面板菜单。

④切换排序顺序按钮。元件的排序有5种方式："名称"、"类型"、"使用次数"、"链接"、"修改日期"。

⑤宽库视图，单击它可将库面板最大化显示。

⑥窄库视图，是缺省的库宽度，这种视图占用较少的空间。

⑦"新建元件"按钮，单击它可新建元件。

⑧"新建文件夹"按钮，单击它可新建文件夹。

⑨“属性”按钮，单击它可修改元件属性。

⑩“删除”按钮，单击它可删除元件。

（4）实例

“演员”从“休息室”走上“舞台”就是“演出”，那么元件从库中进入舞台就被称为该元件的“实例”。如图2.2.13所示的舞台中就有了元件1的3个实例。

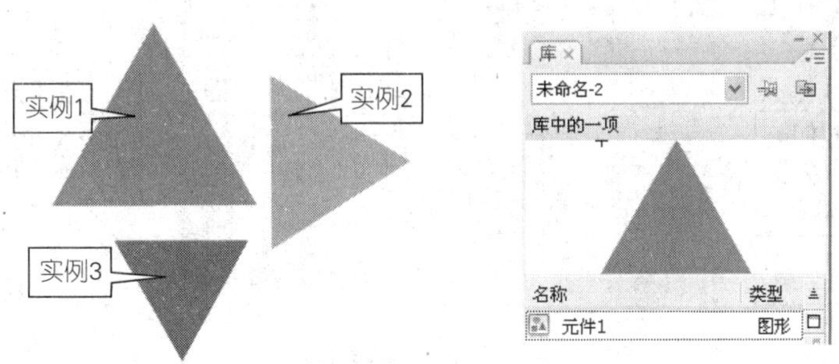

图2.2.13　元件1的3个实例

（5）变形面板

对所选择的对象进行变形，包括宽度、高度、旋转等。按快捷键“Ctrl+T”将调出变形面板。

2.操作步骤

第1步：新建一Flash文档。

第2步：单击库面板中的“新建元件”按钮，新建图形元件名为“花1”。进入元件编辑界面，用椭圆工具绘制花瓣轮廓，设置颜色面板中的填充色，类型为“放射状”，左色标为“#CC338F”，右色标为“#F9CAE2”，用颜料桶工具给花瓣上色，并用填充变形工具调整，最后删除边框线，操作过程如图2.2.14所示。

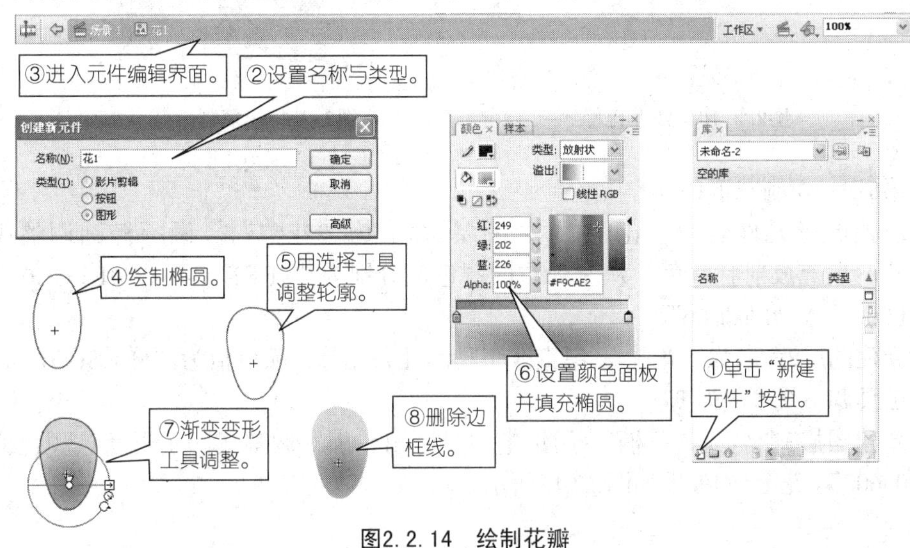

图2.2.14　绘制花瓣

第3步：用任意变形工具选中花瓣，把旋转中心点移至下端。选择【窗口】→【变形】命令或按快捷键“Ctrl+T”打开变形面板，勾选“约束”，旋转60°，复制并变形5 次，操作过程如图2.2.15所示。

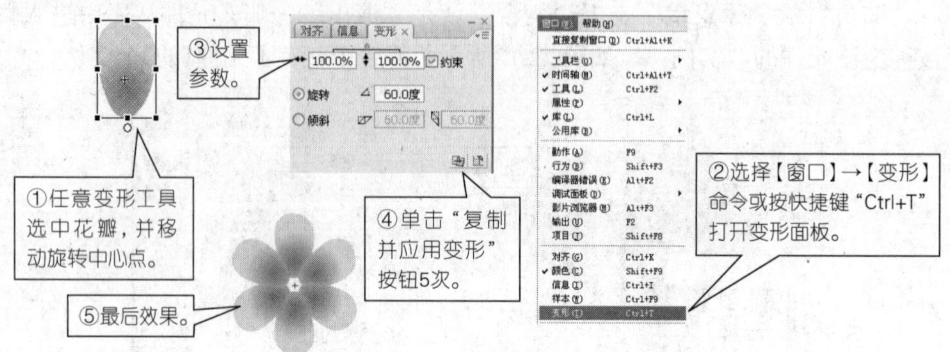

图2.2.15　复制花瓣

第4步：用椭圆工具画一花蕊，放射状填充，左色标为“#B8DA2E”，右色标为“#B0E85B”，再用刷子工具设置颜色为“#FFFF66”，随意点些小点，效果如图2.2.16所示。

第5步：单击场景1，回到舞台，从【库】面板中将元件“花1”拖入场景，可用任意变形工具调整其大小，并结合“Alt”键复制花朵，效果如图2.2.17所示。

图2.2.16　处理花蕊

图2.2.17　复制小花

第6步：绘制花蕾1。

新建图形元件名为“花蕾1”，图层1命名为“花蕾”，画一椭圆调整成图示形状，填充放射状颜色，从左到右的颜色值分别为“#FFE7C4”、“#FFCC66”、“#FF6600”、“#FFCC66”。

新建图层2命名为“花脉”，用直线工具画几条花脉，颜色值为“#FFCC66”，用选择工具调整线条的弧度。

新建图层3命名为“花柄”，用钢笔工具画出轮廓，调整成图示形状，颜色值为“#006600”。花蕾1的效果如图2.2.18所示。

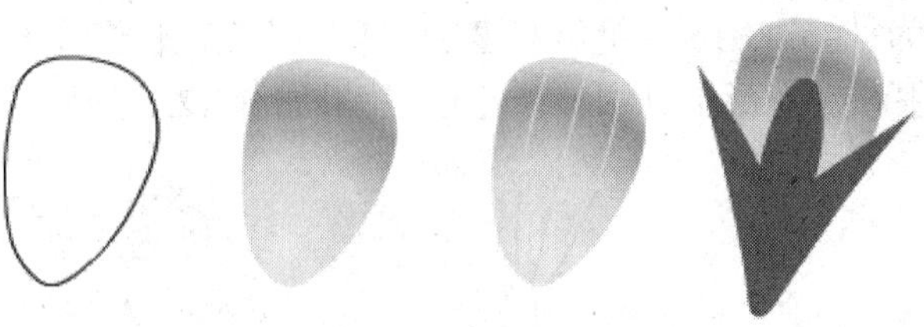

图2.2.18　花蕾1

第7步：绘制花蕾2和花蕾3。

在【库】面板中的“花蕾”元件上单击右键，在弹出的快捷菜单中选择【直接复制】命令，在弹出的对话框中改名为“花蕾2”，如图2.2.19所示。

直接复制元件

名称(N): 花蕾2　　确定

类型(T): ○影片剪辑　　取消

○按钮

⦿图形　　高级

图2.2.19　直接复制元件

双击花蕾2进入花蕾2的编辑界面，在花蕾层选中花蕾，修改填充放射状渐变颜色值，从左到右分别为：“#FCF8CF”、“#FEEF67”、“#FFFFBB”、“#F8EDC2”。再直接复制花蕾1，改名“花蕾3”，双击花蕾3进入花蕾3的编辑界面。在花蕾层选中花蕾，修改填充放射状渐变颜色值，从左到右分别为“#EA9BC8”、“#DC6AAD”、“#CC338F”、“#F9CAE2”。在花脉层用选择工具选中花脉，修改颜色值为“#B52D7E”。花蕾2和花蕾3的效果如图2.2.20所示。

图2.2.20　花蕾2和花蕾3

第8步：绘制叶子和花枝。

新建图形元件，命名为“花枝1”。从【库】中将“花1”元件拖入场景，图层1命名为“花朵”，新建图层2命名为“花杆”，并将“花杆”图层拉到“花朵”图层下面。绘制花杆时，先画直线然后调整成图示形状，颜色值为“#629218”，笔触高度为“3”。

新建图层3，命名为“叶子”。用钢笔工具绘制轮廓，调整成树叶状，放在适当

位置，笔触颜色为“#537B15”，笔触高度为“1”，填充线性渐变颜色为“#387E1C”、“#42E453”，可用渐变变形工具调整。花枝1效果如图2.2.21所示。

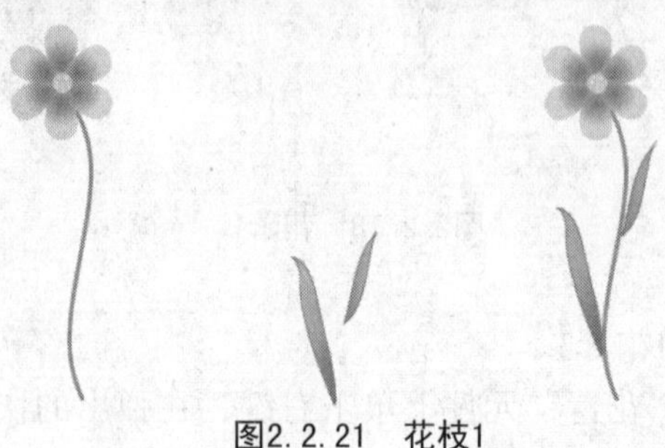

图2. 2. 21　花枝1

用同样的方法制作“花枝2”、“花枝3”和“花蕾枝1”、“花蕾枝2”、“花蕾枝3”，如图2.2.22所示。

图2. 2. 22　其他花枝和花蕾

第9步：绘制小草。

新建图形元件，命名为“草1”。用矩形工具绘制一个矩形，用选择工具调整成图示形状，填充线性渐变颜色值为“#28841E”、“#BFF0B9”。用同样的方法画出各种形状的小草，填充的线性渐变颜色值为“#B68D30”、“#EDE8BC”。

新建图形元件，命名为“小草1”，将绘制的草元件拖入场景，用任意变形工具调整，效果如图2.2.23所示。

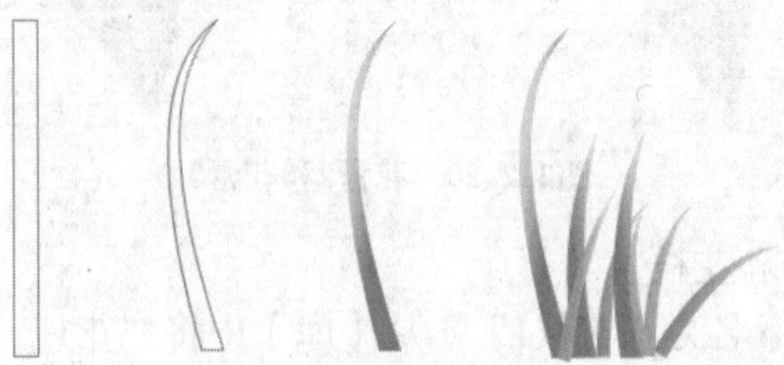

图2. 2. 23　小草

第10步：将图层1命名为“天空”，用矩形工具，笔触颜色随意、无填充颜色，画一550×400 的边框，全居中，填充线性渐变色为“#DDF9FD”、“#6895C1”，用颜料桶工具至上而下填充，删除边框线，效果如图2.2.24所示。

图2.2.24　天空

第11步：新建图层，命名为“草地1”，用矩形工具绘制矩形，用选择工具调整出“草地1”形状，填充颜色为“#02CD02”。用同样的方法绘制出“草地2”和“草地3”图层，分别填充为“#9BCC01”和“#039904”，效果如图2.2.25所示。

图2.2.25　草地

第12步：新建一个图层，命名为“小草”。用直线工具绘制直线，选中直线，单击属性面板的自定义按钮，在“笔触样式”对话框中选用“斑马线”，按图2.2.26所示设置。

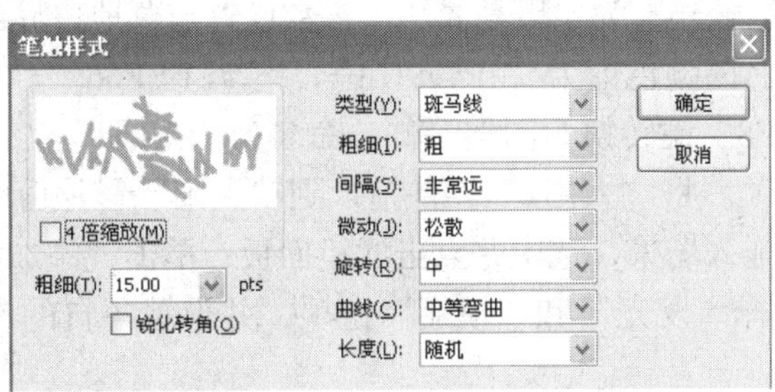

图2.2.26　笔触样式设置

调整直线的颜色，绘制出草地边界处的小草，效果如图2.2.27所示。

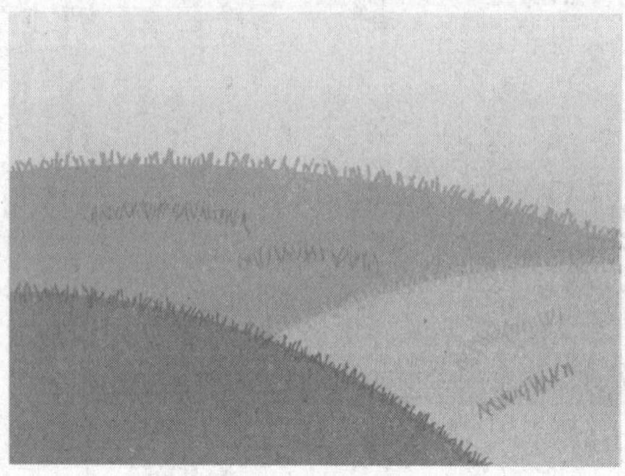

图2. 2. 27　草地边界的小草

第13步：新建一个图层，命名为“花和草”，将元件库中的各种花枝、花蕾和小草元件拖入到场景，利用任意变形工具调整大小和方向，布置花和草的位置，效果如图2.2.28所示。

图2. 2. 28　花和草

第14步：新建一个图层，命名为“太阳”。用椭圆工具绘制一正圆，笔触颜色为“#FFFF00”，笔触样式为“斑马线”，参数设置与草地边界的小草相同，填充放射状渐变，从左至右的颜色值为“#F4F9CA”、“#FFFF66”、“#FFFF00”。完成后选中正圆，按“F8”键转换为图形元件，命名为“太阳1”。新建一个影片剪辑元件，命名为“太阳”。将“太阳1”元件拖入到“太阳”影片剪辑中。回到场景，将“太阳”影片剪辑拖入场景，选中并点击滤镜面板，单击“添加滤镜”按钮，在弹出的快捷菜单中选择“发光”和“模糊”选项，并设置各自的参数。操作过程如图2.2.29所示。

完成效果如图2.2.9所示。

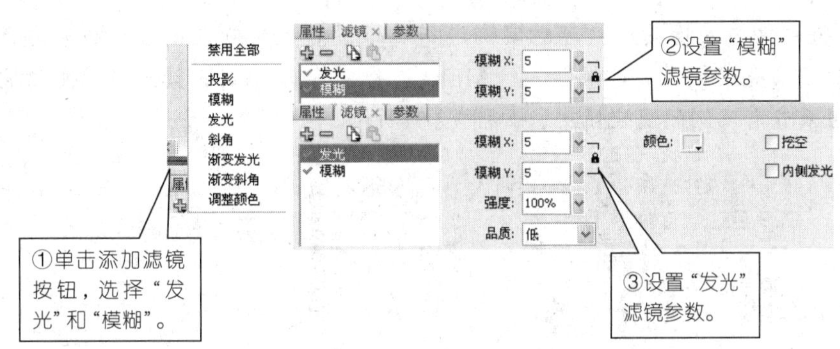

图2.2.29　滤镜参数

读一读

橡皮擦工具【E】用来擦除一些不必要的线条或区域，根据选项的不同可以采取多种擦除方式，可以在辅助工具中设置橡皮擦笔画的粗细。水龙头工具：用来删除整块同样颜色的区域。

橡皮擦的工具模式包括：

◎标准擦除：橡皮擦经过的地方都擦除。

◎擦除填色：只擦除填色区域内的信息，非填色区域，例如边框不能被擦除。

◎擦除线条：专门用来擦除对象的边框和轮廓。

◎擦除所选填色：清除选定区域内的填色。

◎内部擦除：擦除情况与开始点相关，类似与笔刷工具的模式。

试一试

（1）编辑元件的方法：在库面板中双击元件。

（2）使用橡皮擦工具（多种模式），如图2.2.30所示。

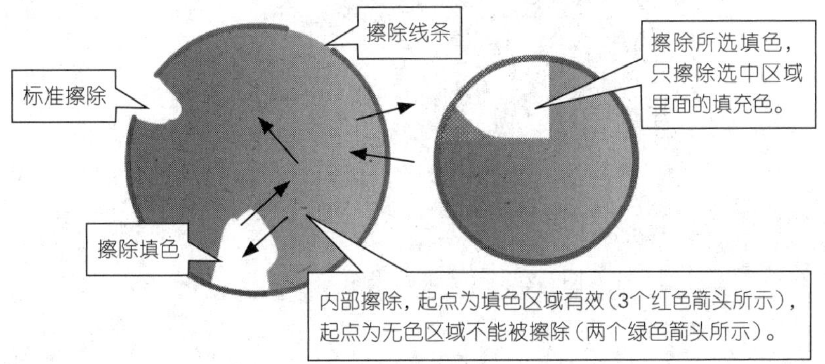

图2.2.30　橡皮擦的用法

（3）将元件拖入场景后，可对实例进行属性设置。实例在属性面板的颜色项有“无”、“亮度”、“色调”、“Alpha”、“高级”5种，读者可以更改它们的参数值来查看实例的变化情况，如图2.2.31所示。

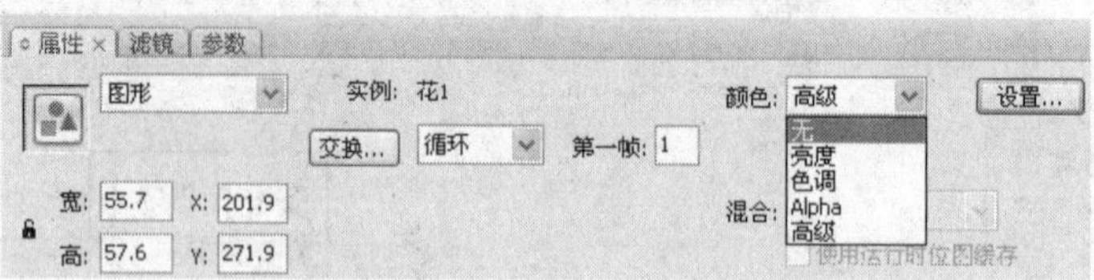

图2.2.31 实例的颜色属性

（1）完成如图2.2.32所示的兰花图。

（2）完成如图2.2.33所示的卡通人物图。

图2.2.32 兰花效果图

图2.2.33 卡通人物图

（3）完成如图2.2.34所示的卡通背景图。

图2.2.34 卡通背景图

3

制作Flash CS3逐帧动画

逐帧动画（Frame By Frame）是一种常见的动画形式，其原理是在连续的关键帧中分解动画动作，也就是在时间轴的每帧上逐帧绘制不同的内容，使其连续播放而成动画。在这里我们可以把“帧”理解成“幅”，一帧画面就是一幅画面。因为逐帧动画的帧序列内容不一样，不但给制作增加了负担而且最终输出的文件量也很大，但它的优势也很明显：逐帧动画具有非常大的灵活性，几乎可以表现任何想要表现的内容，而它类似于电影的播放模式，很适合于表演细腻的动画。一般传统的动画片都属于逐帧动画。例如人物或动物急剧转身，头发及衣服的飘动，走路，说话以及精致的3D效果等。

针对Flash而言，动画都是在帧上实现的，逐帧动画就是一帧一个画面，连续多帧就成一个动画了。

学习目标

理解逐帧动画的原理；
掌握帧、关键帧、空白关键帧、时间轴的概念；
掌握逐帧动画的一般制作方法；
了解逐帧动画的重要性。

案例3.1　简单的逐帧动画

本案例为读者提供了简单的逐帧动画制作实例，设计方法简单而新颖，包括“闪动的无线电波”和“幻灯片式图片浏览”。

任务  制作闪动的无线电波

小东在建设旅游网站时，为了美化网站，他想在网站的首页制作一个特别的联系方式，于是他想到了闪动的无线电波。但是如何实现呢？ Flash中的逐帧动画可以帮助他。下面，让我们和王小东一起来一帧一帧的制作出闪动的无线电波吧。

图3.1.1　闪动的无线电波效果图

本任务的最终效果图如图3.1.1 所示。

任务要求

◎理解逐帧动画的动画原理。

◎领会帧、关键帧、空白关键帧、时间轴的概念。

◎掌握几种常用的创建逐帧动画的几种方法。

任务解析

1.相关知识

（1）帧、关键帧、空白关键帧、时间轴的概念

◎帧：如图3.1.2的小方格就称为帧或单元格。可以把帧转化为关键帧或空白关键帧。

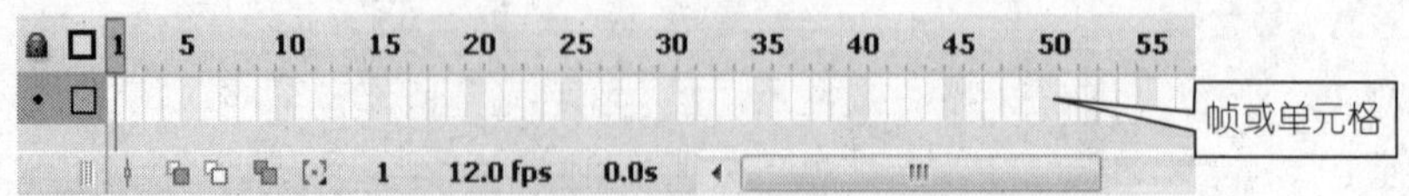

图3.1.2　帧或单元格

◎关键帧：如图3.1.3中带实心小圆点的小方格就称为关键帧。相当于二维动画中的原画，也就是说，关键帧上必须要有内容，这些内容是当你需要物体运动或变化时需要用到的。第1个关键帧是物体的开始状态，而第2个关键帧就是物体的结束状态，而中间过渡的帧就是物体由第一个关键帧到第2个关键帧的变化过程。关键帧与关键帧之间的动画可以由Flash CS3自动生成，自动生成的帧称为过渡帧或者中间帧。

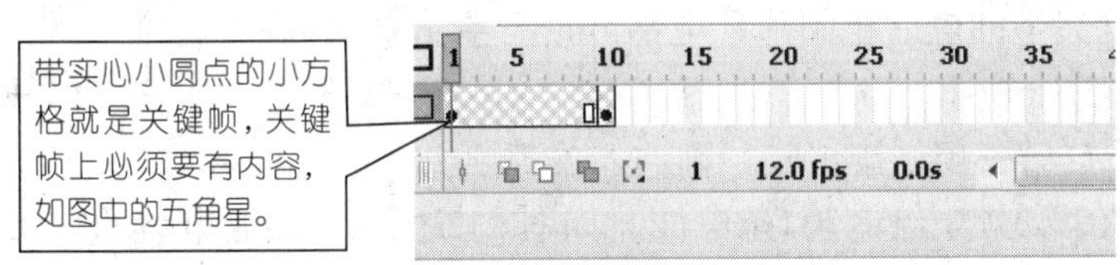

图3.1.3　关键帧

◎空白关键帧：如图3.1.4中带空心小圆点的小方格就称为空白关键帧。在一个关键帧里面什么对象也没有添加，这种关键帧被称为空白关键帧。空白关键帧在做物体消失的时候很有用。

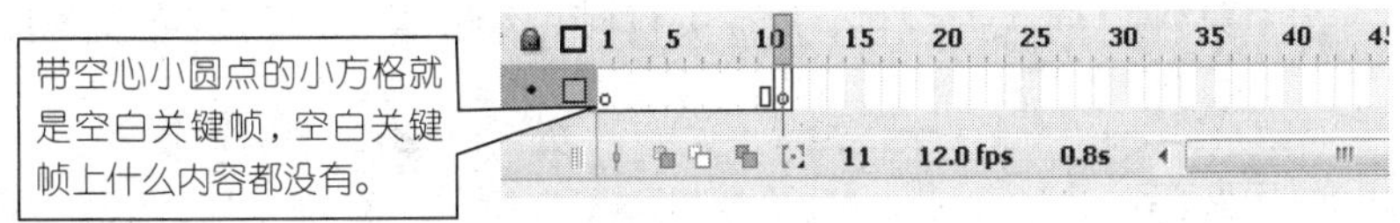

图3.1.4　空白关键帧

◎时间轴：Flash CS3中的时间轴也称为时间线，是由多个帧、关键帧或空白关键帧组合而成的，如图3.1.5所示。时间轴主要用于控制动画的播放顺序，让动画制作人员在编辑动画时能清楚知道每一帧具体是什么内容，以及帧与帧之间的内容细节是如何衔接的，这对制作人员来说是非常重要的。

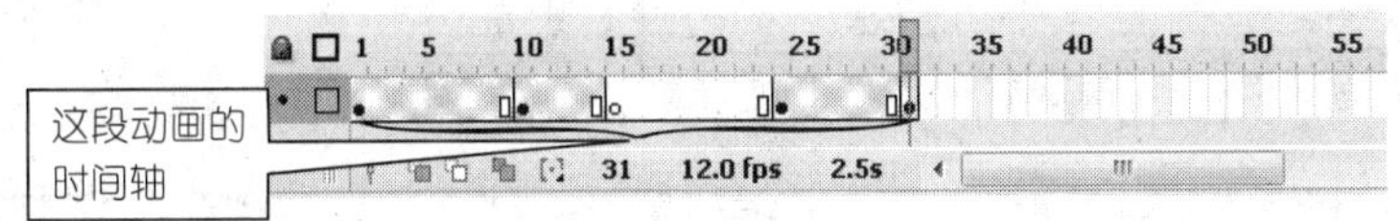

图3.1.5　时间轴

（2）逐帧动画的动画原理

逐帧动画的动画原理是在连续的关键帧中分解动画动作，也就是在时间轴的每帧上逐一绘制不同的内容，使其连续播放而成动画。

2.操作步骤

第1步：启动Flash CS3，新建一个Flash文件（Action Script 2.0）。

第2步：选择【文件】→【导入】→【导入到舞台】命令，弹出“导入”对话框，打开素材\案例3.1\任务1文件夹下的电话机图片“电话.bmp”导入到舞台，如图3.1.6所示。

图3.1.6　导入电话图片后的效果

第3步：选择第3帧，按“F6”键插入关键帧。

第4步：在第3帧中绘制第1条电波，如图3.1.7所示。绘制电波的方法是利用线条工具先画一条短横线，再利用选择工具指向短横线，当光标下端出现圆弧形时按住鼠标左键不放进行拖动，就可以绘制出圆弧形的电波。

第5步：右击第5帧，在弹出的快捷菜单中选择【插入关键帧】命令，并在关键帧中绘制第2条电波，如图3.1.8所示。

图3.1.7　绘制第1条电波

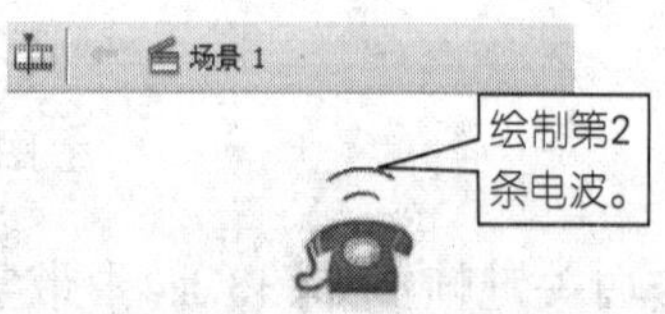

图3.1.8　绘制第2条电波

第6步：选中第7帧，插入关键帧，并在关键帧中绘制第3条电波，如图3.1.9所示。

图3.1.9　绘制第3条电波

图3.1.10　绘制第4条电波

第7步：分别选中第9帧、第11帧、第13帧、第15帧处按“F6”键插入关键帧，同时在关键帧中绘制第4、第5、第6、第7条电波，如图3.1.11、图3.1.12所示。

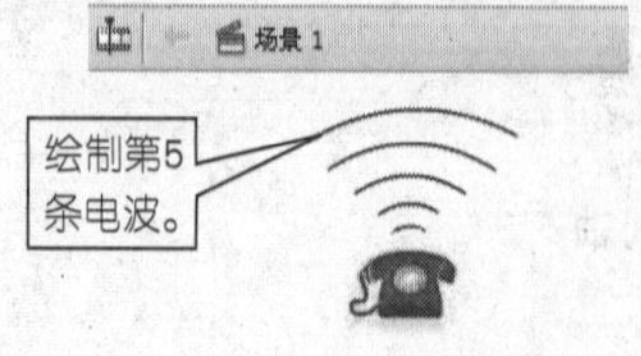

图3.1.11　绘制第5条电波

图3.1.12　绘制第6条电波

第8步：在第17帧上插入帧，以延长动画播放时间，使动画播放效果看上去更加协调。

第9步：保存文件，命名为“闪动的无线电波.fla”。至此，“闪动的无线电波”动画制作就完成了。现在按快捷键“Ctrl+Enter”测试动画吧，效果非常不错哟！

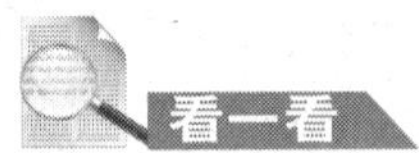

创建逐帧动画的几种方法：

①绘制矢量逐帧动画。选取绘图工具用鼠标在场景中一帧帧的画。

②用导入的静态图片建立逐帧动画。用jpg、png等格式的静态图片连续导入Flash中，就会建立一段逐帧动画。

③文字逐帧动画。用文字作帧中的元件，实现文字跳跃、旋转等特效。

④导入序列图像。可以导入gif序列图像、swf动画文件或者利用第三方软件（如swish、swift 3D等）产生的动画序列。

任务 2 浏览幻灯片

王小东在访问某网站主页时，看到网页上的图片会延时切换，就是我们所说的幻灯片式图片浏览，逐帧动画就能实现。下面，让我们和小东一起，将他喜好的几张图片设计成幻灯片浏览形式。

制作出的幻灯片浏览效果图如图3.1.13所示。

图3.1.13　幻灯片浏览效果图

■ 任务要求

◎理解关键帧和帧的作用，即何时采用关键帧和帧。

◎掌握关键帧和帧在实际例子中的配合应用。

◎进一步掌握逐帧动画的设计方法和技巧。

■ 任务解析

操作步骤

第1步：启动Flash CS3，新建一个Flash文件（Action Script 2.0）。

第2步：新建一个图形元件，命名为“第1张图片”，如图3.1.14所示，单击“确定”按钮。该元件用来存放第一张用于幻灯片放映的图片。

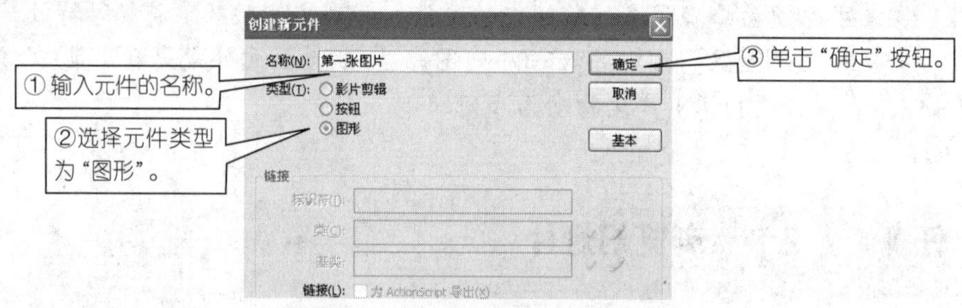

图3.1.14 新建图形元件

第3步：选择【文件】→【导入】→【导入到舞台】命令，弹出“导入”对话框，如图3.1.15所示。

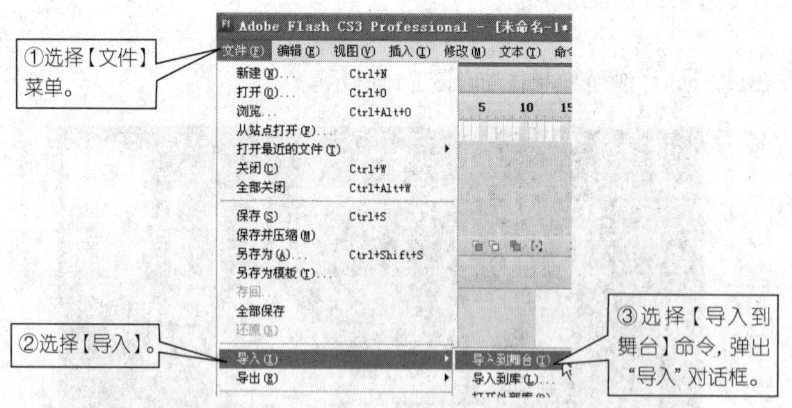

图3.1.15 在元件中导入图片到舞台

第4步：选择图片所在的路径（可自行选择自己喜欢的图片，也可打开素材\案例3.1\任务2文件夹下导入），将所用到的第一张图片导入到元件舞台，如图3.1.16所示。

第5步：重复上述步骤，分别新建“第2张图片”、“第3张图片”、“第4张图片”、“第5张图片”图形元件，并导入准备好的不同图片，最终建立5个图形元件。按“F11”键打开库面板，如图3.1.17所示，能够看到已经建立好的5个图形元件。

图3.1.16　导入到“第1张图片”元件舞台中的图片

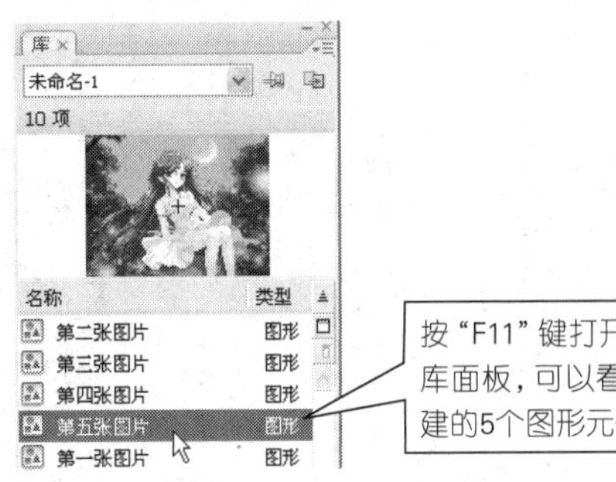

图3.1.17　新建的5个图形元件

第6步：回到场景1，选中第1帧，并将元件库中名为“第1张图片”元件拖入到第1帧中，如图3.1.18所示。

图3.1.18　舞台中的元件实例

第7步：选中第1帧中的“第1张图片”实例，设定它的宽为“300”、高为“200”，坐标X和Y均为“100”。

第8步：选中第10帧，插入空白关键帧。

第9步：将元件库中名为“第2张图片”元件拖入到第10帧中，并设定它的宽为“300”、高为“200”，坐标X和Y均为“100”，如图3.1.19所示。

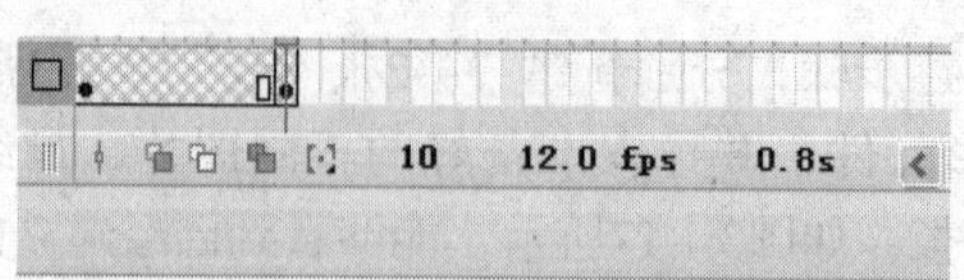

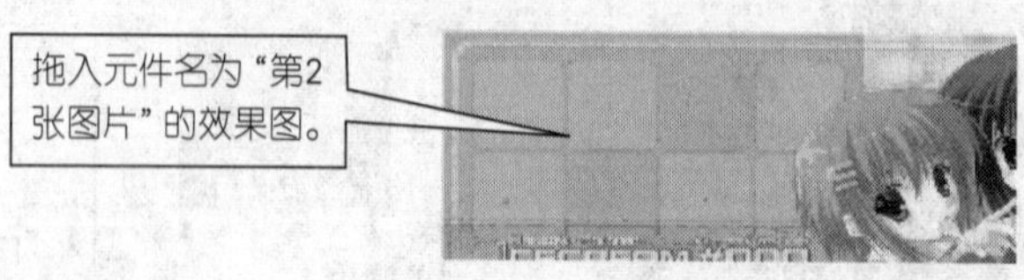

图3.1.19 效果图

试一试

除了用坐标精确对齐外，还可以利用"绘图纸外观轮廓"工具，但这种方法不能够保证绝对精确。如图3.1.20所示实现将第1帧中的元件和第10帧中的元件重叠对齐。

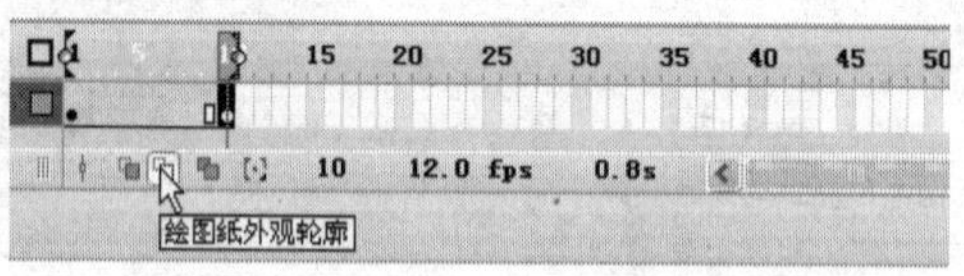

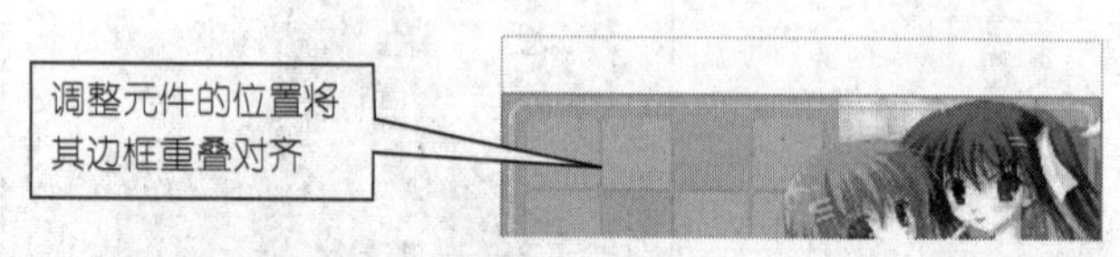

图3.1.20 对齐元件

第10步：分别在第20帧、30帧、40帧上重复第8、9步，将另外3个元件都拖入到相应的帧上，并设置好大小和坐标，以实现精确叠齐。

第11步：选中第50帧，按"F5"键插入帧，将其播放时间延长10帧。

第12步：保存文件，命名为"幻灯片式图片浏览.fla"，按快捷键"Ctrl+Enter"测试动画。

至此，王小东已经实现了"幻灯片式图片浏览"动画制作。他在思考，逐帧动画其实质就是每一个关键帧都需要一一处理。

试一试

多帧编辑调整对象大小

虽然图片已经导入进来，但是导入的序列图片大小已经超出了场景范围。可以一帧帧来调整图片大小。先将一幅图缩小，将其位图的宽高值记下，再把其他图片设置成相同坐标值。但是这种作法非常浪费时间，Flash软件已经为用户准备好了“编辑多个帧”按钮，下面就一起来进行多帧编辑。

在缺省状态下，导入的对象被放在场景坐标（0，0）处，而且大小有可能与场景内容不符，所以必须调整其大小并移动它们。

在进行多帧编辑时，编辑的是场景中全部对象，为了避免误操作，要将一些不需要编辑的图层进行锁定，特别是背景层等。

单击时间轴面板下方的“编辑多个帧”按钮，再单击“修改绘图纸标记”按钮，在弹出的菜单中选择【绘制全部】命令，最后执行【编辑】→【全选】命令，在属性面板上进行设置。

也可利用工具箱中的选择工具将所有图片拖放到场景中央，执行【窗口】→【设置面板】→【对齐】命令（快捷键为“Ctrl+K”），在弹出的如图3.1.21所示的对齐面板中单击相应对齐按钮，将所有的图像实现相应对齐。

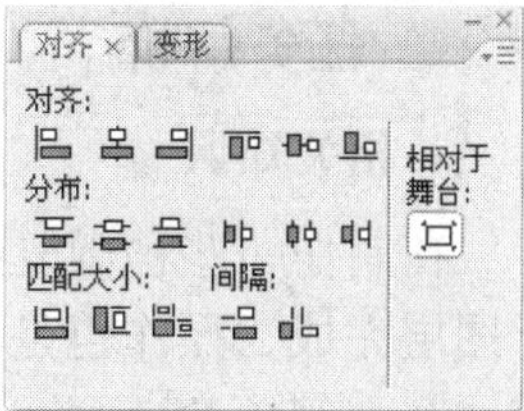

图3.1.21 对齐面板

案例3.2 复杂的逐帧动画

逐帧动画具有非常大的灵活性，几乎可以表现任何想要表现的内容，类似于电影的播放模式，很适合于表演细腻的动画。本案例为读者提供了较复杂的逐帧动画制作实例，包括“霓虹灯文字”和“蝴蝶飞舞”。

任务 1 打造霓虹灯文字

霓虹灯文字那闪烁的效果令我们很多人神往，一会儿变红，一会儿变蓝，一会儿变绿，一会儿变紫，多炫啊！就是用逐帧动画实现的！虽然还没有开始做，王小东已经信心百倍了，他想他应该能够独立完成了。下面，让我们一起来看看王小东是怎样设计与制作的。

本任务的最终效果图如图3.2.1所示。

热烈庆祝中华人民共和国成立60周年

图3.2.1　霓虹灯文字效果

■ 任务要求

◎掌握逐帧动画中如何实现颜色的变化。

◎掌握添加图层的方法。

◎掌握图层与图层之间的动画配合应用的方法。

◎熟练掌握逐帧动画的制作技巧。

■ 任务解析

1.相关知识

在制作一些稍微复杂一点的动画时，一个图层是不能够完成的。即使能够在一个图层完成，操作也是非常烦琐的。如果多几个图层，就可以把一个复杂的动画分解成几个简单的动画，分别放在不同的图层中。在实际操作时也比较容易，条理也很清楚。插入图层的操作方法如图3.2.2和图3.2.3所示。

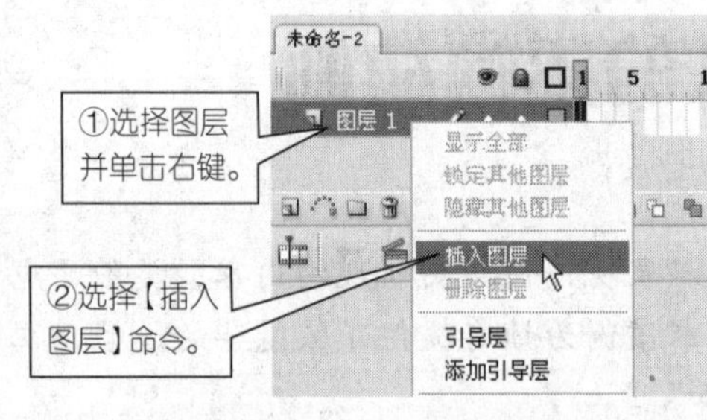

图3.2.2　插入图层

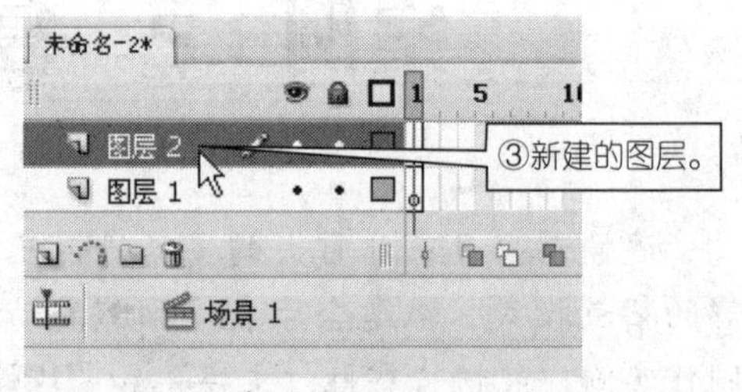

图3.2.3　新建图层

2.操作步骤

第1步：启动Flash CS3，新建一个Flash文件（Action Script 2.0）。

第2步：利用文字工具在图层1中输入文字“热烈庆祝中华人民共和国成立60周年”，并设定文字的颜色为蓝色，大小为“40”，如图3.2.4所示。

第3步：选中第10帧，按“F6”键插入关键帧。

第4步：将第10帧中的文字颜色改为红色，如图3.2.5所示。

第5步：分别在第20帧、30帧、40帧处按“F6”键插入关键帧，同时将颜色分别设定为蓝色、绿色、紫色，如图3.2.6所示。

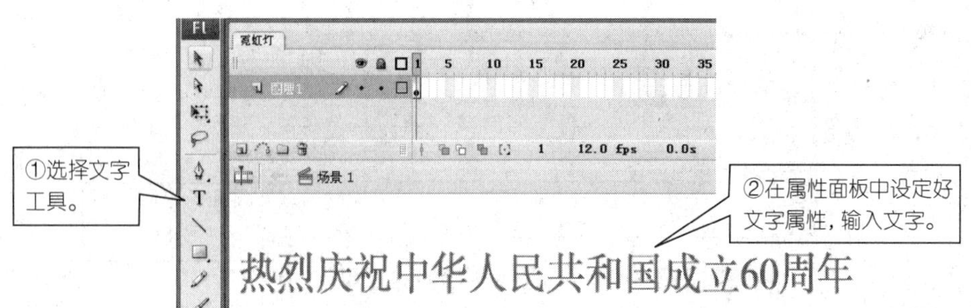

图3.2.4　输入文字

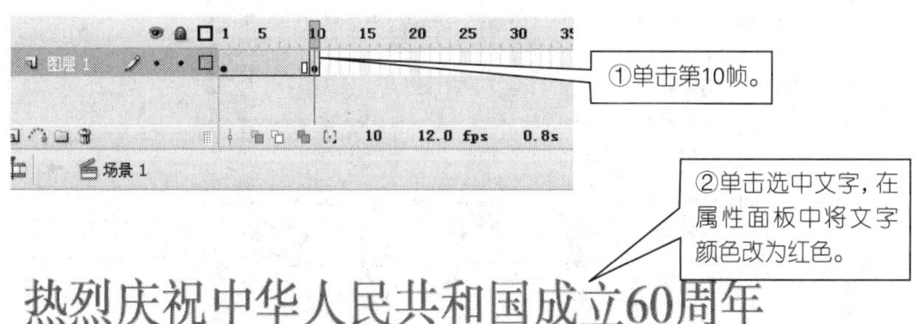

图3.2.5　将文字改为红色

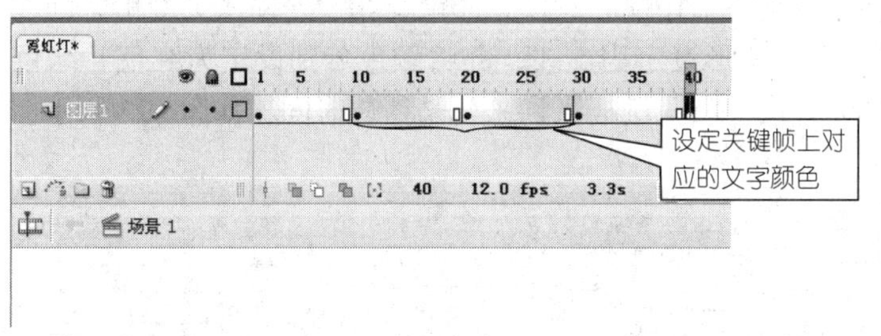

图3.2.6　在第20、30、40帧上插入关键帧

第6步：按“F5”键在第50帧上插入帧，延长动画播放时间。

第7步：插入一个新图层2。

第8步：利用矩形工具在图层2的第1帧中绘制一个矩形，同时删掉填充颜色，并用任意变形工具调整矩形框的大小与图层1的文字相对应，如图3.2.7所示。

第9步：选定边框，在属性面板中将矩形边框的颜色设定为蓝色，粗细设定为“5”，线形设定为虚线，如图3.2.8所示。

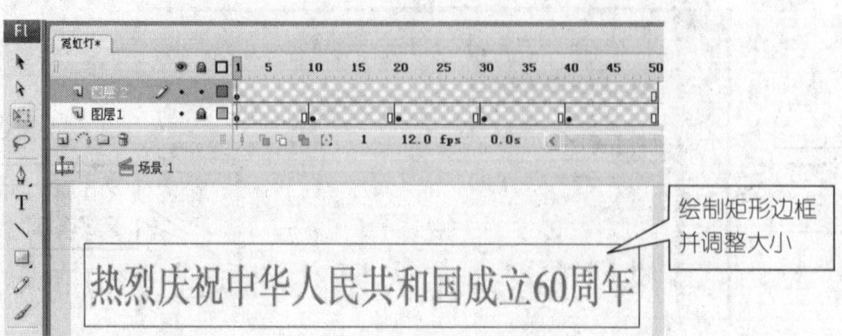

图3.2.7　插入矩形边框

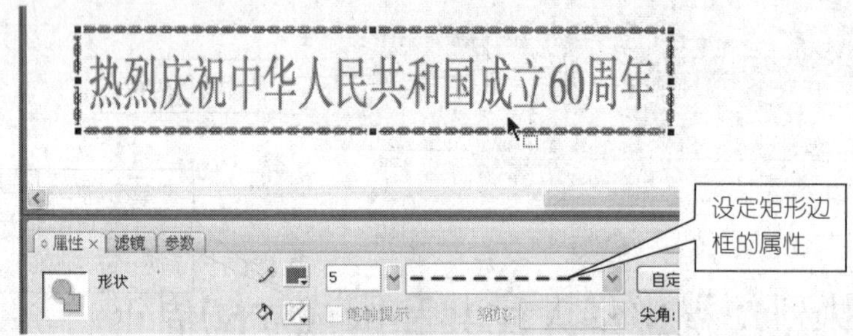

图3.2.8　设定矩形边框属性

第10步：分别在第10帧、20帧、30帧、40帧处插入关键帧，同时将矩形边框的粗细设定为“5”，线形设定为虚线，并将颜色分别设定为红色、绿色、紫色、黄色，最后在第50帧上按“F5”键插入帧来延长播放时间，如图3.2.9所示。

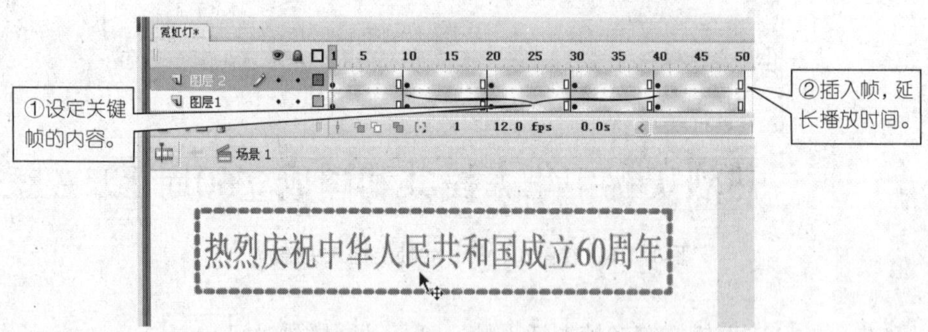

图3.2.9　分别设定各帧的内容（颜色）

第11步：选择【修改】→【文档】命令，修改文档的属性。将背景颜色改为黑色。按快捷键“Ctrl+S”保存，按快捷键“Ctrl+Enter”测试动画，效果非常不错哟！

任务 2 制作蝴蝶飞舞

王小东想在网站的首页上摆放几只飞舞的蝴蝶。此时，他想到了Flash中的逐帧动画。确实，也只有逐帧动画才能表现任何想表现的细腻内容。下面，让我们和王小东一起来一帧一帧的制作出飞舞的蝴蝶。

制作出的蝴蝶飞舞效果如图3.2.10所示。

图3.2.10　蝴蝶飞舞效果图

任务要求

◎深入理解逐帧动画的动画原理。

◎逐帧动画技巧的综合应用。

◎巩固Flash CS3中的绘画技巧。

任务解析

1.相关知识

任意变形工具【Q】，选中对象后，使用Q工具可将其变形，变形前一般要根据需要先调整对象旋转中心点。

复习Flash CS3的绘图知识，包括颜色面板等。

2.操作步骤

第1步：启动Flash CS3，新建一个Flash文件（Action Script 2.0）。

第2步：新建一个图形元件，命名为“蝴蝶翅膀”。在元件工作区利用Flash CS3的绘图功能绘制出蝴蝶的半个翅膀，并利用颜色面板和颜料桶工具为蝴蝶翅膀作色，效果如图3.2.11所示。

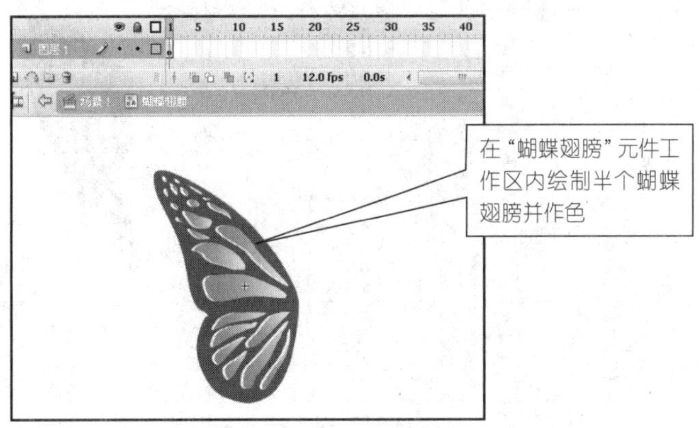

图3.2.11　绘制蝴蝶翅膀并作色

第3步：新建一个图形元件，命名为“蝴蝶身体”。利用Flash CS3的绘图功能绘制出蝴蝶身体，并利用颜色面板和颜料桶工具为身体作色，如图3.2.12所示。

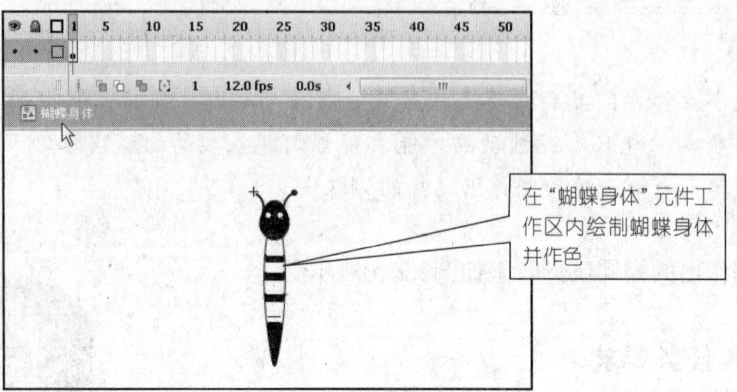

图3.2.12　绘制蝴蝶身体并作色

第4步：回到场景1，选择【窗口】→【库】命令或按快捷键“Ctrl+L”打开库面板。

第5步：选中时间轴上的第1帧，拖放两个“蝴蝶翅膀”元件和一个“蝴蝶身体”元件到场景中，并利用变形工具和旋转工具将其变形和旋转后，再将3个元件拼凑成一只蝴蝶，如图3.2.13所示。

图3.2.13　利用元件拼凑的蝴蝶

第6步：在时间轴的第2帧，插入关键帧，如图3.2.14所示。当插入关键帧后，Flash系统会在插入的关键帧中自动复制前一关键帧中的所有对象。所以，在这里当插入关键帧后，在第2帧中会得到和第1帧一模一样的内容。

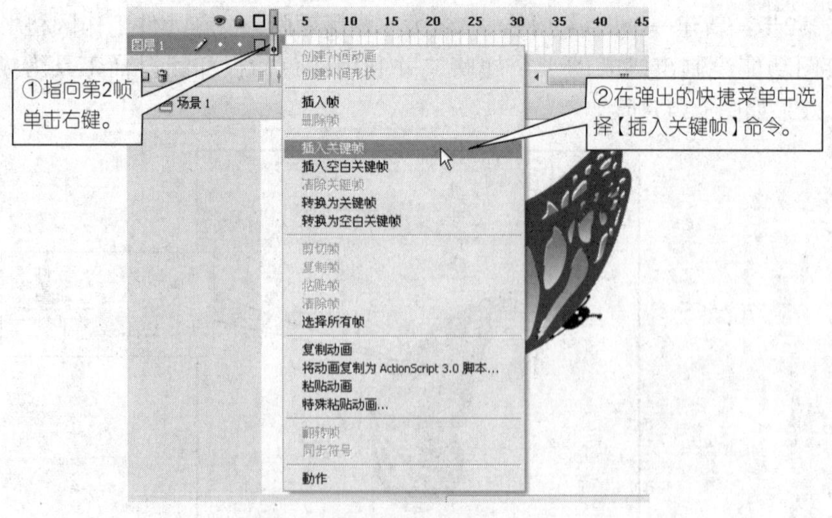

图3.2.14　插入关键帧

第7步：在第2帧中，选中蝴蝶右边的翅膀，利用任意变形工具将其变形，如图3.2.15所示。注意：在变形前，要先将蝴蝶翅膀的旋转中心点移动到底部，与蝴蝶身体靠近，这样在变形时翅膀和身体感觉上才是一个整体。

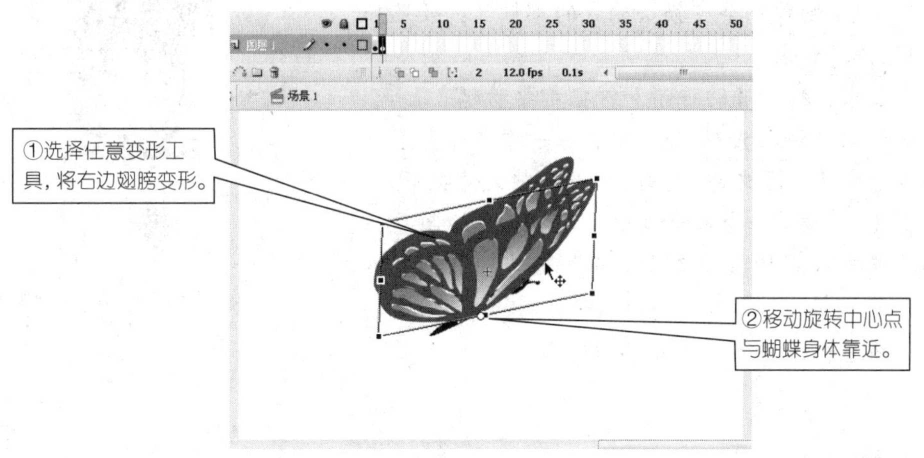

图3.2.15　右边翅膀变形后的效果

第8步：在第2帧中，选中蝴蝶左边的翅膀，利用任意变形工具将其变形，操作方法与第7步一样。

第9步：重复第6、7、8步，在第3帧上得到如图3.2.16所示的效果。

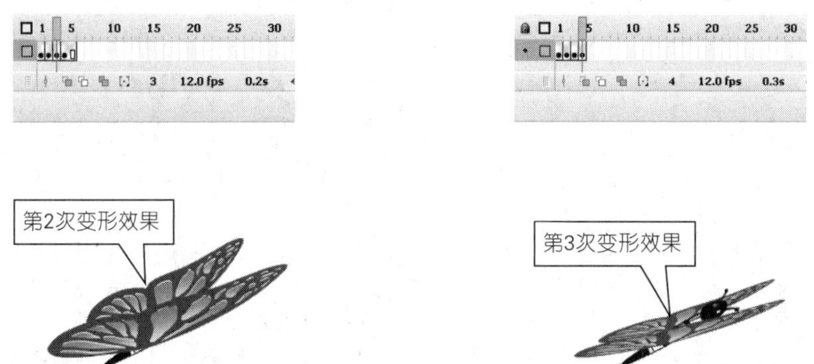

图3.2.16　第2次变形后的效果　　图3.2.17　第3次变形后的效果

第10步：重复第6、7、8步，在第4帧上得到如图3.2.17所示的效果。

第11步：保存文件，命名为“蝴蝶飞舞.fla”。至此，“飞舞的蝴蝶”动画就制作完成了。现在按快捷键“Ctrl+Enter”测试动画吧，效果非常不错哟！

练一练

（1）制作一个“猫头鹰式的摆钟”，效果如图3.2.18所示。

要求：猫头鹰的眼睛和钟摆都要动起来。

素材文件在素材\案例3.2\练一练文件夹下，参考源文件在源文件\案例3.2\练一练文件夹下。

（2）制作一个舞者动画，人物自行绘制。

要求：在场景中有6人同步跳舞，但角度不同（旋转）、远近不同（大小）。提示：制作元件，然后在场景中创建6个实例。

图3.2.18　猫头鹰式的摆钟

4 创建补间动画

补间动画是整个Flash动画设计的核心，也是Flash动画的最大优点。补间动画创建过程简单，能够最大限度地减少生成文件的大小。

所谓补间动画，其实就是建立在两个关键帧之间的渐变动画，只要建立好开始帧和结束帧，中间部分Flash CS3会帮我们填补进去，非常方便好用。补间动画有两种：动画补间和形状补间。

动画补间是由一个形态到另一个形态的变化过程，像移动位置、改变角度等。动画补间在时间轴上的补间状态是淡紫色底加一个黑色箭头组成的。

形状补间是由一个物体到另一个物体的形状变化过程，像由三角形变成四边形等。形状补间在时间轴上的补间状态是淡绿色底加一个黑色箭头组成的。

学习目标

掌握形状补间的设计与制作方法；
会进行形状提示的添加；
掌握动画补间的设计与制作方法；
能够正确的通过帧属性面板设置参数来制作其他特殊补间动画。

案例4.1 形状补间

王小东想要用Flash完成一种类似于将圆变成正方形的形状变化的动画，但是利用刚刚学过的逐帧动画完成后发现，圆变成正方形动画只能是突变，没有圆润变形的过程。这怎么办呢？形状补间动画是最好的选择。下面，就和王小东一起来完成几个形状补间动画实例。

形状补间动画是Flash中非常重要的表现手法之一，只要灵活运用它，便可以变幻出各种奇妙的、不可思议的变形效果。本案例从形状补间动画基本概念入手，带你认识形状补间动画在时间帧上的表现，了解形状补间动画的创建方法，学会应用"形状提示"让图形的形变自然流畅。

任务 1 变圆成正方形

任务要求

◎利用工具绘制正圆和正方形。

◎理解形状补间动画的应用范围。

◎掌握创建形状补间的方法。

图4.1.1 圆变正方形最终效果图

本任务完成的最终效果图如图4.1.1所示。

任务解析

1.相关知识

◎正方形的绘制：选中矩形工具后，按"Shift"键拖动鼠标绘制正方形。

◎正圆的绘制：选中椭圆工具后，按"Shift"键绘制正圆。

◎：形状补间动画在时间轴上的补间状态是浅绿色底色的实线箭头。

2.操作步骤

第1步：创建一个Flash文档，选中第1个关键帧，在舞台上绘制一个正圆，如图4.1.2所示。

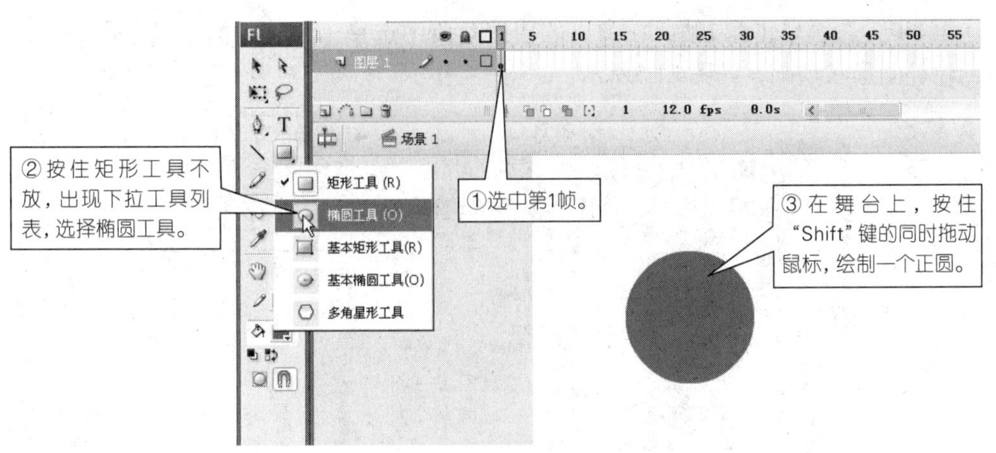

图4.1.2　绘制正圆

第2步：在第20帧按"F7"键创建一个空白关键帧，或右击20帧，在弹出的如图4.1.3所示的快捷菜单中选择【插入空白关键帧】命令。

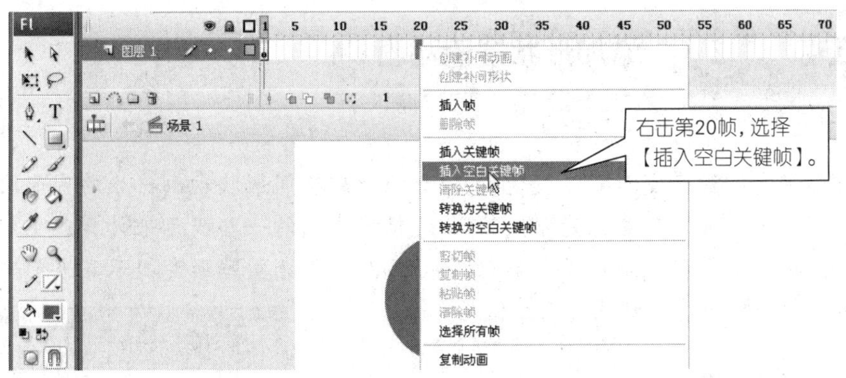

图4.1.3　插入空白关键帧

第3步：在舞台上绘制一个正方形，如图4.1.4所示。

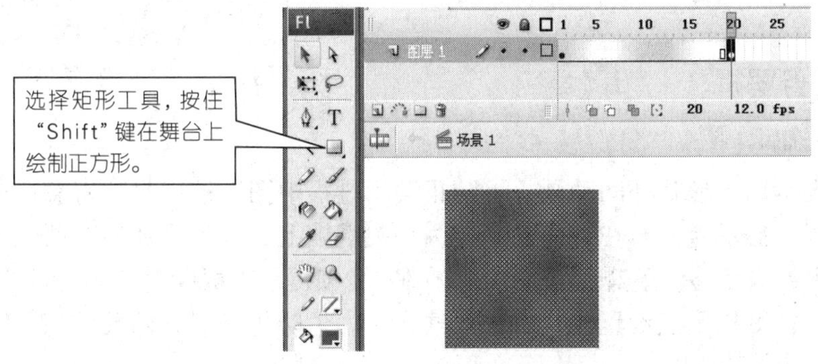

图4.1.4　绘制正方形

第4步：右键单击第1帧，在弹出的快捷菜单中选择【创建补间形状】命令，即可创建补间形状动画，如图4.1.5所示。

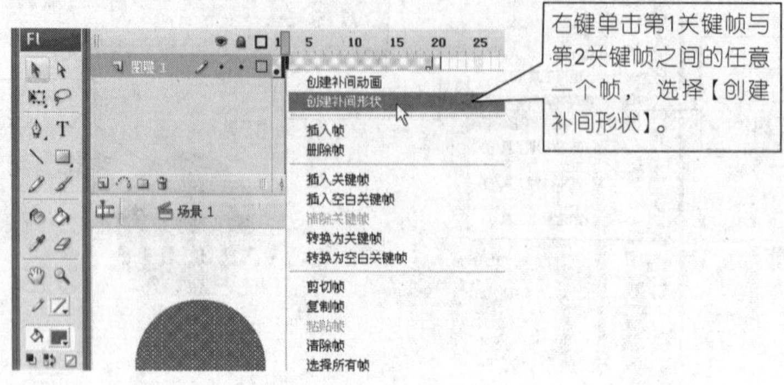

图4.1.5　创建补间形状

第5步：按快捷键“Ctrl+Enter”测试影片效果。

任务  添加形状提示动画

王小东在作数字变形时，发现利用Flash创建补间形状动画产生的变形比较乱，变化动作太大，使人眼花，能不能让Flash根据我们的一些提示来计算产生形状变形呢？王小东通过学习，发现添加形状提示可以让Flash按照形变提示点来创建补间形状动画，下面就来看一看他是怎么做的。

任务要求

◎掌握添加形状提示的方法。

◎掌握删除形状提示的方法。

本任务完成的最终效果图如图4.1.6所示。

图4.1.6　“1”变“2”最终效果图

任务解析

1.相关知识

形状提示用于形状补间动画，可防止动画过程中图形的失真或有意造成失真生成特殊效果。提示点分布在补间动画的两个关键帧上，开始添加后，两帧上的提示点都为红色，只有移动第2帧上的提示点，使第2帧提示变成绿色，第1关键帧提示点变成黄色，才算提示点设置成功。一般情况，为了防止失真，两关键帧上的提示点要放在图形的相同位置。

2.操作步骤

第1步：在第1关键帧上输入“1”，字体为楷体，字体大小为“100”。按快捷键“Ctrl+K”打开对齐面板，将数字“1”相对舞台水平垂直居中，如图4.1.7所示。选中“1”，按快捷键“Ctrl+B”，如图4.1.8所示。

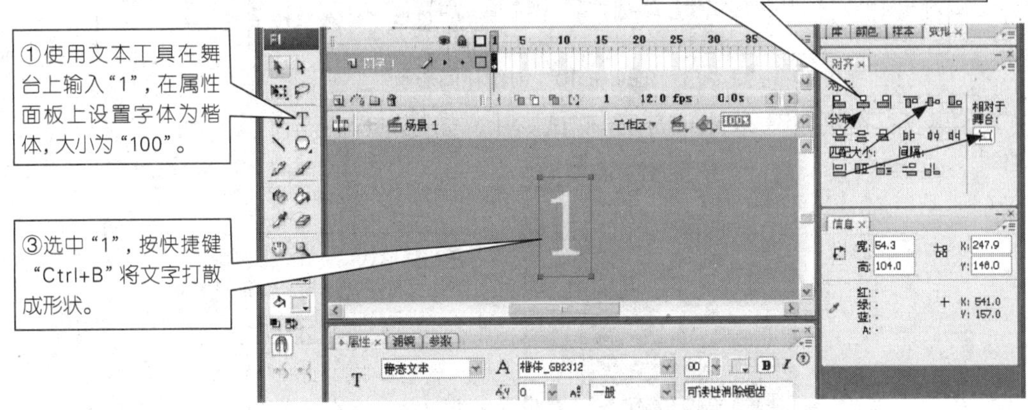

图4.1.7　输入文本“1”

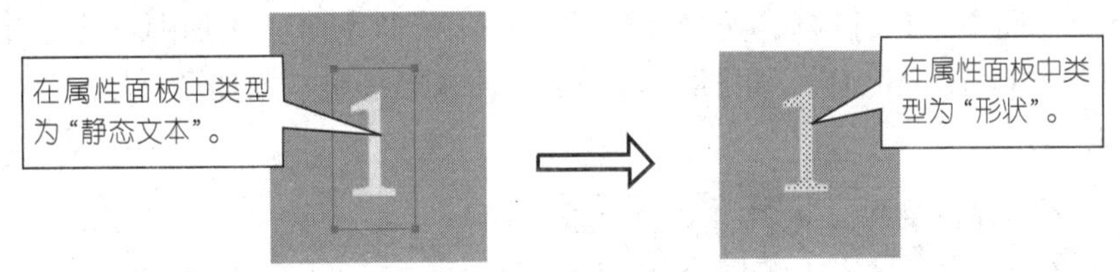

图4.1.8　属性面板

第2步：在第20帧处插入空白关键帧，依照第1步中的步骤制作“2”形状，如图4.1.9所示。

图4.1.9　制作图形“2”

试一试

参照上面第1、2步分别插入文字形状“3”、“4”、“5”。

第3步：创建形状补间，如图4.1.10所示。

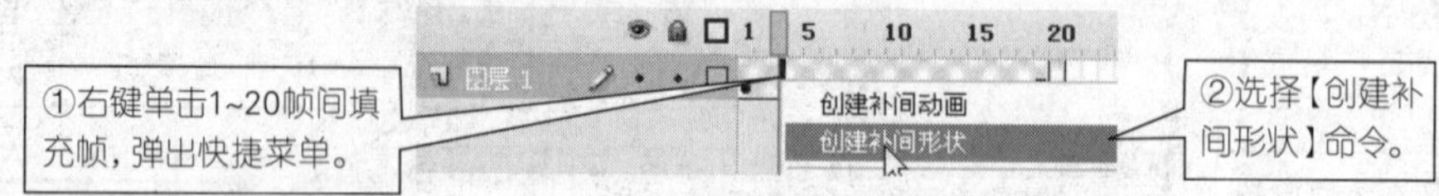

图4.1.10　创建补间形状

第4步：按快捷键“Ctrl+Enter”测试影片，如图4.1.11所示。

图4.1.11　效果图

第5步：选中第1关键帧，选择【修改】→【形状】→【添加形状提示】命令，或用快捷键“Ctrl+Shift+H”，如图4.1.12所示。插入第一个“添加形状提示”后，效果如图4.1.13所示。

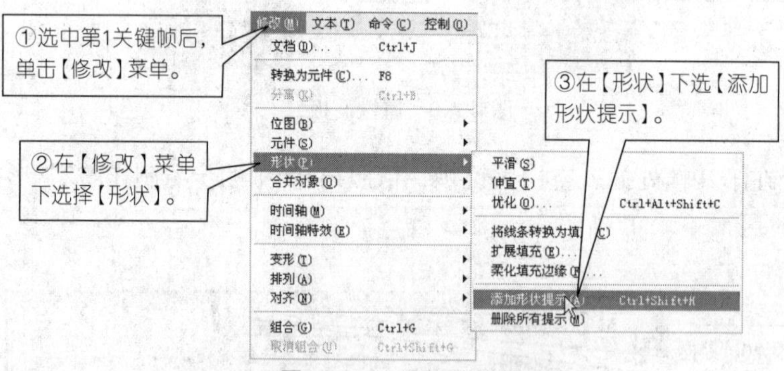

图4.1.12　添加形状提示

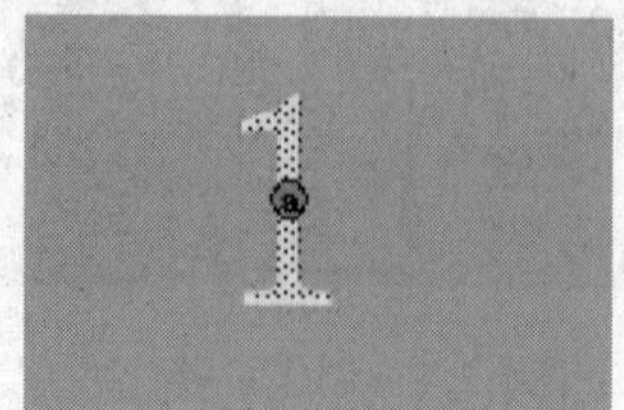

图4.1.13　添加形状提示后效果

第6步：调整形状提示的位置，如图4.1.14所示。

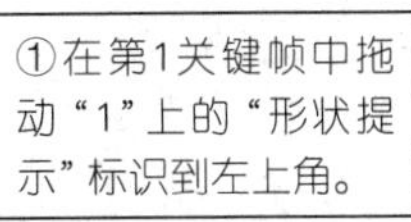

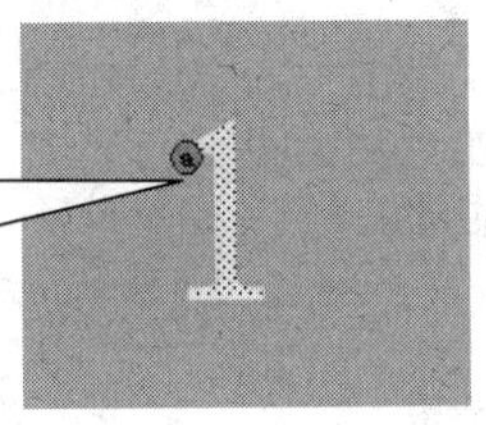

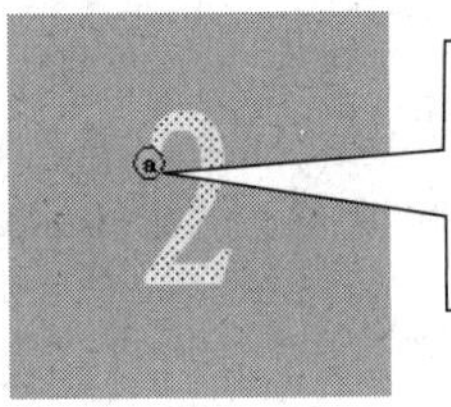

图4.1.14　调整位置

提示

在调整形状提示的位置时，注意形状提示标识由红色变成绿色，说明此对形状提示标识为有效提示标识。红色提示标识不会对补间形状产生提示作用。设定的形状提示标识直接影响补间形状动画的变化过程。

第7步：重复第5步、6步，在第1帧和第20帧分别添加另外3个形状标识，并调整它们的位置，如图4.1.15所示。

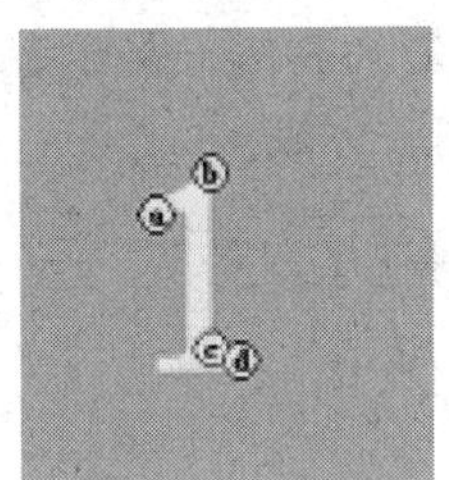

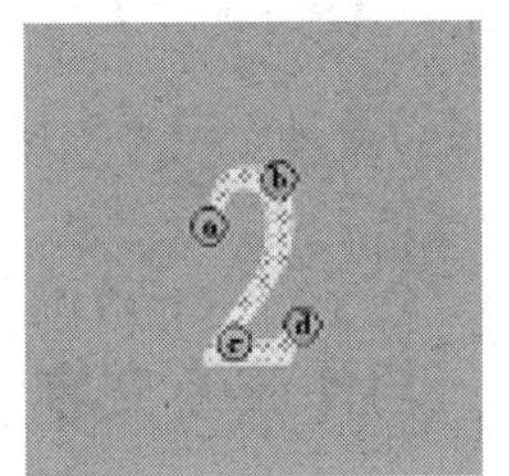

图4.1.15　添加并调整形状提示标识（b、c、d）效果

第8步：按快捷键“Ctrl+Enter”测试影片。

看一看

（1）创建补间动画通常用两种方法：一是右键单击第1关键帧至第2关键帧之间任意一帧，在弹出的快捷菜单中选择补间动画类型；二是选中第1关键帧至第2关键帧之间任意一帧，在属性面板中“补间”下拉列表中选择补间动画类型。

（2）删除补间通常也有两种方法：一是右键单击第1关键帧至第2关键帧之间任意一帧，在弹出的快捷菜单中选择【删除补间】命令；二是选中第1关键帧至第2关键帧之间任意一帧，在属性面板中“补间”下拉列表中选择“无”。

（3）形状补间是Flash动画制作的重要表现手法之一，通过这种手法，可以变幻出各种奇妙的变形效果。形状补间就是在规定的时间内将一个形状转变为另一个形状的过程。一次补间一个形变通常可以取得最佳的渐变效果，一次补间若要完成多个形变就不能达到预期效果，最好是把多个形变分到不同的层上去。需要注意的是实现形状补间动画时，注意补间前后关键帧上的文字、组、元件或位图必须打散成形状，才能进行。

练一练

使用案例4.1的方法制作正方形变成五角星的动画。

源文件在源文件\案例4.1\练一练文件夹下，可作参考。

案例4.2 动画补间

当你访问一个网站时，最先吸引你的可能是网站上方的广告条吧！这就是Banner。它具有灵活的实时性、强烈的交互性与感染力，你可以用它来说明自己网站的特点，提升网站的形象。如果你能用Flash将Banner做成动画的形式，无疑会大大增加网站的吸引力。

王小东掌握了形状补间动画制作的全过程，但是发现形状补间只能对形状进行操作，对整个元件实例却不能操作，现在我们就和他一起学习对元件实例等进行颜色、大小、透明度、运动等进行动画补间的创作方法。

任务  制作波浪文字

■ 任务要求

◎理解制作动画补间的对象。

◎掌握创建动画补间的方法和技巧。

◎掌握变形面板的使用方法。

本任务完成的最终效果图如图4.2.1所示。

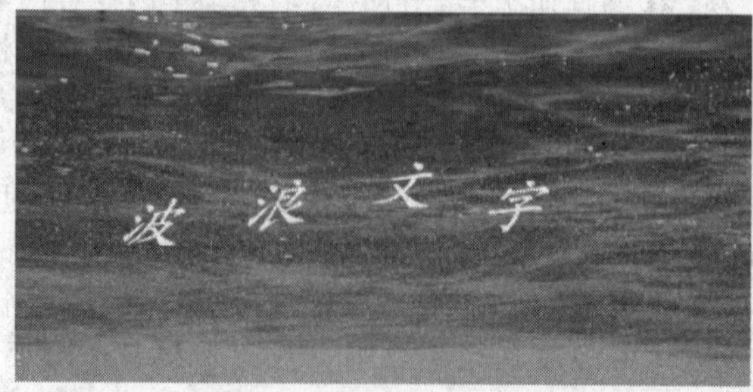

图4.2.1 波浪文字最终效果图

■ 任务解析

操作步骤

第1步：新建Flash文档，舞台大小为400×200像素，其他参数默认。

第2步：将图层1命名为“背景图片”，从素材\案例4.2\任务1文件夹下导入“背景.jpg”到舞台中的“背景图片”层，宽度为“400”，高度为“200”，X、Y坐标都为“0”，在第40帧处按“F5”键插入帧，并将该图层锁定，如图4.2.2所示。

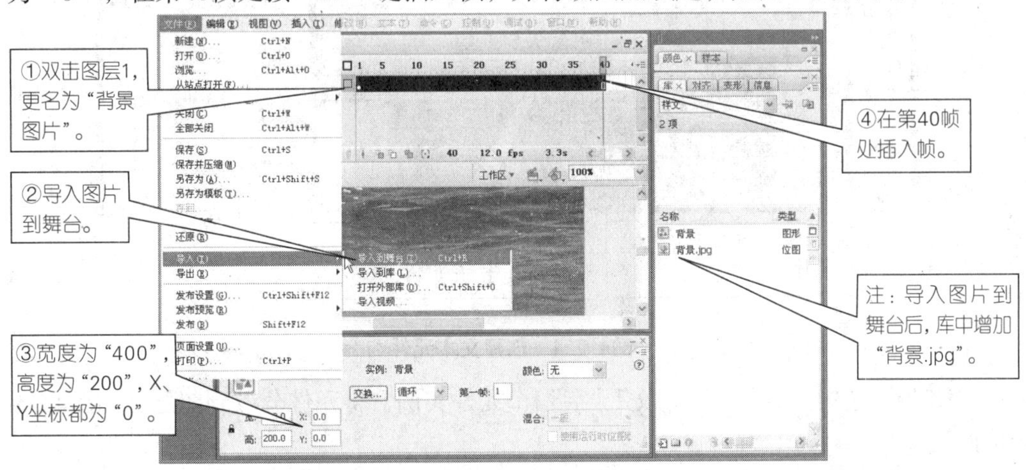

图4.2.2　导入素材

第3步：插入图层2，用文字工具输入“波浪文字”，设置文本属性，按快捷键“Ctrl+T”打开变形面板水平倾斜30°，按快捷键“Ctrl+B”分离成单字文本，如图4.2.3所示。

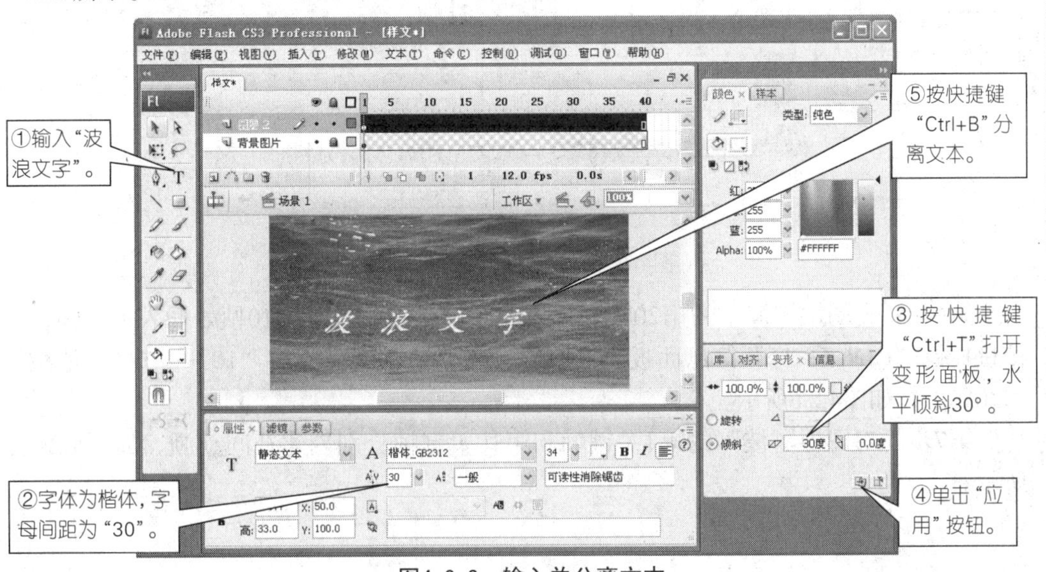

图4.2.3　输入并分离文本

第4步：单独选中“波”字，选择【修改】→【转换为元件】命令，弹出“转换为元件”对话框，名称为“波”，类型为“图形”，单击“确定”按钮。依次把余下的字转换成相应元件，如图4.2.4所示。

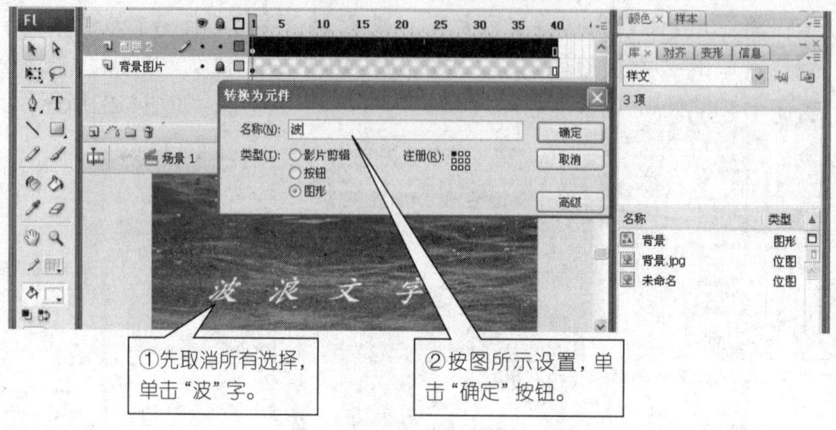

图4.2.4　创建文本元件

第5步：选中“波”“浪”“文”“字”4个元件实例，将元件分散到图层，如图4.2.5所示。

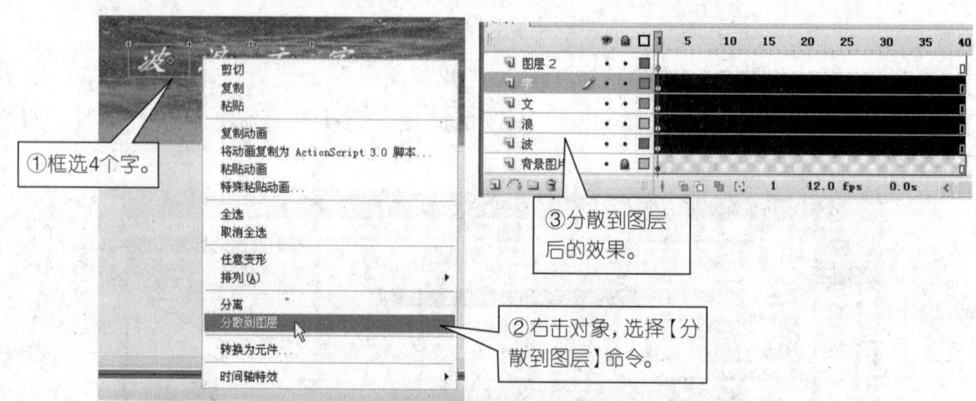

图4.2.5　分散元件到各图层

第6步：在图层“波”的第20帧处插入关键帧。然后，在第10帧处插入关键帧，按快捷键“Ctrl+I”打开信息面板，修改X、Y坐标（X坐标值加“10”，Y坐标值减“20”），如图4.2.6所示。

第7步：对图层“波”的第1关键帧和第10关键帧分别创建补间动画，如图4.2.7所示。

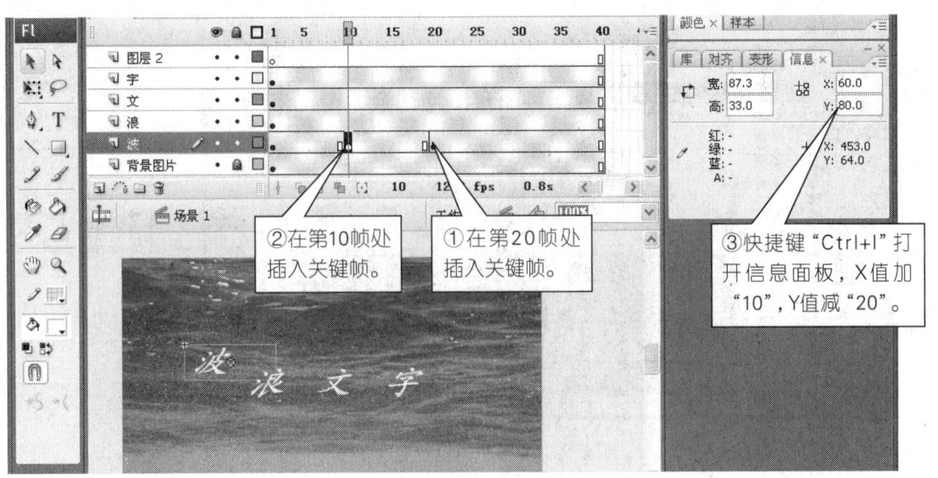

图4.2.6　插入关键帧，调整实例位置

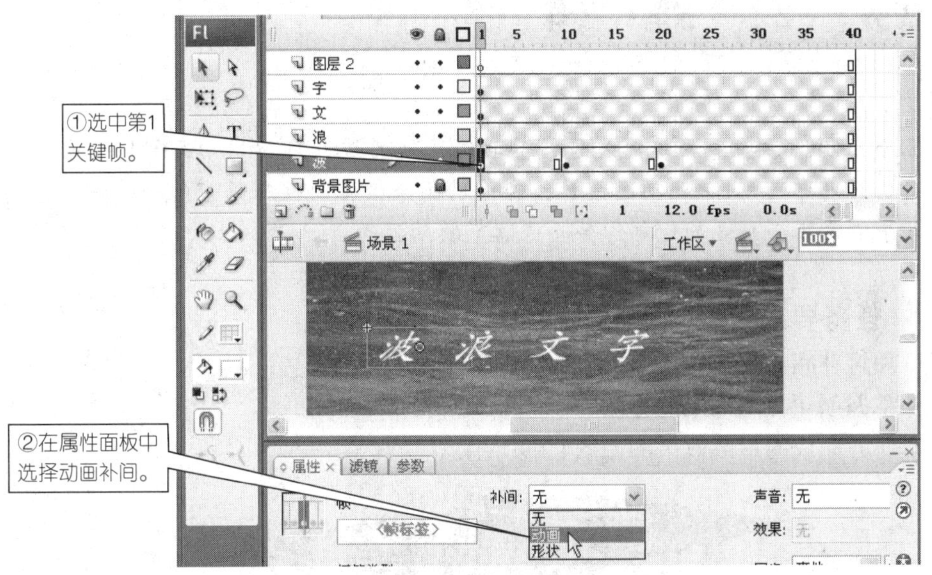

图4.2.7　创建动画补间

制作第10帧（10~20帧）的动画补间。

第8步：在图层“浪”上第5帧处插入关键帧后重复第6步、第7步操作，以后的每个字与前一个字顺延5个帧开始补间动画，并调整中间帧的位置，如图4.2.8所示。

第9步：按快捷键“Ctrl+Enter”测试影片，最终效果如图4.2.1所示。

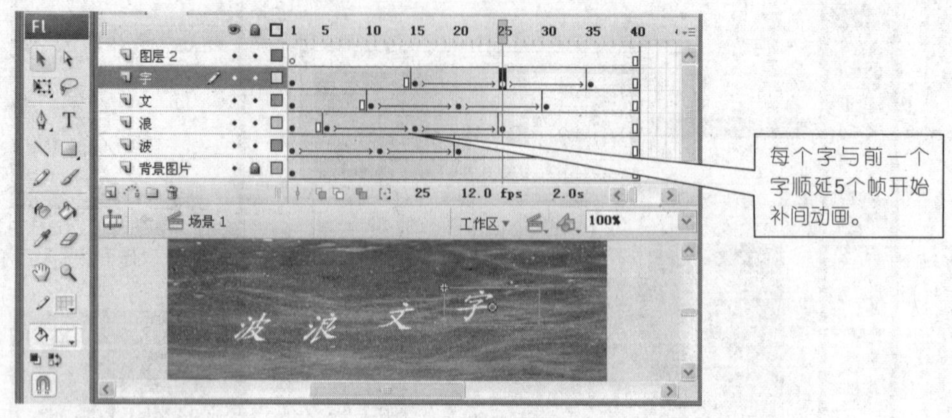

图4.2.8 制作其他图层的补间

任务 2 下落乒乓球

王小东和同学打乒乓球时发现，乒乓球落地的过程可以用动画制作出来，于是结合自己正在学习的Flash动画设计，制作动画来模拟乒乓球落下的全过程。下面，我们就来看看王小东是如何制作乒乓球落下的动画的。

任务要求

◎理解补间动画的对象。

◎掌握创建补间动画的方法。

本任务完成的最终效果图如图4.2.9所示。

图4.2.9 下落乒乓球最终效果图

任务解析

1.相关知识

◎ 缓动: 0 ：对补间动画的速度进行调节。

◎颜色面板：对笔触色和填充色进行设定。

2.操作步骤

第1步：新建Flash文件，选择【文件】→【导入】→【导入到库】命令，将素材\案例4.2\任务2文件夹下的乒乓桌素材“素材1.jpg”导入到库中，按快捷键“Ctrl+L”打开库面板。

第2步：将库面板中“素材1”拖到舞台中，修改其属性，操作步骤如图4.2.10所示。

第3步：新建图层，命名为“乒乓球”，如图4.2.11所示。

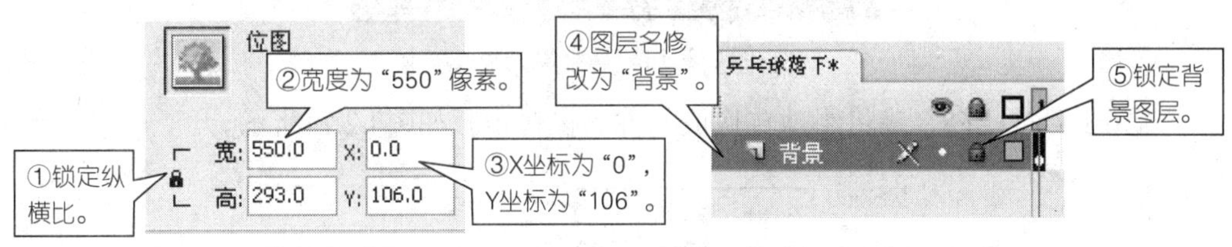

图4.2.10 制作背景图层

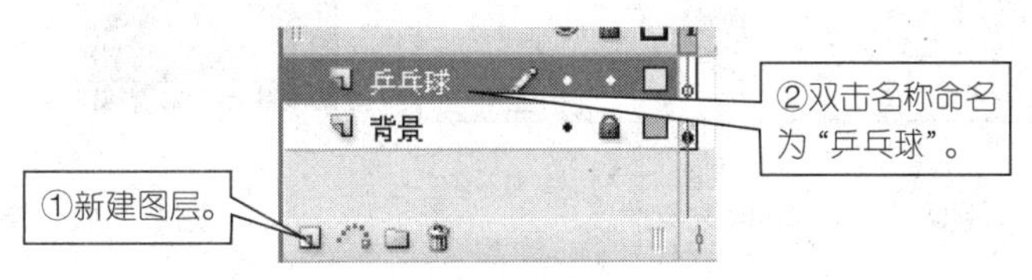

图4.2.11 创建新图层并命名为“乒乓球”

第4步：绘制乒乓球，如图4.2.12所示。

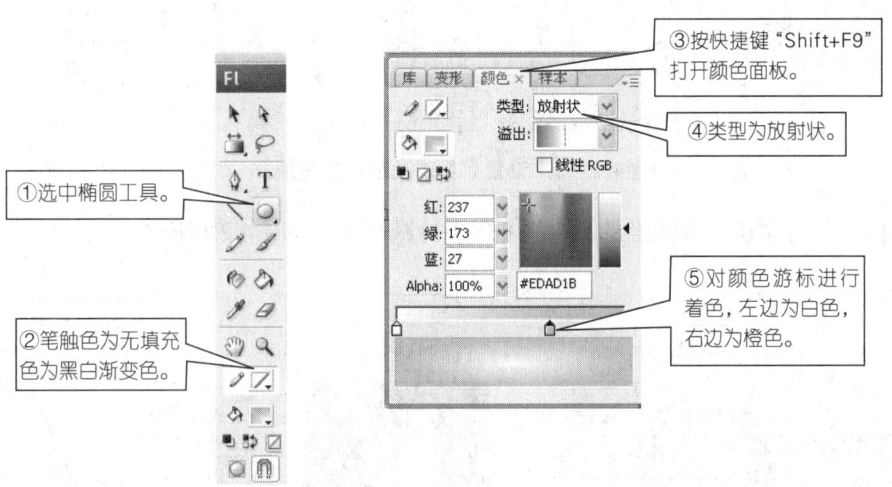

图4.2.12 工具及颜色配置

第5步：使用填充变形工具，调整乒乓球的光源，如图4.2.13所示。

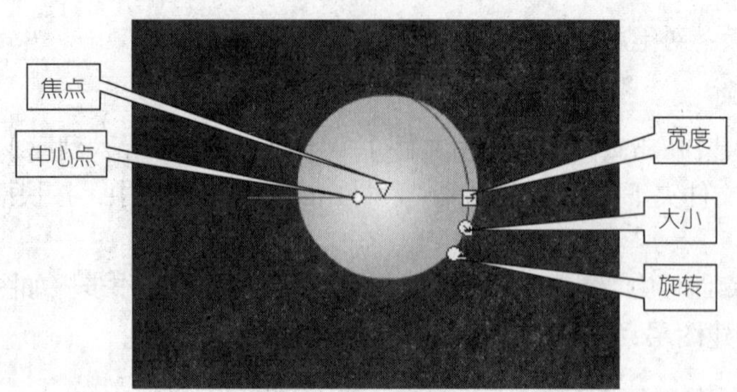

图4.2.13　调整发光点

第6步：按“F8”键将小球转换成元件，操作步骤如图4.2.14所示。

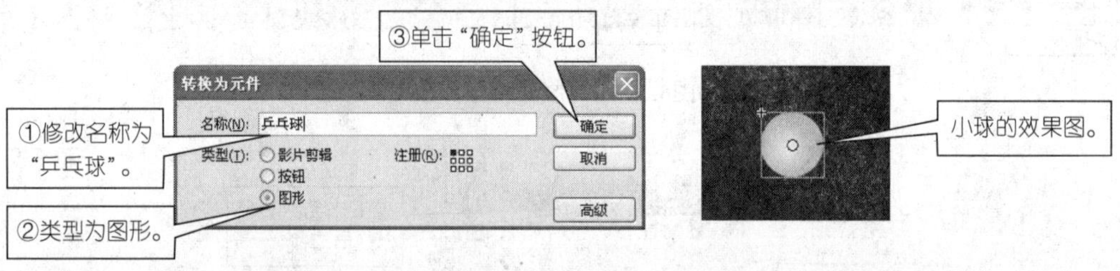

图4.2.14　转换成元件　　　图4.2.15　效果

第7步：在“乒乓球”图层上按图4.2.16所示插入帧。

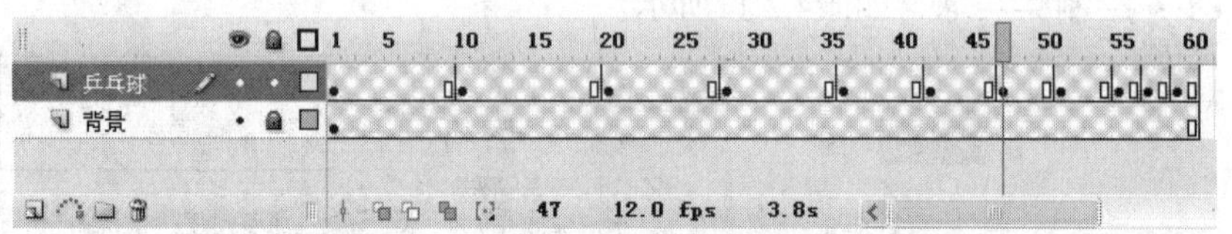

图4.2.16　设置乒乓球动画的关键帧

第8步：对第10关键帧上的乒乓球的Y坐标减少50，如图4.2.17所示。

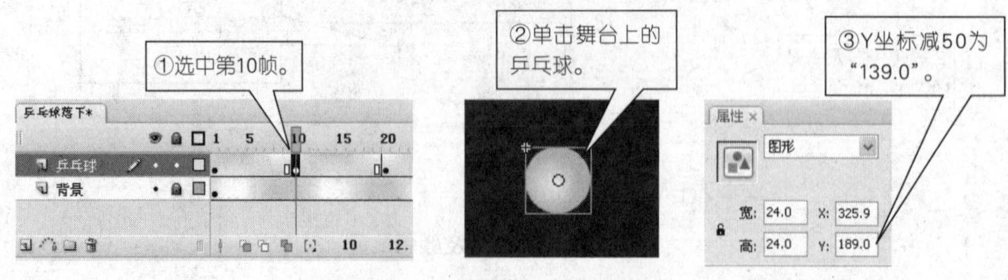

图4.2.17　改变乒乓球的位置

分别对第27、42、51、57关键帧上的乒乓球的Y坐标减少40、25、10、5。

第9步：在“乒乓球”图层上创建补间动画，如图4.2.18所示。

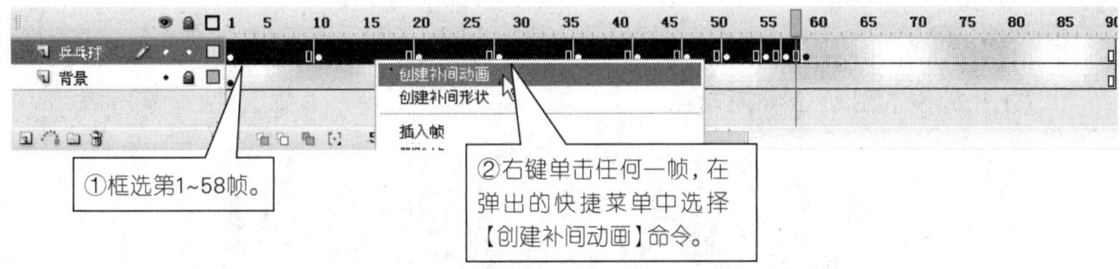

图4. 2. 18 创建补间动画

第10步：对补间动画设置缓动效果，其操作如图4.2.19所示。

第11步：按快捷键“Ctrl+Enter”，测试动画效果。

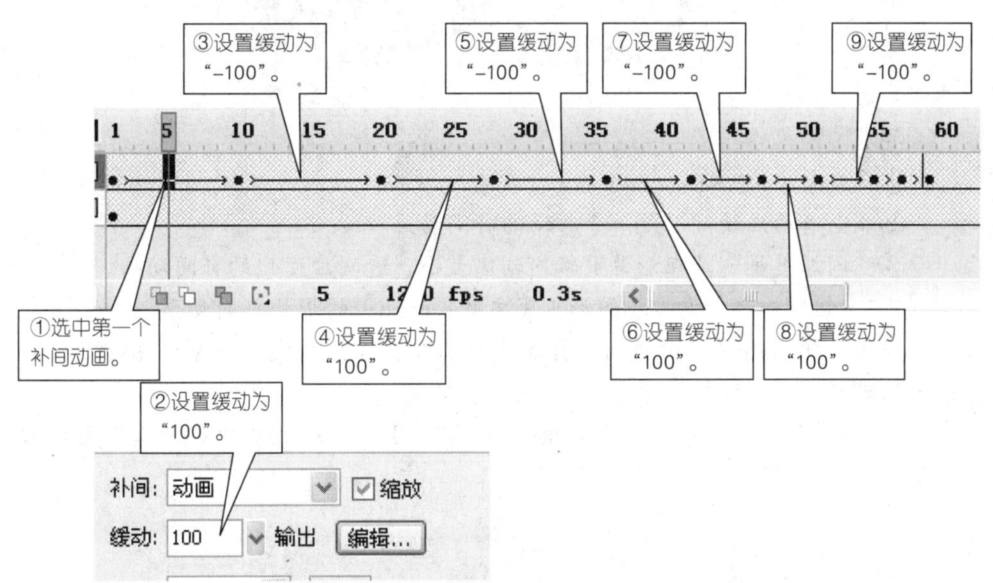

图4. 2. 19 调整补间动画“缓动”属性

（1）补间动画可以通过简单设置实例在不同时间点的不同状态、属性，使其以不同的动画方式在舞台出现，模拟出动感效果。实例的属性有很多，常用的是大小、旋转、Alpha（透明度）、颜色等。

（2）Flash 可以补间实例、组和类型的位置、大小、旋转和倾斜。另外，Flash 可以补间实例和类型的颜色、创建渐变的颜色切换或使实例淡入或淡出。若要补间组或类型的颜色，请将它们变为元件。若要使文本块中的单个字符

分别动起来，请将每个字符放在独立的文本块中。若是对形状进行补间动画，Flash自动将两个形状轮换成补间元件进行补间动画。

练一练

（1）制作下图所示补间动画。

要求：

①舞台大小为390px×200px。

②“全省动画设计”是一个移动的补间动画。

③“闪烁星星”是在影片剪辑内创建大小、透明度变化的补间动画。

（2）制作一个由爱心（图形）变文字（Flash）的形状补间动画。

提示：爱心图形可由椭圆工具和选择工具制作，源文件在源文件\案例4.2\练一练文件夹下，可作参考。

要求：变化过程要有顺序，即5个字母F、l、a、s、h均要由爱心图形依次变来。

5 创建遮罩层动画

遮罩动画是Flash中的一个很重要的动画类型，很多效果丰富的动画都是通过遮罩来完成的。制作遮罩动画至少需要两层：遮罩层和被遮罩层（遮罩层在上，被遮罩层在下），当然被遮罩层也可以有多个，但必须是连续的图层。创建遮罩层后，被遮罩层的内容就像透过一个窗口显示出来一样，这个窗口的形状就是遮罩层中内容的形状。

在Flash动画中，遮罩主要有两个作用：一是用在整个场景或一个特定区域，使场景外的对象或特定区域外的对象不可见；二是用来遮罩住某一元件的一部分，从而实现一些特殊的效果。

学习目标

了解遮罩层动画在职场中的应用；
理解遮罩层动画的原理；
掌握创建遮罩图层和取消遮罩图层的方法；
掌握创作遮罩层动画的技巧。

案例5.1　遮罩层动画原理

王小东在制作一个关于宣传“水立方”的Flash动画时，想把一张直边方角的“水立方外景”的图片处理成圆角的圆滑效果，虽然通过Photoshop、Firework等图像处理软件能够实现，但在Flash中是否能实现呢？当然可以，这就是Flash的遮罩功能。

本案例主要通过两个实例引导读者理解遮罩层动画的原理，弄清楚遮罩层和普通层的区别和联系，掌握遮罩层的创建和删除以及和普通层的相互转换，为其后深入学习遮罩动画奠定坚实的基础。

任务  圆滑水立方外景

任务要求

◎掌握遮罩图层的创建方法。

◎熟练掌握遮罩图层和普通图层的相互转换方法。

◎通过图片圆角效果，理解遮罩层动画的原理。

本任务完成的最终效果图如图5.1.1所示。

图5.1.1　圆滑水立方外景最终效果图

任务解析

1.相关知识

创建遮罩图层的两种方法：

方法1：使用快捷菜单创建。

右键单击要设为遮罩层的图层，在弹出的快捷菜单中选择【遮罩层】命令。

方法2：在“图层属性”对话框中创建。

双击要创建为遮罩层的图层图标，打开“图层属性”对话框，在“类型”栏中选中“遮罩层”单选项，然后单击“确定”按钮。

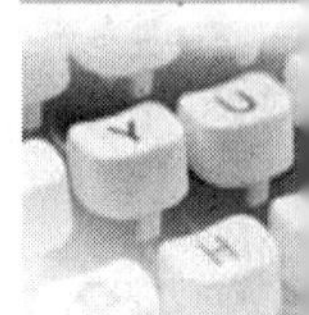

2.操作步骤

第1步：新建文件，保存文件名为“图片圆角处理.fla”。

第2步：将图层1重命名为“原图”，将素材\案例5.1\任务1文件夹下的图片“水立方外景.bmp”导入到舞台，并居中对齐，如图5.1.2所示。

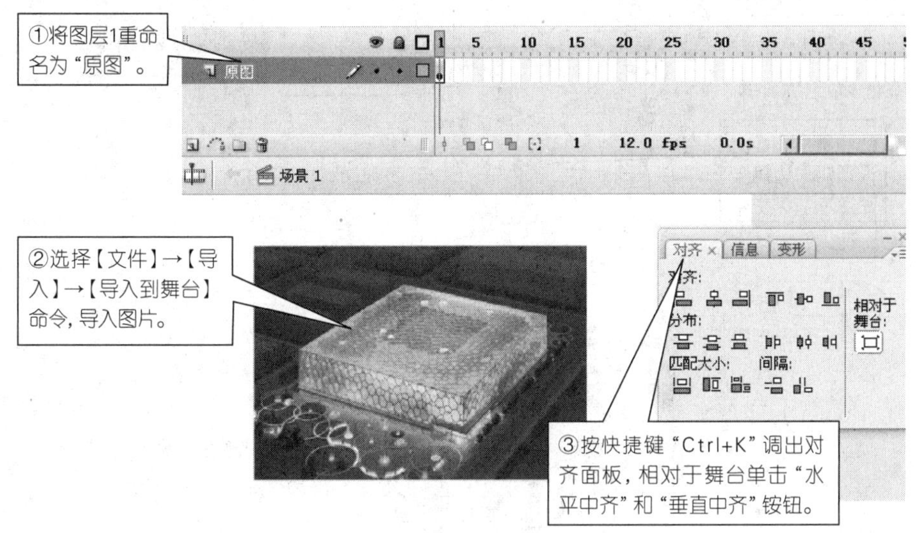

图5.1.2　新建文件、导入图片并对齐

第3步：在“原图”图层上方插入一图层并重命名“圆角矩形”，如图5.1.3所示。

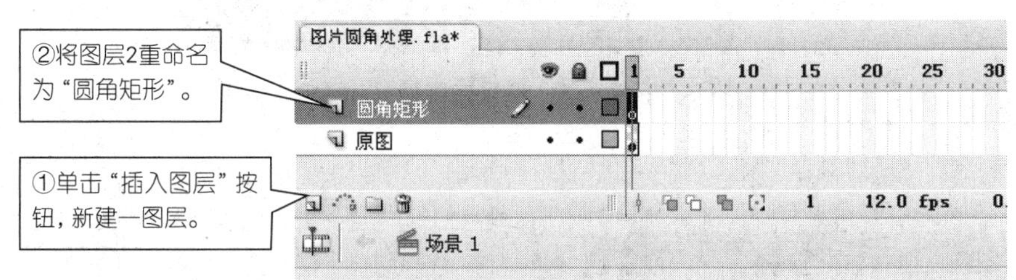

图5.1.3　新建并重命名图层

第4步：在舞台中心绘制一圆角矩形，操作步骤如图5.1.4所示。

第5步：设置“圆角矩形”图层为遮罩层，其操作如图5.1.5所示。

第6步：图片圆角处理后的效果，如图5.1.6所示。

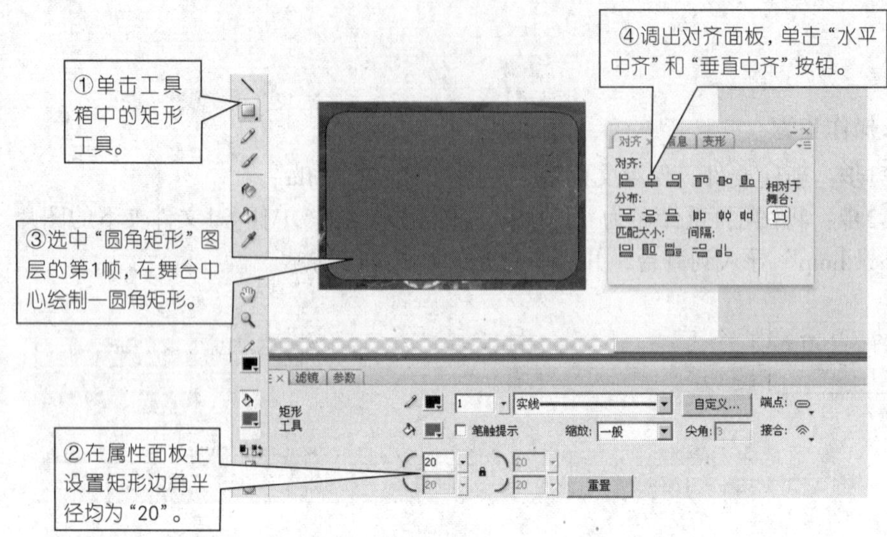

图5.1.4　绘制圆角矩形

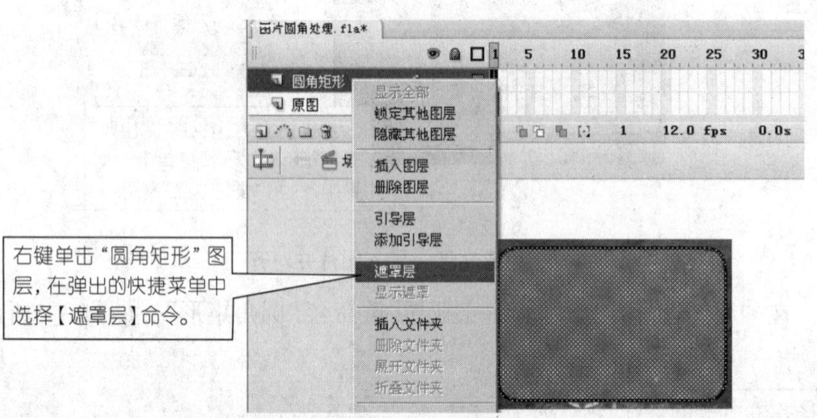

图5.1.5　设置遮罩层

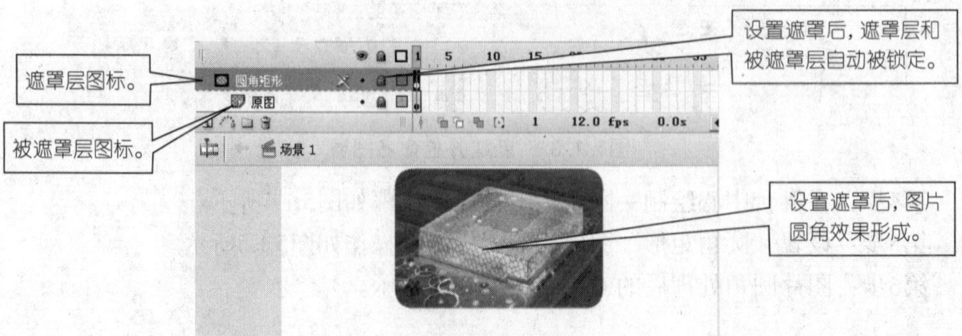

图5.1.6　设置遮罩后的效果

(1) 遮罩需要通过两层实现，上一层叫遮罩层，下一层叫被遮罩层。

(2) 在遮罩层上绘制的图形相当于在一张白纸上所抠的窟窿，所以遮罩层里边的图形、颜色、样式都不会显示在动画中，起作用的只是它的形状和它的位置。故在本例中，绘制的圆角矩形不管填充什么颜色，最后的效果均一样。

(3) 如果这个图片圆角效果是用在某一个动画中，那就应该将上述第2步到第6步制作在一个图形元件或者在一个影片剪辑元件内，然后再将该元件拖到舞台上。

在上例图片处理的基础上进一步将作品创作为奥运场馆幻灯展示，且每张图片均规则进行了圆角处理，如图5.1.7所示。

图5.1.7　多张图片的幻灯制作

任务 2 聚焦水立方内景

王小东在制作“水立方”动画的内景时，想模仿探照灯的聚焦效果，宣传水立方内景每一个细节。使用Flash的遮罩功能就能实现这一效果，一起来看看吧！

任务要求

◎熟练掌握遮罩图层的创建方法。

◎理解“暗调内景”和“亮调内景”谁被遮罩，谁未被遮罩。

◎通过本例的聚焦探照效果，深刻理解遮罩层动画的原理。

◎本任务完成的最终效果图如图5.1.8所示。

图5.1.8　聚焦水立方内景最终效果图

■ 任务解析

操作步骤

第1步：新建文件，保存文件名为“聚集水立方.fla”，设置文档的大小为“500×300像素”。

第2步：重命名图层1为“暗调内景”，并导入暗调图片，将素材\案例5.1\任务2文件夹下的图片“水立方内景1.bmp” 导入到舞台，操作如图5.1.9所示。

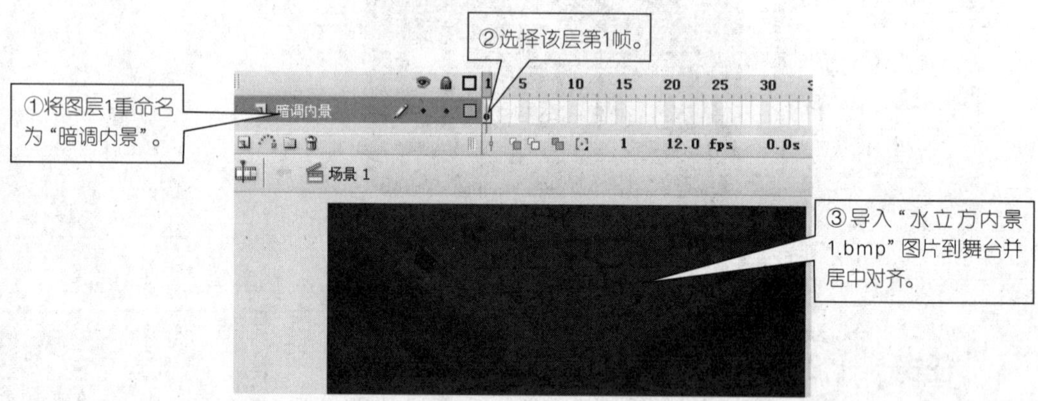

图5.1.9　导入暗调图片并居中

第3步：新建图层2并重命名为“亮调内景”，导入亮调图片，将素材\案例5.1\任务2文件夹下的图片“水立方内景2.bmp”导入到舞台，操作如图5.1.10 所示。

第4步：新建图层3并重命名为“探照灯”，按如下步骤操作：

①重命名图层并在场景左上角绘制一正圆，操作如图5.1.11所示。

②将绘制的正圆转换为元件，操作如图5.1.12所示。

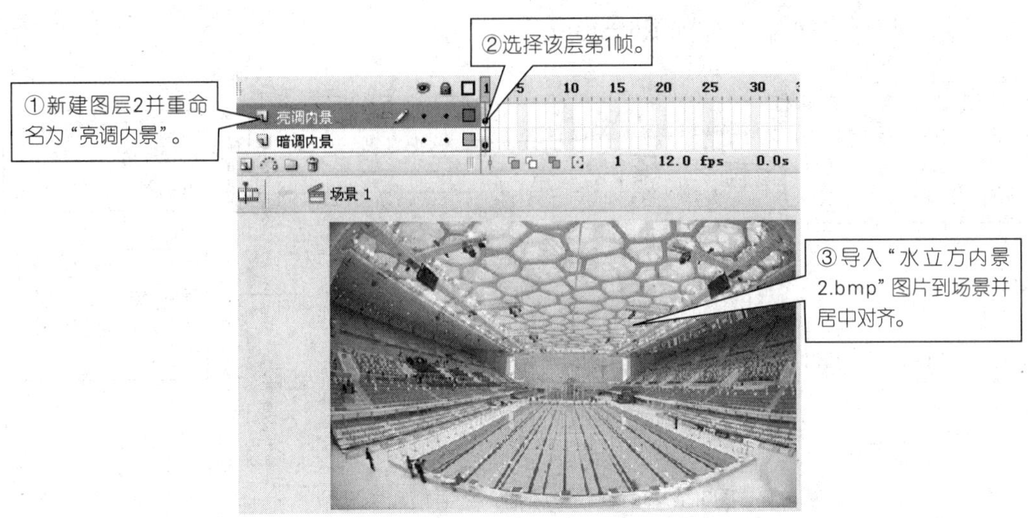

图5.1.10　导入亮调图片并居中

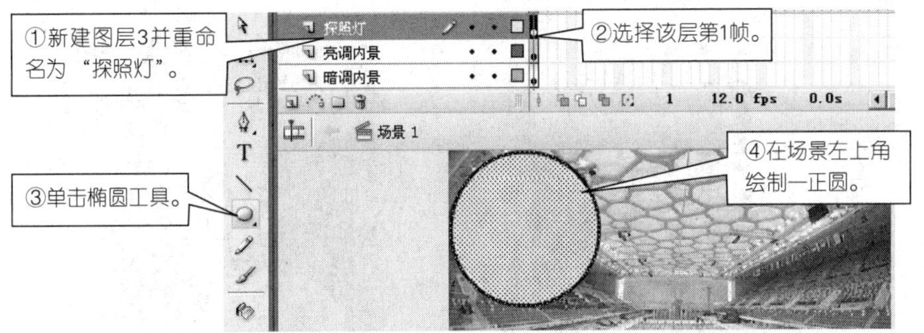

图5.1.11　在场景左上角绘制一正圆

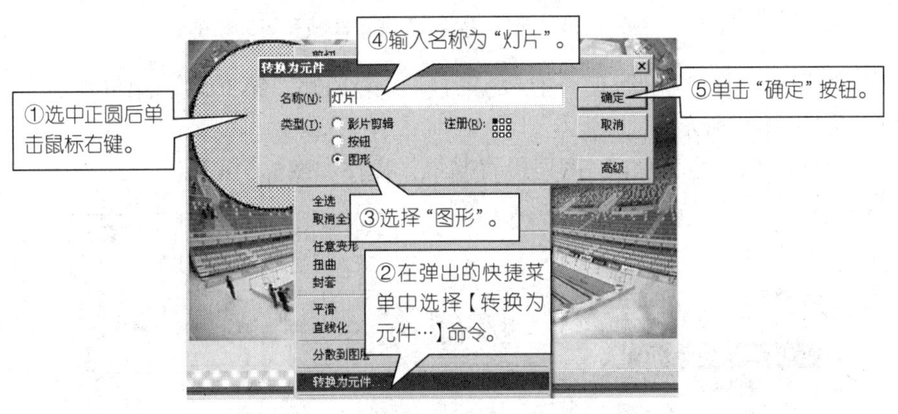

图5.1.12　将正圆转换为元件

③处理其他各帧，操作如图5.1.13所示。

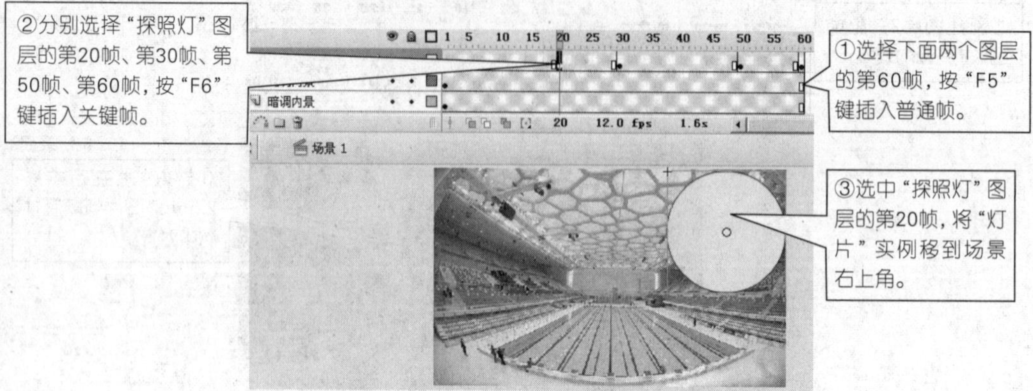

图5.1.13　在相应帧插入普通帧和关键帧

④选中"探照灯"图层的第30帧和第50帧，分别将"灯片"实例移到场景的右下角和左下角，如图5.1.14所示。

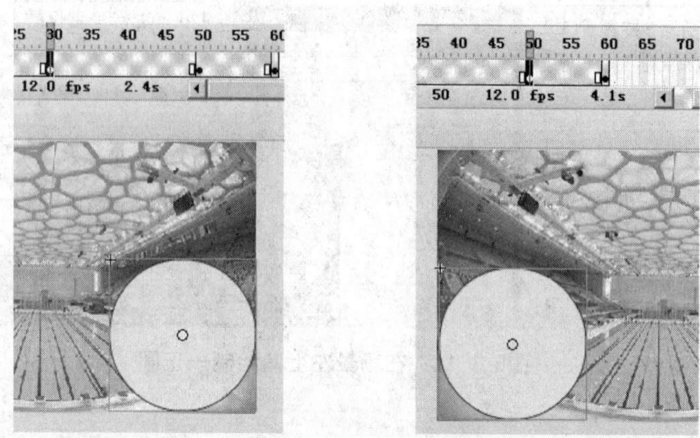

图5.1.14　元件"灯片"在第30帧和第50帧的位置

⑤分别选择"探照灯"图层的第1帧、第20帧、第30帧、第50帧，创建动画补间，如图5.1.15所示。

第5步：对"探照灯"图层设置遮罩，操作如图5.1.16所示。

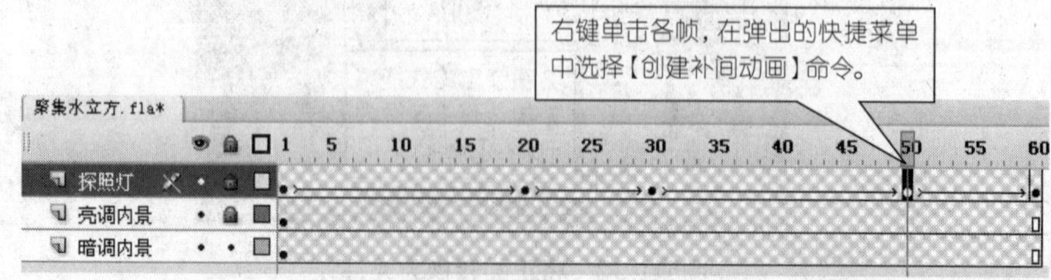

图5.1.15　在"探照灯"图层各关键帧间创建动画补间

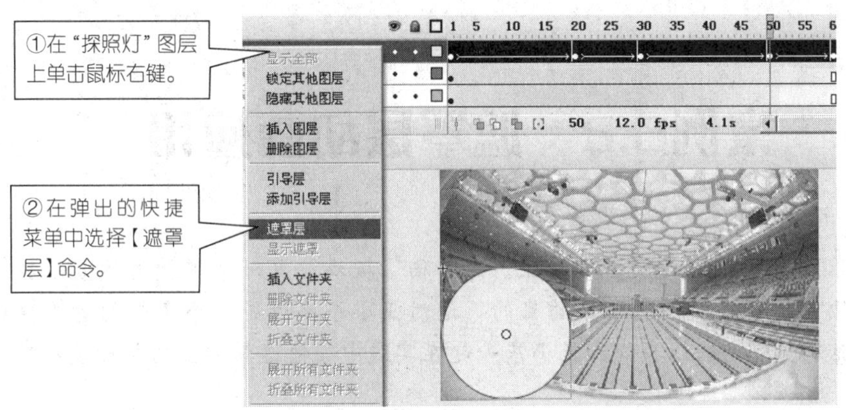

图5.1.16 在图层“探照灯”上创建遮罩

第6步：设置遮罩后，具体效果如图5.1.17所示。

第7步：按快捷键“Ctrl+Enter”测试影片。

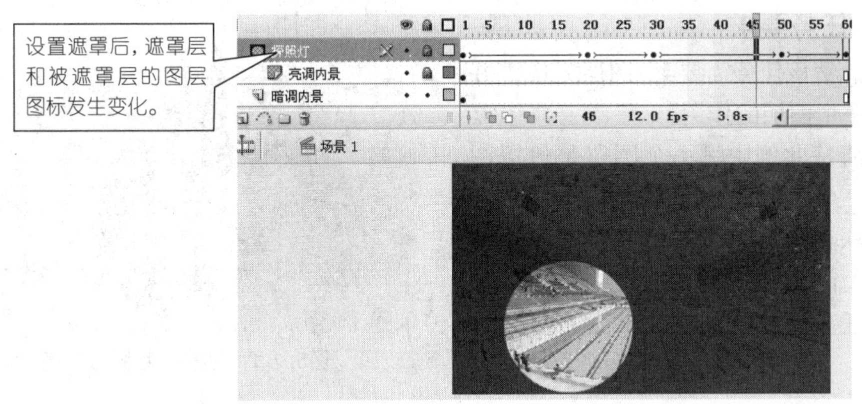

图5.1.17 设置遮罩后的效果

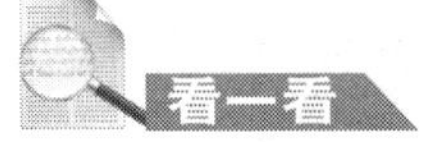

（1）通过此例，可以这样理解遮罩层：遮罩层好比黑夜中手电筒照射出的光环，照在哪儿（指被遮罩层）哪儿就显现。

（2）遮罩显示结果的色彩由被遮罩层的色彩决定，即可通过辨别色彩的来源来确定哪一层为被遮罩层。

（3）遮罩结果显示的是遮罩层和被遮罩层的叠加部分，上一层决定看到的形状，下一层决定看到的内容。通常也把遮罩层叫做“透通区”，即透过上一层看下一层的内容。遮罩层中形状以外的区域是看不见的。

案例5.2　遮罩层动画应用

宠物乐园网站即将改版，希望在“宠物猫”板块放置一个用放大镜效果显示宠物猫的动画，达到吸引顾客眼球的目的。这对王小东来说是一个不小的考验，利用遮罩功能能够实现吗？让我们和王小东一起在实践中领悟遮罩动画的制作技巧吧。

任务  细赏宠物猫

■ 任务要求

◎清楚该任务需要4个图层完成，并理解每一个图层的作用。

◎清楚此例中哪一个图层是遮罩图层，哪一个图层是被遮罩图层。

◎深刻理解遮罩图层的特殊作用及实现放大镜效果的原理。

本任务完成的最终效果图如图5.2.1所示。

图5.2.1　细赏宠物猫效果图

■ 任务解析

1.相关知识

①按“Shift”键拖动可等比例缩小或放大对象。

②在制作过程中，遮罩层经常挡住下层的元件，影响视线，无法编辑，可以按下遮罩层时间轴面板的显示图层轮廓按钮■，使之变成□，使遮罩层只显示边框形状，在这种情况下，还可以拖动边框调整遮罩图形的外形和位置。

③复习颜色面板的功能和使用。

④复习遮罩图层的创建方法。注意：遮罩图层始终在被遮罩图层的上方。

2.操作步骤

第1步：新建文件，保存的文件名为“放大镜效果.fla”，并将文档大小设为550像素×300像素。

第2步：制作“镜架”元件，操作步骤如下：

①选择【插入】→【新建元件】命令，元件的名称为“镜架”，类型为图形，然后单击“确定”按钮。

②选择椭圆工具，将笔触颜色设为黑色，笔触高度设为“2”，将填充颜色设为红色，在舞台中心画一正圆。

③设置笔触颜色为黑色，笔触高度设为“2”；在颜色面板中，填充类型为线性，渐变效果中间设为白色，两侧设为灰黑色。选择矩形工具画一矩形。选择选择工具，将矩形两边拖出一些弧度来。选择任意变形工具，将手柄旋转一个角度，并放于镜片左下角，效果如图5.2.2所示。

图5.2.2 “镜架”元件

第3步：制作“镜片”元件，操作步骤如下：

①双击库中“镜架”元件，选中“镜架”元件中的镜片部分，剪切，如图5.2.3所示。

②选择【插入】→【新建元件】命令，元件的名称为“镜片”，类型为图形，然后单击“确定”按钮。

③按快捷键“Ctrl+V”，将剪切的镜片粘贴到“镜片”元件中舞台的中心位置，如图5.2.4所示。

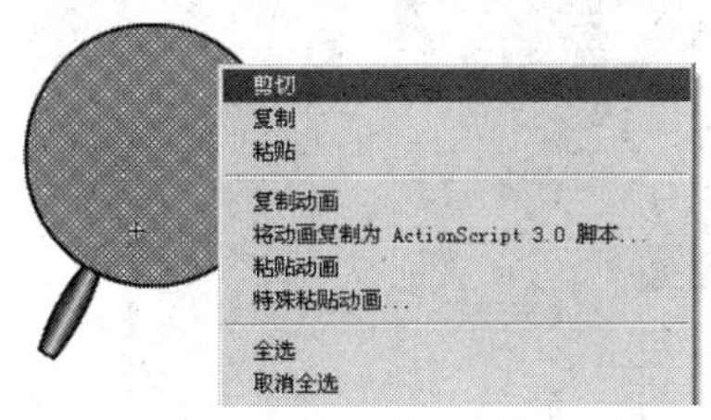

图5.2.3 剪切“镜架”元件的“镜片”部分

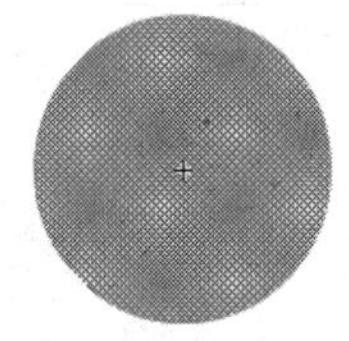

图5.2.4 “镜片”元件

第4步：返回场景1，设置第1个图层，操作如图5.2.5所示。

图5.2.5 导入图片“小猫.bmp”到舞台中心

第5步：设置第2个图层，拖动“镜架”并创建动画补间，操作如图5.2.6、图5.2.7所示。

图5.2.6　设置第2个图层的第1帧和第100帧

图5.2.7　设置第50帧并创建动画补间

第6步：设置第3个图层，导入图片并等比例放大，操作如图5.2.8所示。

图5.2.8　导入图片并等比例放大

第7步：设置第4个图层，拖动“镜片”并创建动画补间，操作如图5.2.9、图5.2.10所示。

图5.2.9　拖入“镜片”元件并与“镜架”对齐

图5.2.10　设置第50帧并创建“动画”补间

第8步：将“镜片”图层设置遮罩层，操作如图5.2.11所示。

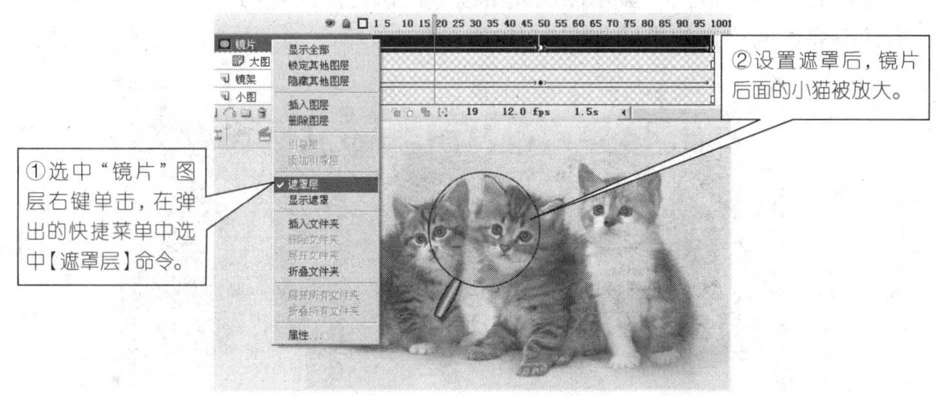

图5.2.11　设置“遮罩”效果

第9步：按快捷键“Ctrl+Enter”测试效果。

（1）此例中用了“镜架”图层是为了让效果更加逼真。

（2）创建遮罩层的基础就是图层。因此在制作遮罩动画时，一定要先清楚遮罩层与普通图层的区别和联系，只有这样才能熟练地使用遮罩层。

（3）可以在遮罩层、被遮罩层中分别或同时使用形状补间动画、动作补间动画、引导线动画等动画手段，从而使遮罩动画变成一个可以施展无限想象力的创作空间。

任务 2 卷轴画效果

有朋友问，第29届北京奥运会开幕式上印象最深刻的场景是什么？王小东脱口而出，当然是那壮丽美妙的水墨卷轴画，相信很多人也持相同的看法。的确，伴随着“有朋自远方来，不亦乐乎！”的呐喊，一幅承载着中华古文明的卷轴画卷缓缓展开。如果我们能为自己的视频作品也加上这么一个卷轴展开效果的片头，无疑可起到画龙点睛的作用。现在我们就和王小东一起制作充满诗情画意的卷轴画效果吧。

任务要求

◎学会多层遮罩的制作，掌握创建遮罩并掌握多个被遮罩图层的设置方法。

◎理解遮罩图层的特殊作用并学会灵活使用遮罩图层。

◎通过制作“卷轴”元件，进一步掌握颜色面板、对齐面板的使用。

◎掌握时间轴面板上“显示图层轮廓■”按钮的使用技巧。

本任务完成的最终效果图如图5.2.12所示。

图5.2.12 卷轴画效果图

■ 任务解析

1.相关知识

◎平常创建遮罩动画的方法只能是一对一的，如果要创建一对二或一对多的，方法是：指向要创建被遮罩的图层右键单击，在弹出的快捷菜单中选择【属性】，在“图层属性”对话框中选中“被遮罩”，再单击【确定】按钮即可。

◎复习掌握颜色面板、对齐面板的使用

2.操作步骤

第1步：新建文件，保存的文件名为“卷轴画效果.fla”，并将文档大小设为700×350像素。

第2步：制作“轴”元件，操作步骤如下：

①选择【插入】→【新建元件】命令，在“创建新元件”对话框中设置名称为“轴”，类型为图形，单击“确定”按钮。

②设置颜色面板，填充类型为线性，渐变效果中间设为白色，两侧设为深黄色。选择矩形工具，画一宽为14 cm，高为280 cm的矩形。

③绘一宽为12 cm，高为300 cm纯黑矩形。两个矩形均居中对齐，使用选择工具将矩形上、下边缘拖成弧形，其制作过程如图5.2.13所示。

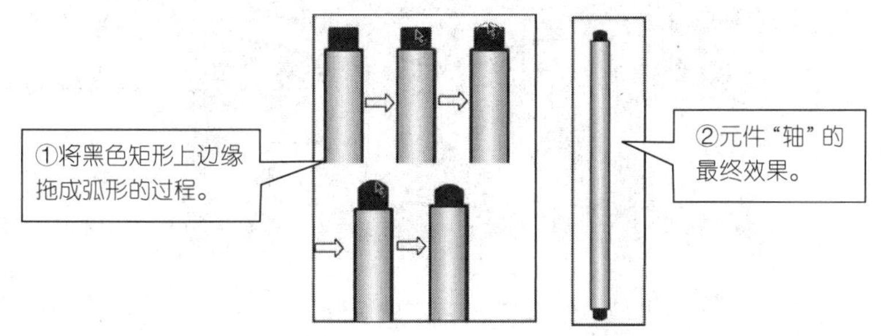

图5.2.13　元件“轴”的绘制过程

第3步：回到场景1，在图层1中导入“宣纸”图片，操作如图5.2.14所示。

图5.2.14　导入“宣纸”并居中对齐

第4步：新建并设置图层2，将素材\案例5.2\任务2文件夹下的图片“清明上河图.jpg”导入到舞台，操作如图5.2.15所示。

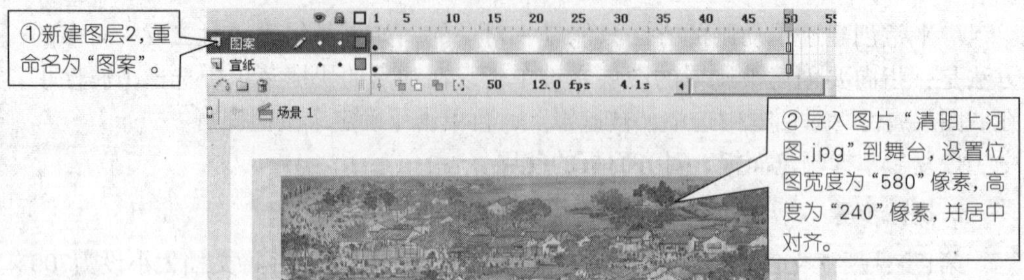

图5.2.15 导入清明上河图并居中对齐

第5步：新建并设置图层3，绘制矩形并创建形状补间动画，操作如图5.2.16~图5.2.19所示。

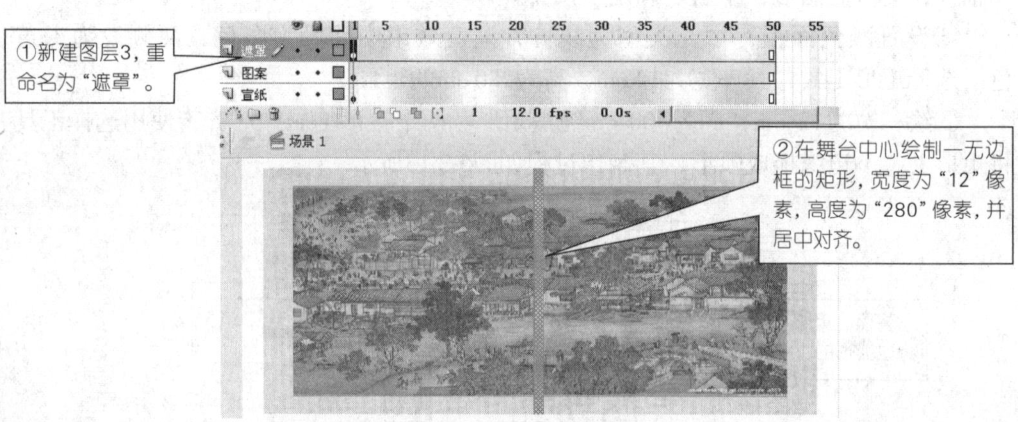

图5.2.16 绘制一较窄的矩形

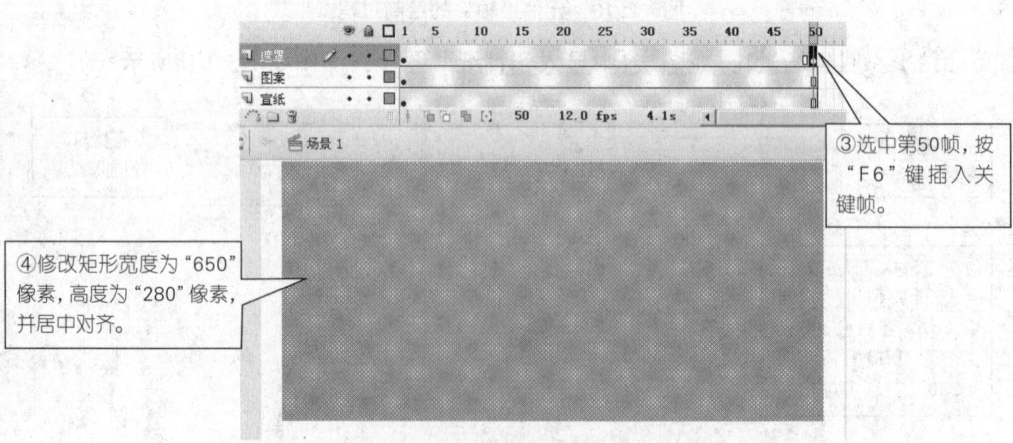

图5.2.17 修改第50帧矩形大小

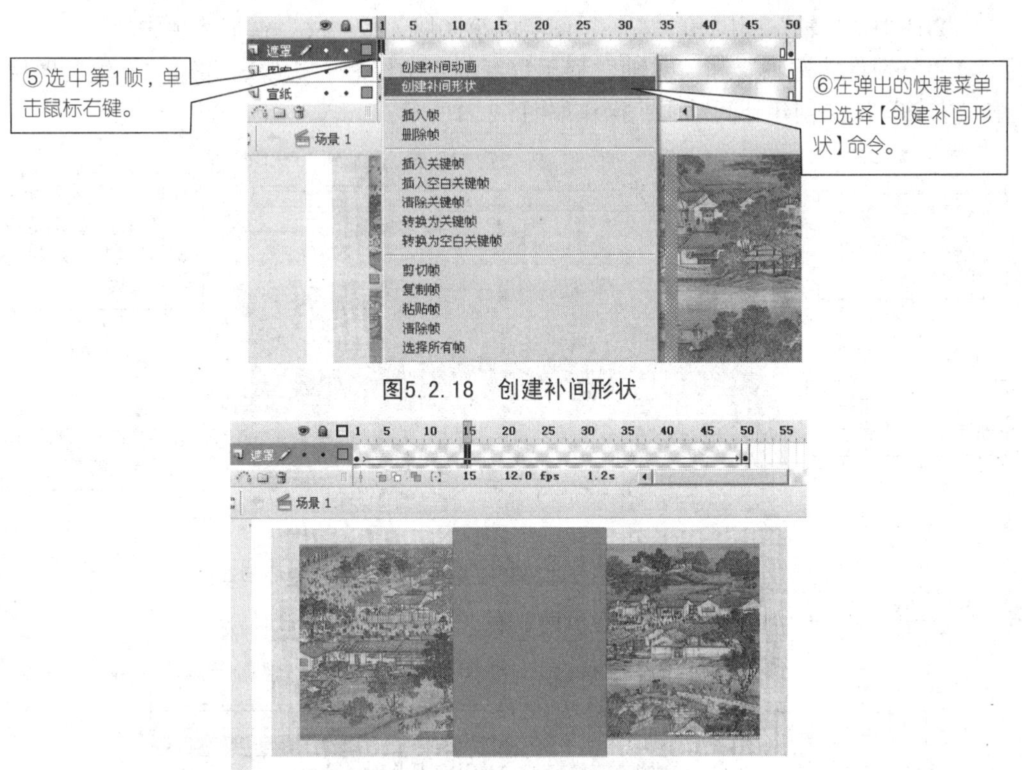

图5.2.18　创建补间形状

图5.2.19　创建补间形状后的效果

第6步：新建并设置图层4、图层5，导入“轴”元件并创建动作补间动画，其操作步骤如下：

①分别选中“左轴”图层的第1帧和“右轴”图层的第1帧，将元件“轴”拖入并对齐舞台正中心，操作如图5.2.20所示。

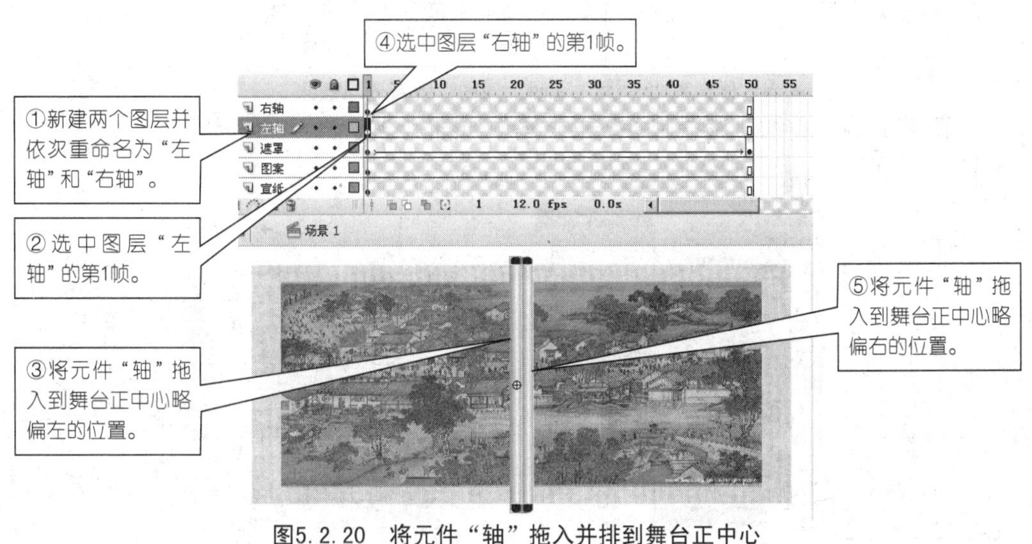

图5.2.20　将元件“轴”拖入并排到舞台正中心

②选中“左轴”图层和“右轴”图层的第50帧，按“F6”键插入关键帧。

③分别将“左轴”和“右轴”移至宣纸的左边缘和右边缘，并对“左轴”图层和“右轴”图层创建补间动画，操作如图5.2.21所示。

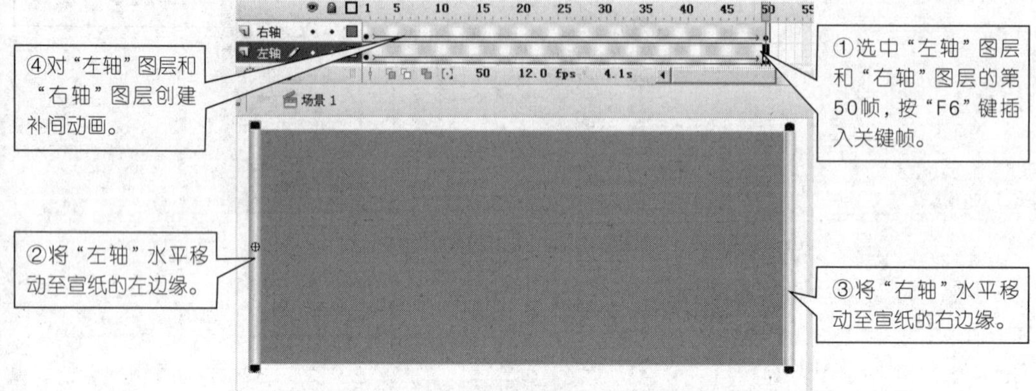

图5.2.21　编辑两个图层的第50帧并对第1~50帧创建补间动画

第7步：为“清明上河图”设置遮罩效果，操作如图5.2.22所示。

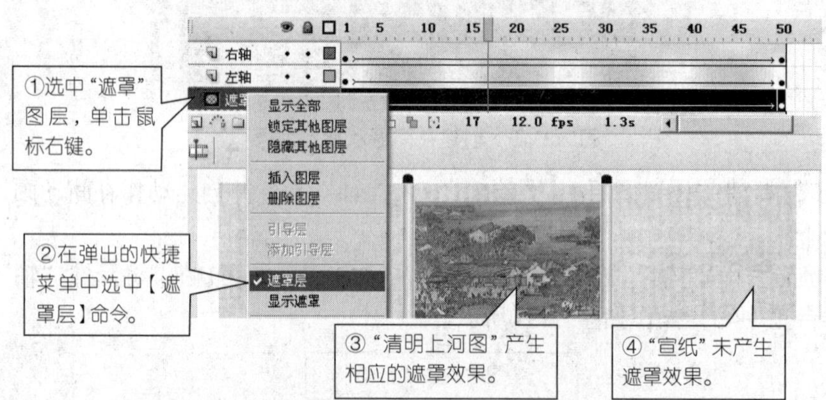

图5.2.22　为“清明上河图”设置遮罩效果

第8步：为“宣纸”设置遮罩效果，操作如图5.2.23、图5.2.24所示。

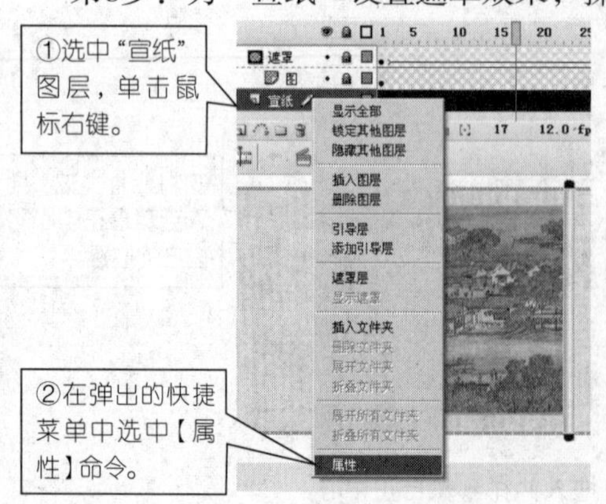

图5.2.23　设置图层属性

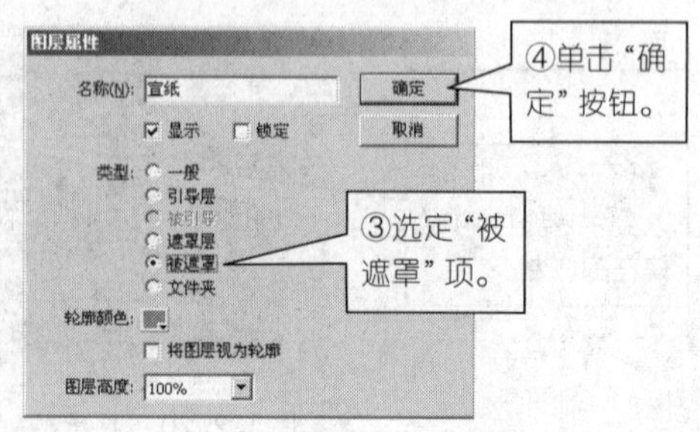

图5.2.24　为“宣纸”图层设置遮罩

最后效果如图5.2.25所示。

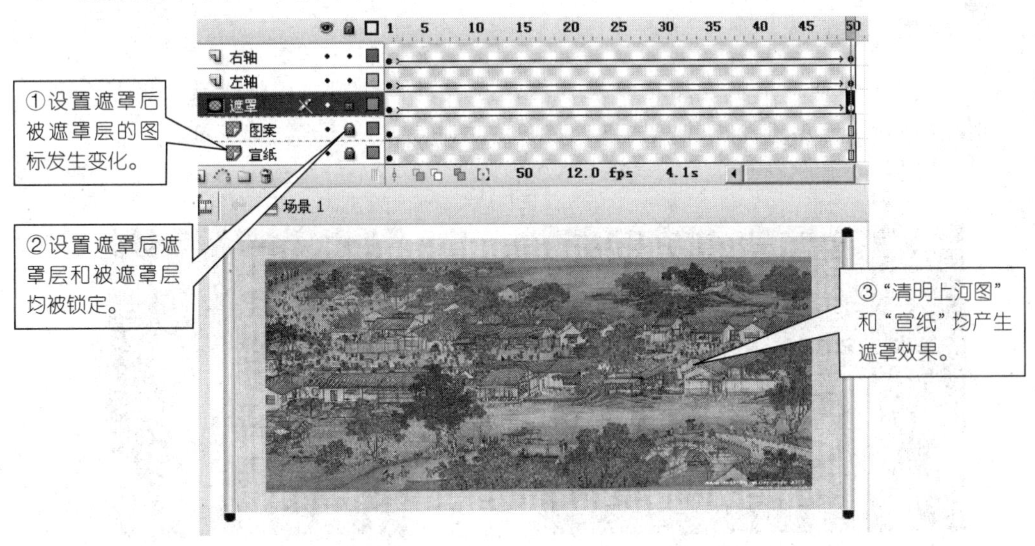

图5.2.25　图层分布及遮罩效果

第9步：按快捷键"Ctrl+Enter"测试动画。

试一试

对于测试好的动画，可以输出avi格式动画（avi视频），操作步骤如下：

①选择【文件】→【导出】→【导出影片】命令，在弹出的对话框中输入文件名为"卷轴画效果"，保存类型选择"Windows AVI（*.avi）"，单击"保存"按钮。

②在随后弹出的对话框中设置宽为"320"像素，高为"160"像素，视频格式选择24位彩色并勾选"平滑"选项，最后单击"确定"按钮将动画输出为avi视频格式。

看一看

（1）在场景中制作动画时，最好将场景周围留出5%左右的空白区域，这样可以在输出该片头后，直接在视频编辑软件中调用该文件，不会出现视频无法完全显示的现象。

（2）要在场景（编辑状态）中显示遮罩效果，可以锁定遮罩层和被遮罩层。但需再编辑时，必须先解除锁定。

（3）遮罩效果可以应用在gif动画上，不能用一个遮罩层试图遮蔽另一个遮罩层。

（4）按住"Shift"键后，创建的直线的方向被限定为倾斜45°的倍数。

（5）改变文字等对象的形状可结合扭曲工具和封套工具使用。

（1）创作一个水波烟花效果，河面在波动，烟花在闪烁燃放，效果如图5.2.26所示。可参考源文件\案例5.2\练一练文件夹下的“水波烟花.fla”。

（2）制作佛佑好运，效果如图5.2.27所示。

图5.2.26　水波烟花效果

图5.2.27　“佛佑好运”效果图

旋转的角度要能被360整除，若设为2°，要连续单击179次，制作时可将其设大一点，以减少单击次数。只有将其中一个图层翻转后，才能形成交错，设置遮罩后才能产生佛光效果。设置遮罩要确保线条转为填充。直线的颜色、粗细、宽度以及坐标值可根据任务要求灵活设置。

可参考源文件\案例5.2\练一练文件夹下的“佛佑好运.fla”。

（3）制作汽车车窗过光效果，要求只在玻璃上制作，效果如图5.2.28所示。可参考源文件\案例5.2\练一练文件夹下的“汽车车窗过光.fla”。

图5.2.28　汽车车窗过光效果

6 创建引导层动画

前面所学习的实例中，动画的运动轨迹都是直线的。但在我们的生活中，大量的动画却未按直线运动，如月亮围绕地球旋转、鱼儿在大海里遨游等，单纯依靠前面所介绍的知识点，无法实现其复杂的动画效果，本章将学习引导层动画来实现曲线化运动。

将一个或多个图层链接到一个运动引导层，使其沿同一条路径运动，这种动画被称为引导层动画。它可以使一个或多个元件完成曲线运动或不规则运动。

学习目标

了解引导层动画在职场中的应用；
理解引导层动画的原理；
掌握创建引导图层和取消引导图层的方法；
掌握创作引导层动画的常见方法和技巧。

案例6.1 创建引导层动画

引导动画是一种独特的动画形式，对象沿着线条运动，线条的形状和弯曲决定着动画的走向。画什么样的线条，就有什么样的动画，多美啊！小球平抛运动和地球围绕太阳转动，都可以通过引导层动画轻易的实现。下面，我们就和王小东一起通过实例来领会引导层动画的原理。

任务  平抛小球

任务要求

◎掌握引导图层的创建方法。

◎熟练掌握引导图层和普通图层的相互转换。

◎通过小球平抛运动效果，理解引导层动画的原理。

本任务完成的最终效果图如图6.1.1所示。

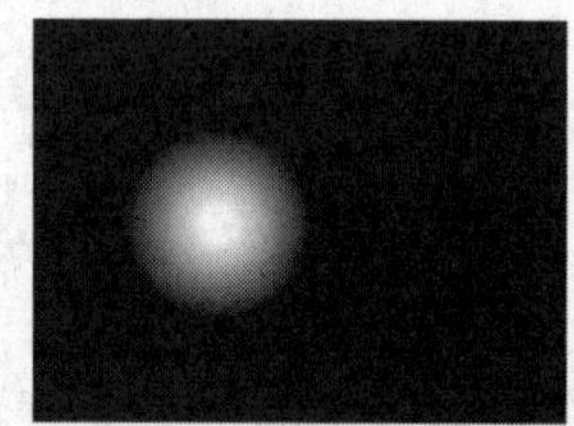

图6.1.1　小球平抛运动效果图

任务解析

1.相关知识

（1）引导层动画基础

一个最基本的引导层动画由两个图层组成，上面一层称为“引导层”，它的图层图标为，下面一层称为“被引导层”，图层图标与普通图标一样为。在普通图层上面创建引导层后，普通图层就会缩进成为被引导层。

使用引导图层时，必须建立与被引导层的关联。引导图层的线条在最终输出动画中是不被显示的，线条仅仅起引导作用。

（2）建立引导图层的3种方法

①在图层面板上单击“添加运动引导层”按钮。

②利用快捷菜单创建，如图6.1.2所示。

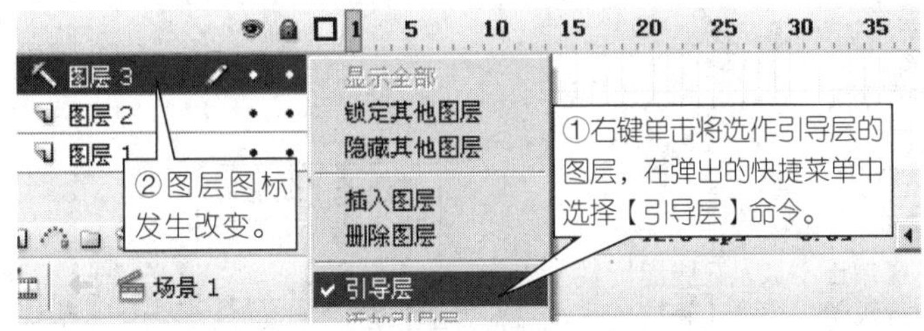

图6.1.2 设置引导层

③将已知图层变为引导层或被引导层，可以双击图层图标，也可右键单击图层，在弹出的快捷菜单中选择【属性】命令，操作如图6.1.3所示。

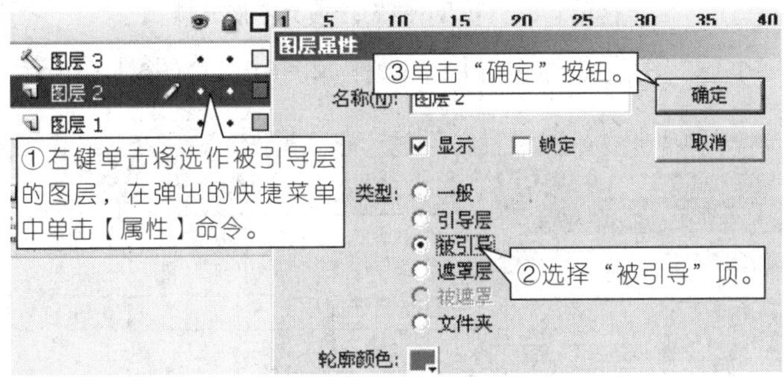

图6.1.3 设置被引导层

2.操作步骤

第1步：新建文件，保存文件名为“小球平抛运动.fla”，设置文档大小为400×300像素，背景颜色为黑色，帧频为“12”fps，如图6.1.4所示。

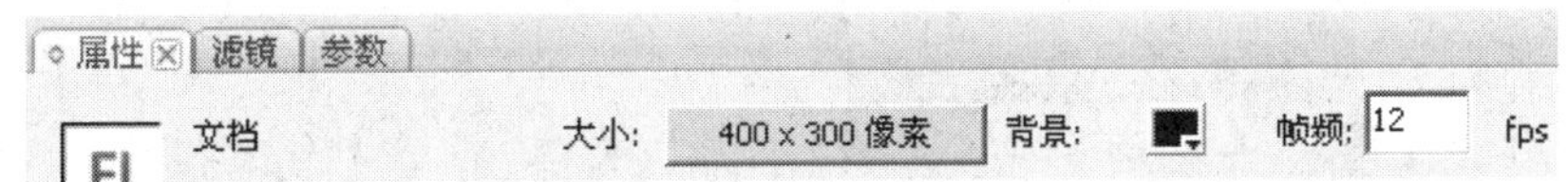

图6.1.4 设置文档属性

第2步：绘制小球并将其转化为图形元件，操作如图6.1.5、图6.1.6所示。

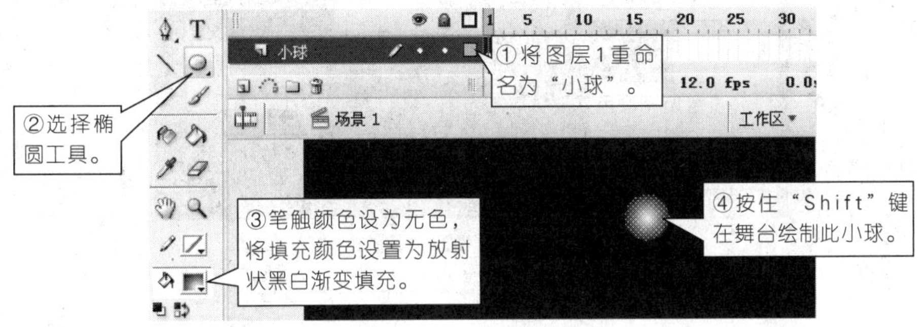

图6.1.5 绘制“小球”

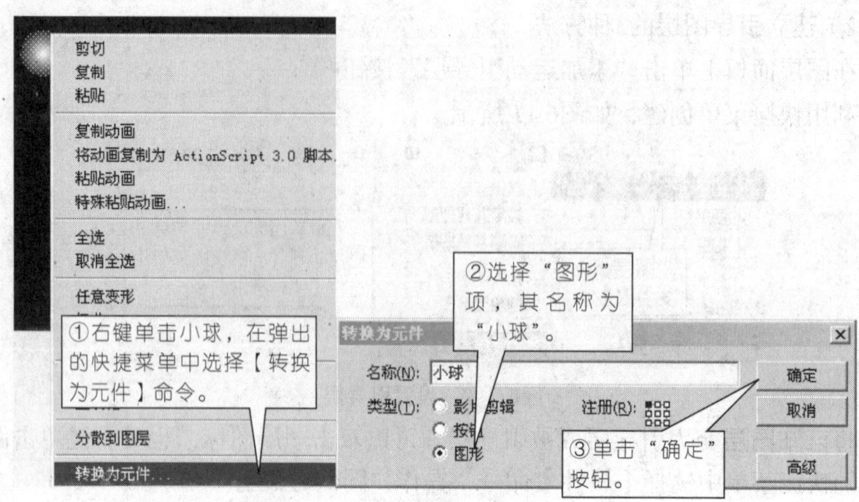

图6.1.6　将“小球”转换为图形元件

第3步：为“小球”图层添加引导层，操作如图6.1.7～图6.1.13所示。

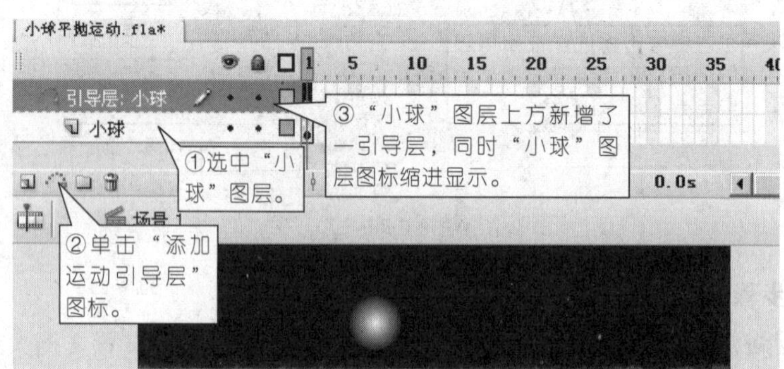

图6.1.7　为“小球”图层添加引导图层

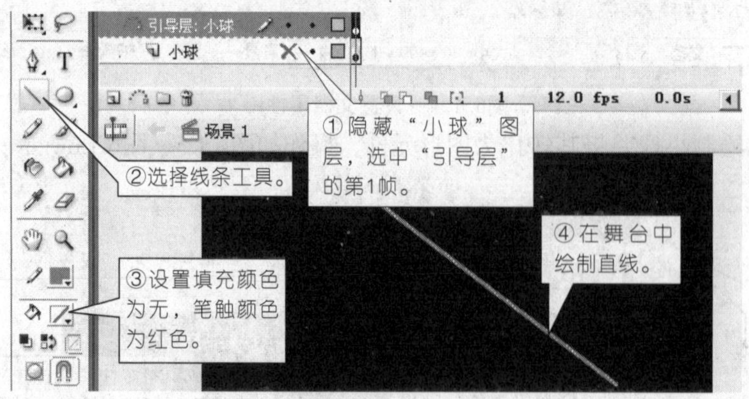

图6.1.8　在引导层第1帧绘制直线

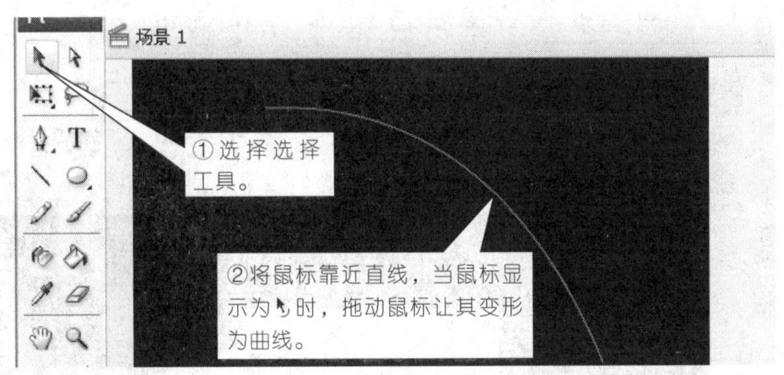

图6.1.9　将直线拖成曲线

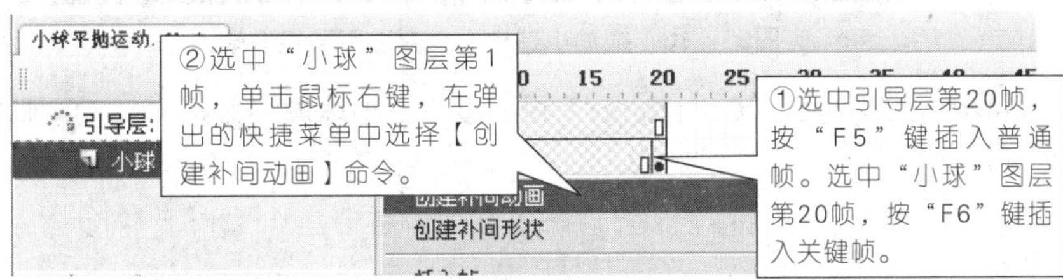

图6.1.10　设置第20帧并创建补间动画

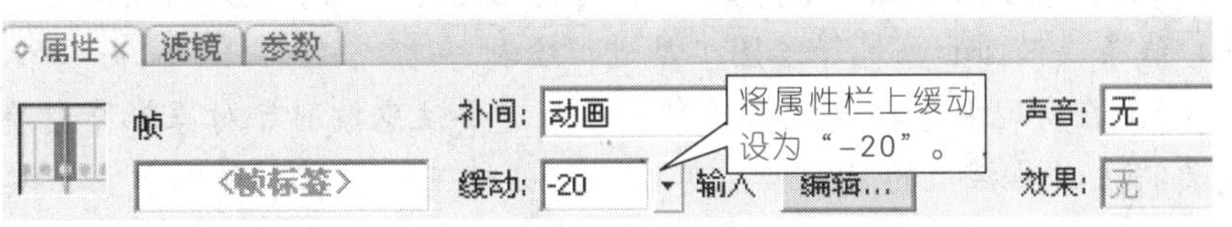

图6.1.11　设置“缓动”

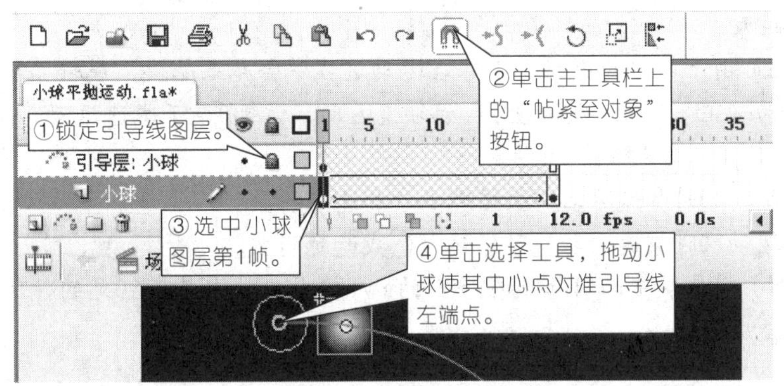

图6.1.12　拖动小球中心点对准引导线左端点

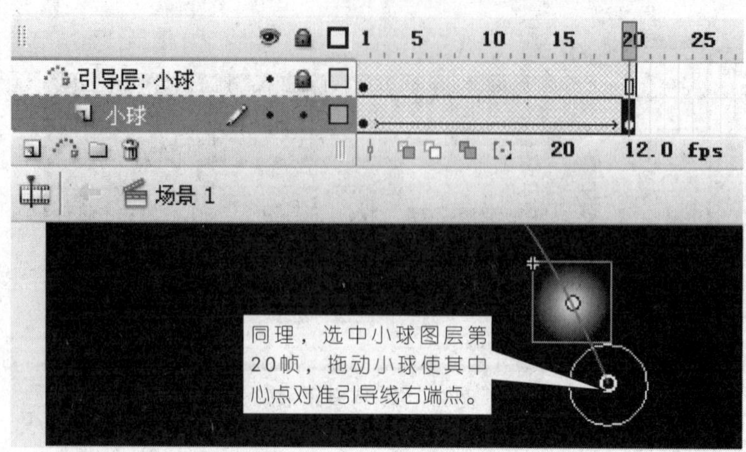

图6.1.13　拖动小球中心点对准引导线右端点

第4步：按快捷键“Ctrl+Enter”测试影片，小球做平抛运动，动画播放时引导线消失。

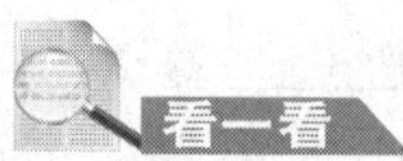

（1）引导层用来放置引导线。引导线也就是被引导对象的运动路径，可以使用铅笔、线条、椭圆和画笔等绘图工具进行绘制。

（2）在实现引导动画效果的时候，一定要注意被引导对象帖紧引导线的问题。一定要将主工具栏上的“贴紧至对象”按钮按下。同时，可以单击工具栏里面的放大镜工具来放大场景，这样就更清楚地看到元件中的空圆心中心点。将空圆心中心点对准引导线的端点即可。如果没有对准，则元件就会按照开始帧和结束帧的位置做直线运动。

（3）由于重力的原因，小球在运动过程中会越来越快。属性面板的“缓动”取值范围为-100～100。默认值0表示匀速运动，大于0表示减速运动，小于0表示加速运动。

当缓动<0时加速运动，且值越小，加速越明显。

当缓动>0时减速运动，且值越大，减速越明显。

（4）引导层中的引导线在导出的swf格式文件中是不可见的，所以不会对画面的美观造成影响。

任务  让地球绕太阳运动

任务要求

◎理解引导层的概念。

◎掌握引导层动画的创建方法和技巧。

◎进一步熟悉任意变形工具和橡皮擦工具的使用。

本任务完成的最终效果图如图6.1.14所示。

图6.1.14　地球绕太阳运动效果图

任务解析

操作步骤

第1步：新建文件，保存文件名为“地球围绕太阳运动.fla”，设置文档大小为400像素×300像素，背景颜色为黑色，帧频为“6”fps。

第2步：按快捷键“Ctrl+F8”，创建影片剪辑“自转地球”元件，操作如图6.1.15～图6.1.19所示。

图6.1.15　新建影片剪辑

图6.1.16　导入图片“地球.jpg”

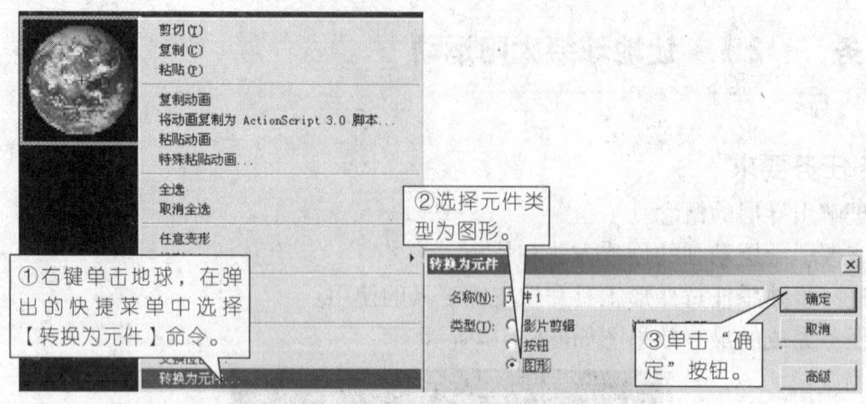

图6.1.17　将图片转化为图形元件

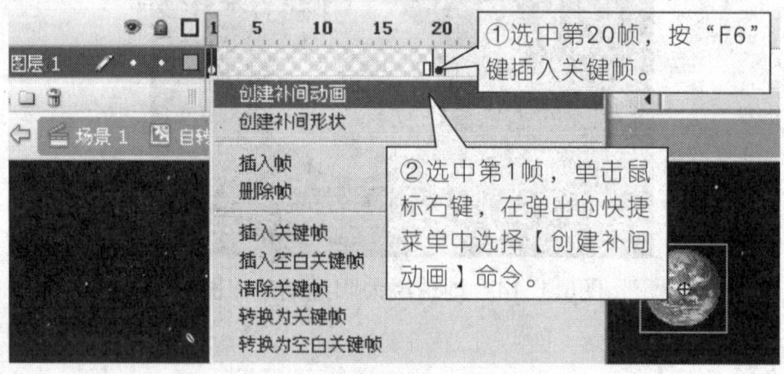

图6.1.18　创建补间动画

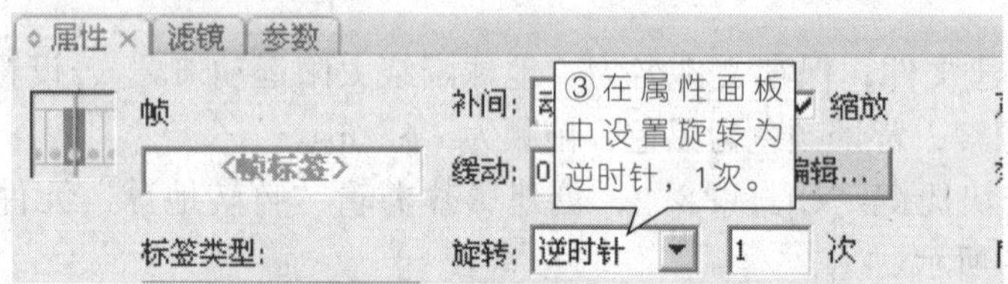

图6.1.19　设置“属性”面板

第3步：返回场景1，创建“太阳”图层、“地球”图层，并为“地球”图层创建引导层，操作如图6.1.20～图6.1.26所示。

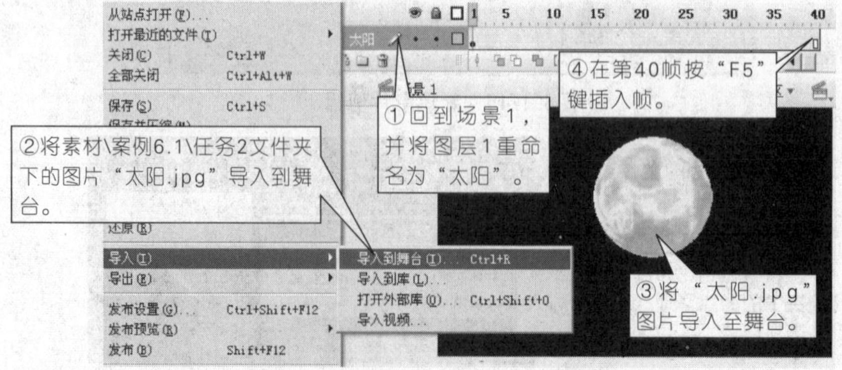

图6.1.20　新建“太阳”图层并导入图片

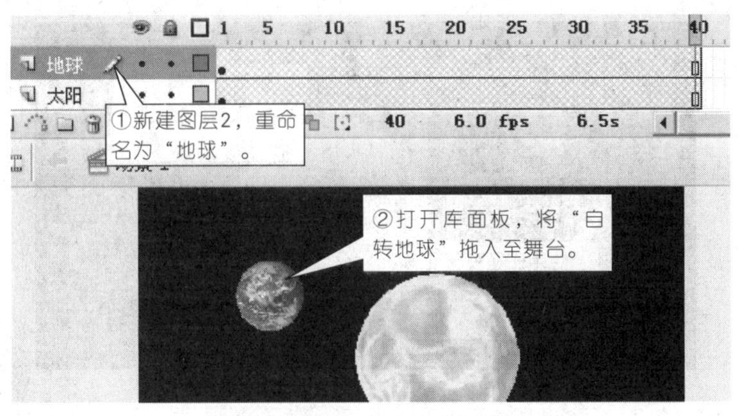

图6.1.21　处理“地球”图层

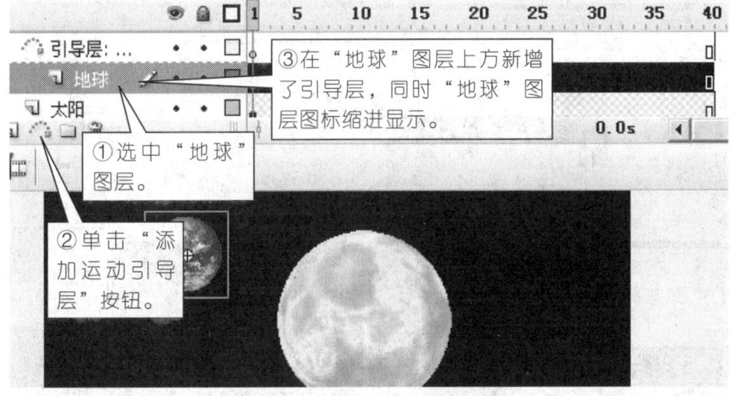

图6.1.22　为“地球”图层新建引导图层

图6.1.23　为“地球”图层的引导层添加引导线

图6.1.24　旋转椭圆并开小口

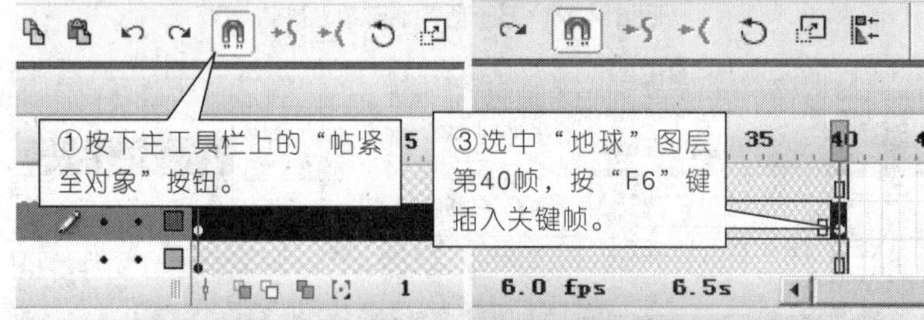

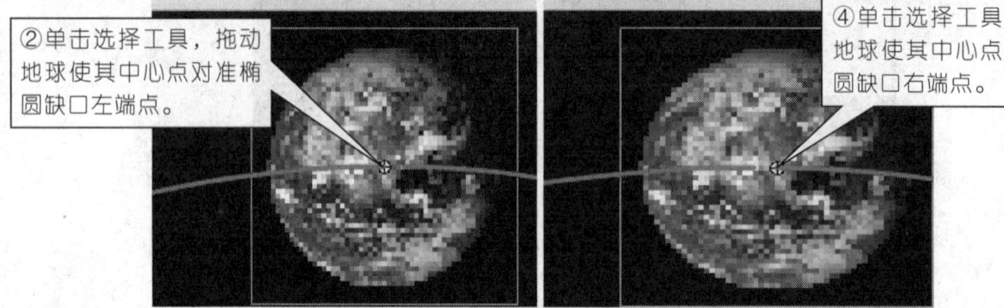

图6.1.25　将地球中心点对准椭圆起始点

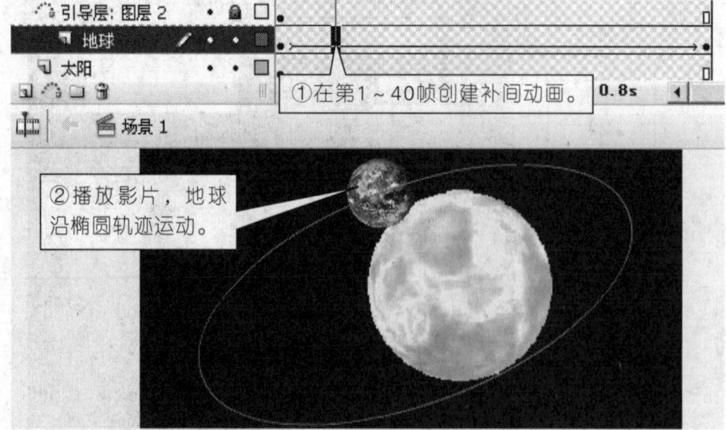

图6.1.26　对“地球”创建补间动画

第4步：按快捷键“Ctrl+Enter”测试影片。

案例6.2 引导层动画应用

人生百态，说不尽的人生，走不完的迷宫，走不完的路。王小东准备在自己博客“人生就像走不完的迷宫”板块加上一个简单的“走出迷宫”动画。为了心中的梦想，自己一定要寻找迷宫的出口，走出去！是的，引导动画给了我们无穷无尽的想象空间。本任务我们将深入学习引导层动画在各方面的应用，领悟引导层动画的制作方法和技巧。

任务  走出迷宫

任务要求

◎掌握使用钢笔工具绘制引导线的方法。

◎掌握添加引导层和取消引导层的方法。

◎通过“走迷宫”效果，掌握引导层动画的原理和应用。

本任务完成的最终效果图如图6.2.1所示。

图6.2.1　走出迷宫效果图

■ 任务解析

1.相关知识

（1）钢笔工具的使用

钢笔工具既能绘制图形，也能对图形进行增加和删除锚点，又能转换锚点。选择钢笔工具，在舞台中单击鼠标，会出现一个小圆圈。选择其他位置，再次单击鼠标，从刚才小圆圈的位置到我们第二次单击鼠标的位置就会自动连接一条直线。

（2）取消引导层的3种方法

①使用鼠标将被引导层拖离引导层。

②在引导层上右键单击，在弹出的快捷菜单中单击【引导层】命令，去掉其前面的小勾，操作如图6.2.2所示。

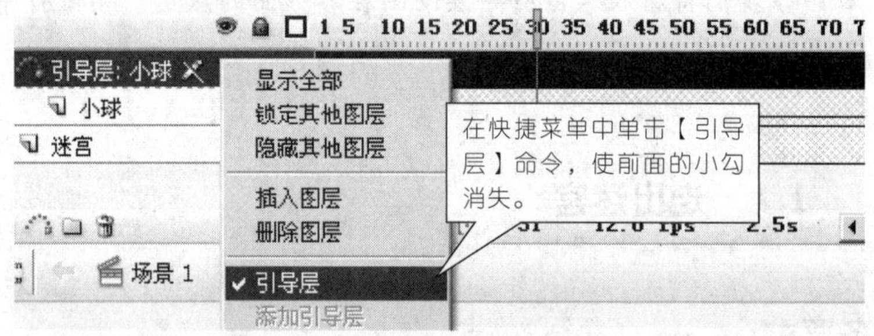

图6.2.2　通过快捷菜单取消引导层

③右键单击引导层，在弹出的快捷菜单中选择【属性】命令（或双击层的图标），弹出“图层属性”对话框，操作如图6.2.3所示。

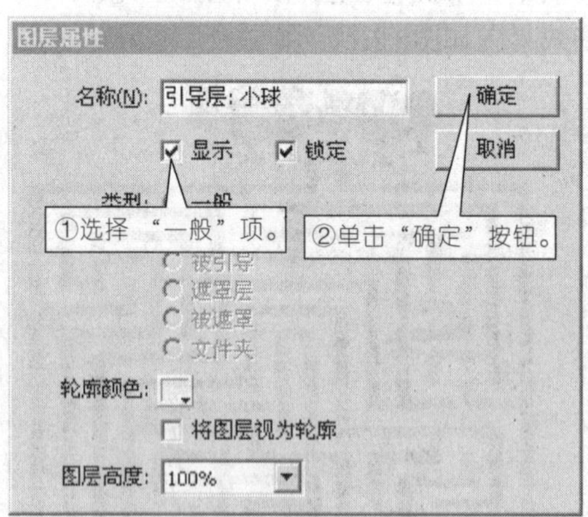

图6.2.3　通过“图层属性”对话框取消引导层

2.操作步骤

第1步：新建文件，保存文件名为“走迷宫.fla”，设置文档大小为300像素×300像素，背景颜色为白色，帧频为“12”fps。

第2步：将素材\案例6.2\任务1文件夹下的图片“迷宫.jpg”导入到舞台，重命名图层1为“迷宫”，操作如图6.2.4所示。

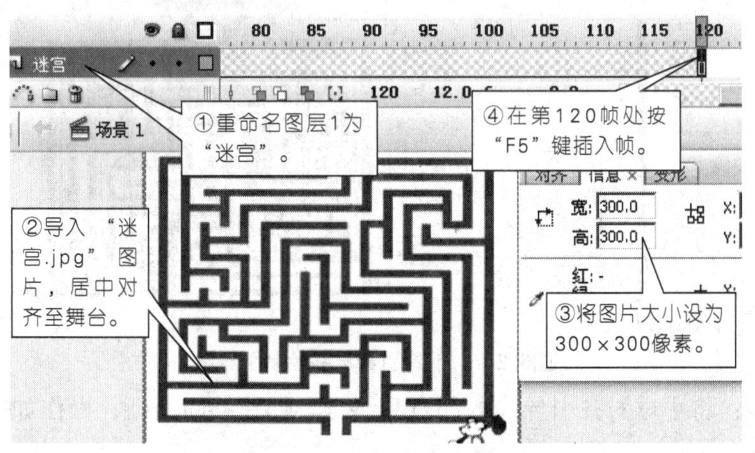

图6.2.4　导入“迷宫”图片并完善

第3步：新建“小球”元件并拖入场景，操作如图6.2.5、图6.2.6所示。

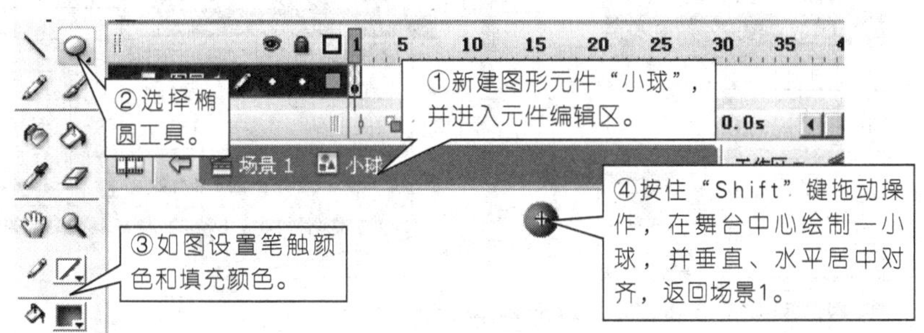

图6.2.5　新建元件“小球”

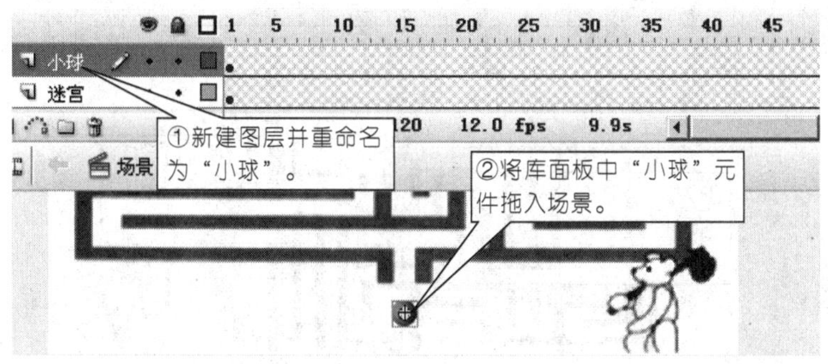

图6.2.6　新建“小球”图层并拖入元件

第4步：创建引导层，绘制引导线，操作如图6.2.7所示。

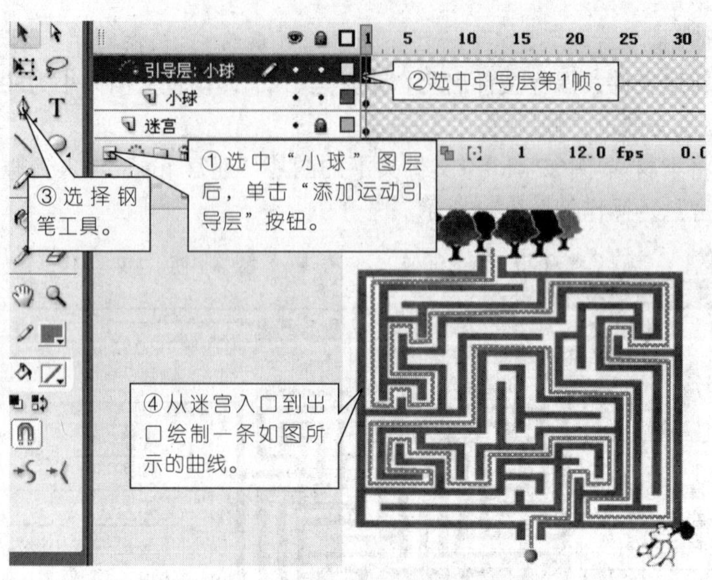

图6.2.7　创建引导层并绘制引导线

第5步：将小球对齐引导线的起点和终点，创建补间动画，操作如图6.2.8、图6.2.9所示。

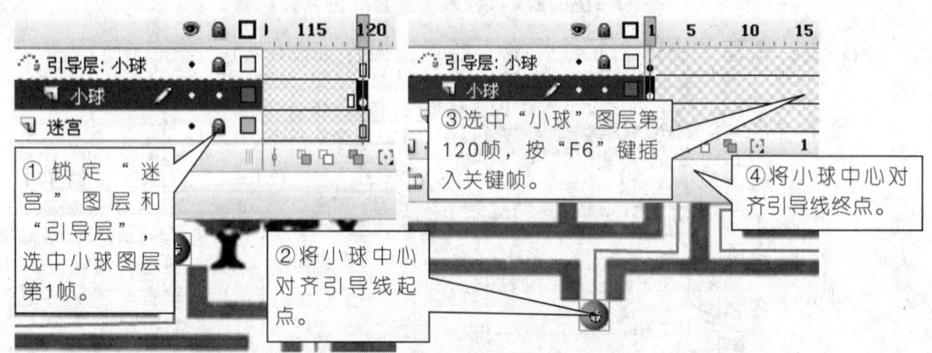

图6.2.8　将小球对齐引导线的起点和终点

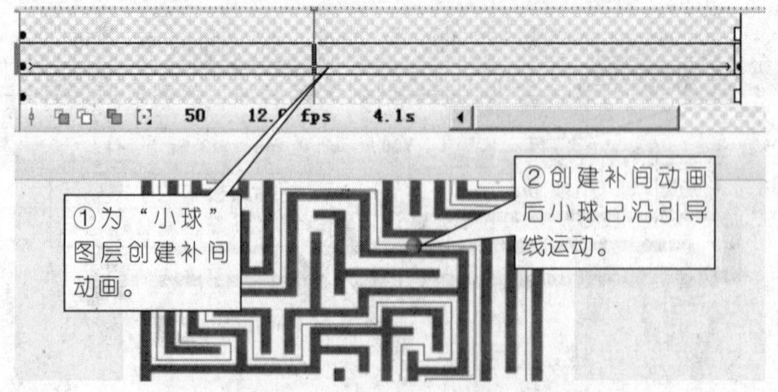

图6.2.9　为“小球”图层创建补间动画

第6步：按快捷键“Ctrl+Enter”测试影片。

任务 2 书写毛笔字

任务要求

◎理解笔画随毛笔运动逐步出现的原理。

◎掌握通过任意变形工具编辑对象中心点的方法。

◎掌握引导层动画与遮罩层动画的综合使用。

本任务完成的最终效果图如图6.2.10所示。

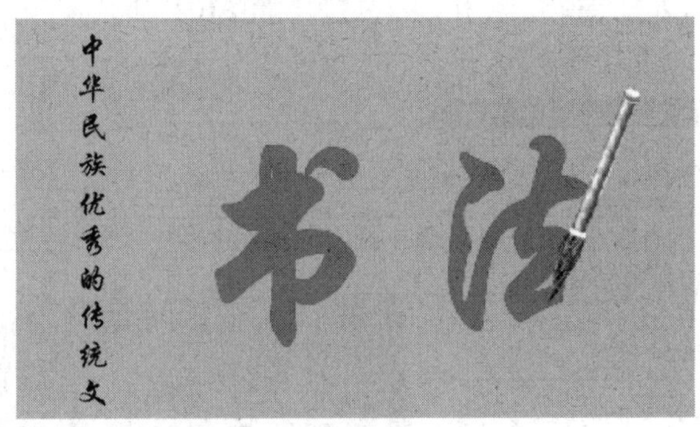

图6.2.10 毛笔书法效果图

任务解析

1.相关知识

（1）钢笔工具绘制引导线的方法和技巧

使用钢笔工具绘制引导线时，有重叠交错部分，这是允许的，但在重叠处的线段必须保持圆润，让Flash能辨认出线段走向，否则会使引导失败。

（2）任意变形工具的使用技巧

任意变形工具除了本例用于编辑中心点之外，还可以用于对图形进行缩放、旋转、倾斜、透视、封套等变形操作。

2.操作步骤

第1步：新建文件，保存文件名为“毛笔书法.fla”，设置文档大小为400像素×300像素，背景颜色为红色，帧频为“12” fps。

第2步：新建并重命名图层，在场景中输入文字，操作如图6.2.11所示。

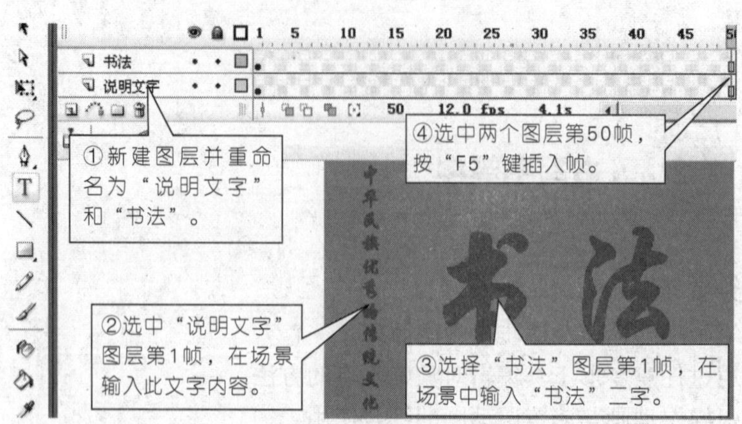

图6.2.11　输入相应文字

第3步：添加引导图层并绘制引导线，操作如图6.2.12所示。

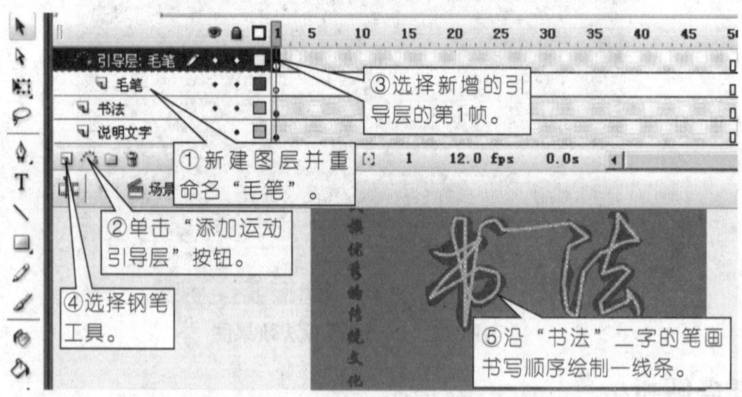

图6.2.12　新建图层并绘制引导线

第4步：新建图形“毛笔”元件，操作如图6.2.13所示。

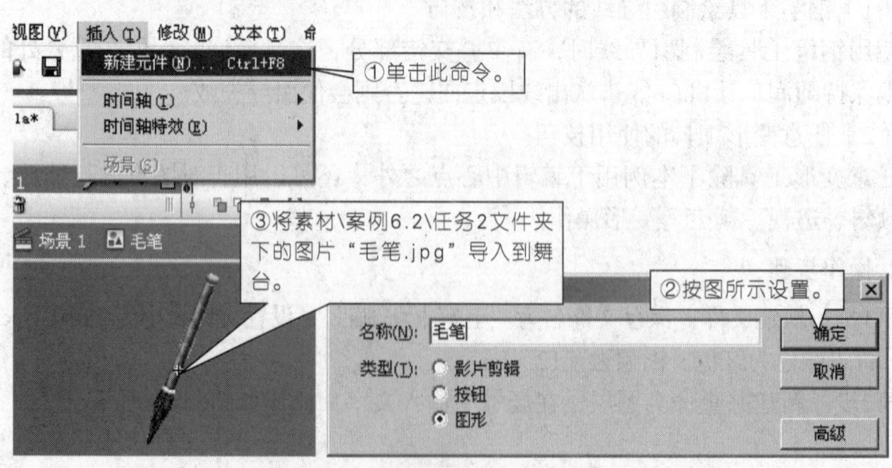

图6.2.13　新建图形“毛笔”元件

第5步：设计“毛笔”图层，操作如图6.2.14～图6.2.16所示。

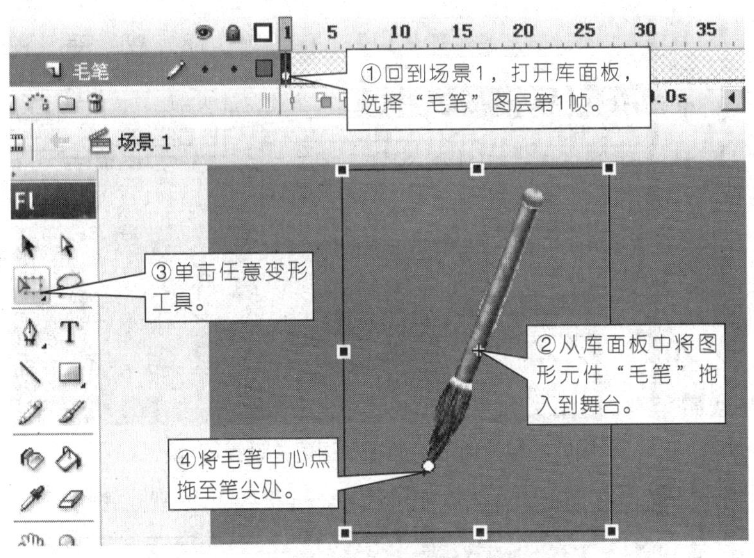

图6.2.14 编辑“毛笔”中心点

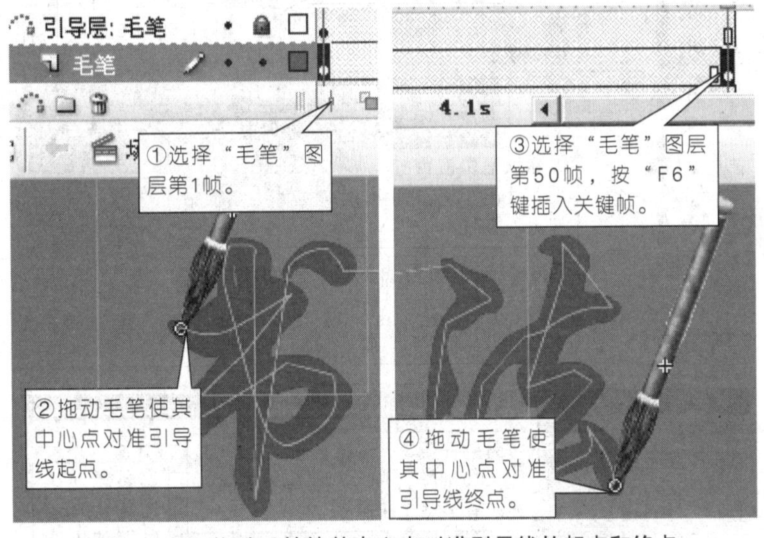

图6.2.15 拖动毛笔使其中心点对准引导线的起点和终点

图6.2.16 为“毛笔”图层创建补间动画

第6步：设计“遮罩”图层，操作如图6.2.17～图6.2.20所示。

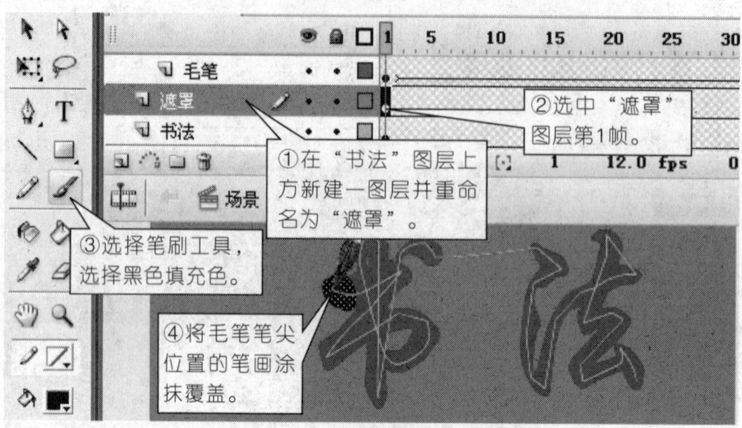

图6.2.17　新建“遮罩”图层并设置第1帧

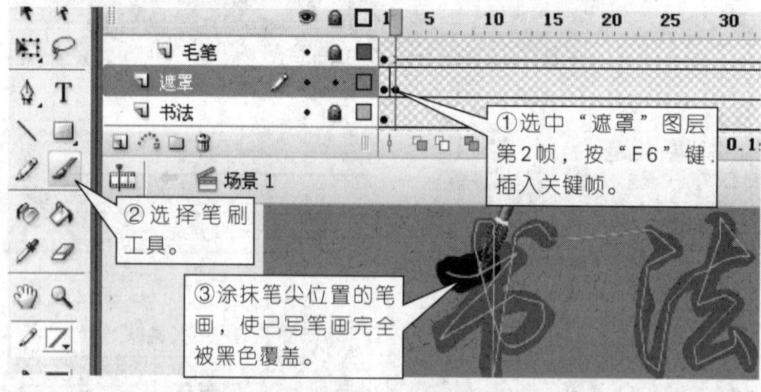

图6.2.18　设置“遮罩”图层第2帧

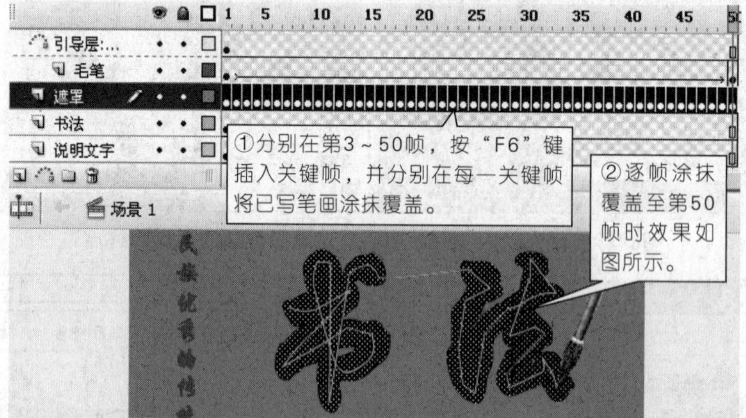

图6.2.19　同理完成“遮罩”图层第3～50帧

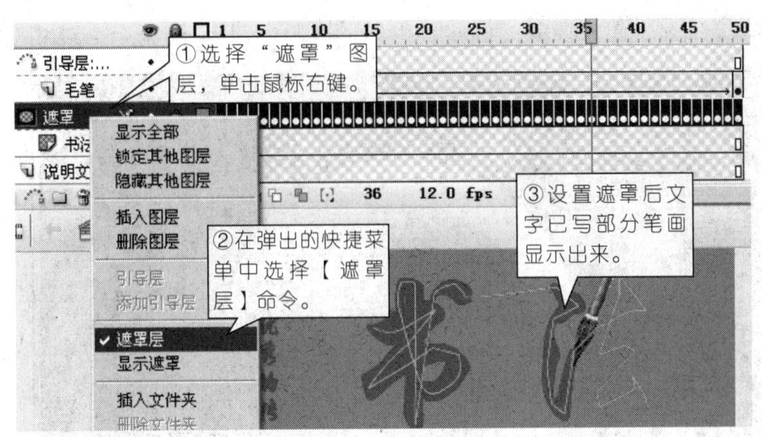

图6.2.20 设置遮罩

第7步：按快捷键"Ctrl+Enter"测试影片。

(1) 使用遮罩来控制显示毛笔已写笔画，也可不使用遮罩，而直接复制一文字图层，将文字打散，将每一关键帧未写笔画擦除掉即可，其效果如图6.2.21所示。

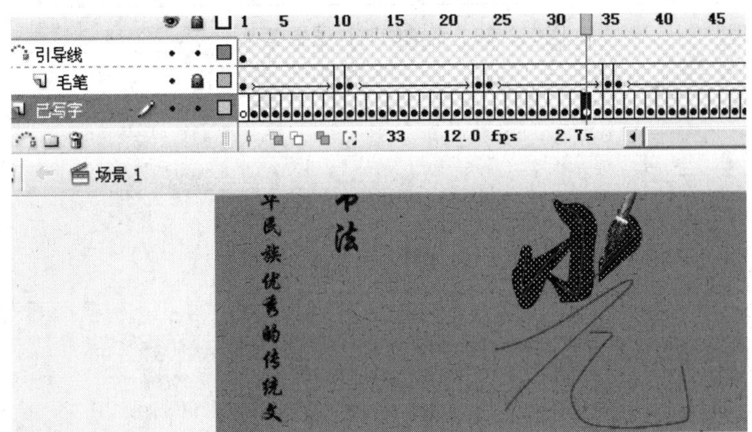

图6.2.21 另一种达到写字效果的制作方法

(2) 模拟本实例完成一个自己姓名签名的动画。

(3) 制作一个树叶飘落的动画。

(4) 使用引导层动画制作一个走动的时钟，其效果如图6.2.22所示，时间轴如图6.2.23所示。可参考源文件\案例6.2\练一练文件夹下的"走动的时钟.fla"。

图6.2.22　走动的时钟效果

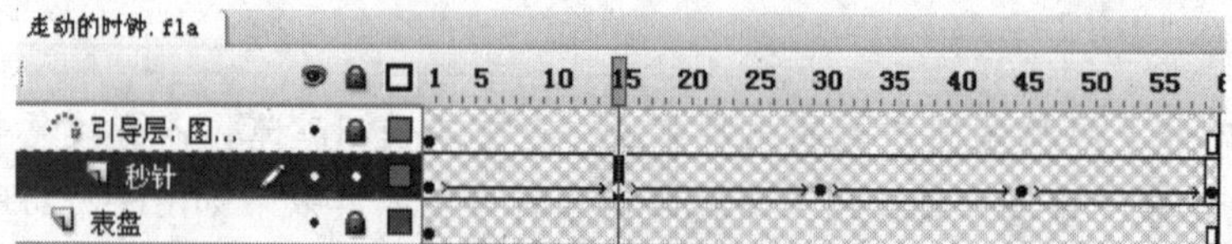

图6.2.23　走动的时钟图层参考

7

处理声音

当使用Flash CS3做好动画之后，要为动画配上相应的声音，使整个动画效果更完美。Flash提供了多种使用声音的方法，可以连续播放声音，可以把音轨与动画同步起来，可以为按钮添加声音使其更有吸引力，还可以使优雅的音乐淡入淡出，可以从一个库中把声音链接到多个电影中，还可以在声音对象中使用声音，或通过ActionScript控制音效的回放。

学习目标

了解Flash CS3对声音的支持范围；
掌握声音在Flash CS3中的简单应用；
掌握Flash CS3中音效按钮的制作；
了解Flash CS3中声音对象的应用。

案例7.1 导入、处理声音

王小东要在网页的动画上添加声音效果，下面我们就和王小东一起进入声音的世界，学习Flash CS3中处理声音的一般方法。

任务  祝福生日快乐

任务要求

◎了解Flash CS3对声音的支持范围。

◎掌握声音的导入方法。

◎掌握Flash CS3对声音的简单处理方法。

本任务完成的最终效果如图7.1.1所示。

图7.1.1 生日快乐效果图

任务解析

1.相关知识

Flash CS3中有两种声音类型：事件声音和流式声音。事件声音必须在完全下载后才能播放，而且它会连续播放直至被明确中止；而流式声音则在头几帧数据下载

后就开始播放。

在Flash CS3中，一般可以导入3种声音文件：wav(Windows)、mp3(Mac和Windows)、Aiff(Mac)声音文件。如果系统里安装了QuickTime4(或更高版本)，则还可以导入下列类型的声音文件：

◎Sound Designer Ⅱ(仅mac)

◎Sound Only Quick Time Movies(Win和mac)

◎Sun Au (Win和mac)

◎System 7 Sounds(仅mac)

◎Wav(Win和mac)

2.操作步骤

第1步：启动Flash CS3，新建一个Flash文件（Action Script 2.0）。

第2步：新建一个影片剪辑元件，命名为“生日快乐.fla”，操作如图7.1.2所示。

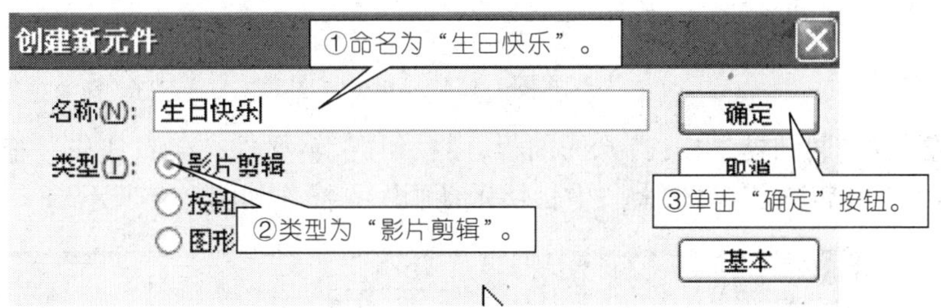

图7.1.2　新建元件

第3步：单击【文件】→【导入】→【导入到舞台】命令，打开素材\案例7.1\任务1文件夹下的动态图片“生日快乐.gif”导入到舞台，操作如图7.1.3和图7.1.4所示。

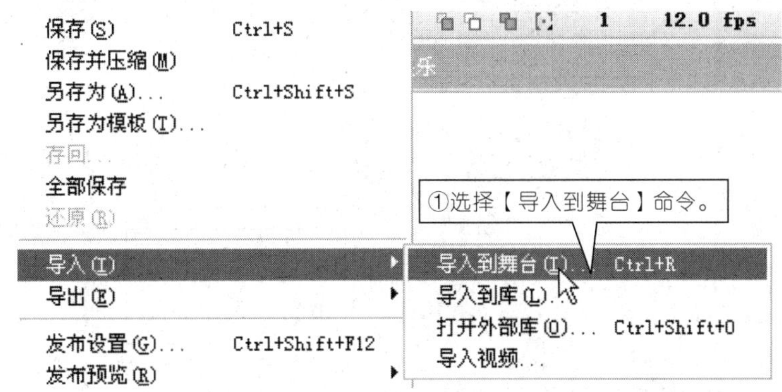

图7.1.3　导入动态gif图片

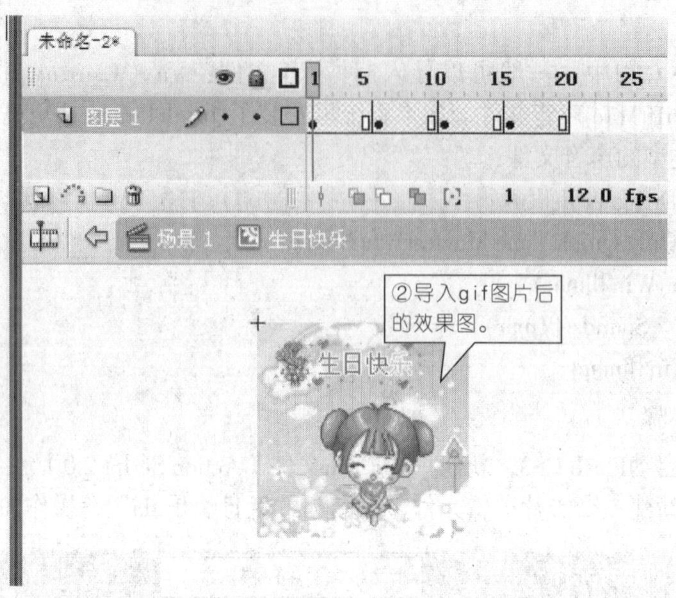

图7.1.4　gif效果图

第4步：回到场景1，打开库面板，将影片剪辑元件“生日快乐”拖放到图层1的第1帧中，并将图层1改名为“生日快乐动画”，操作如图7.1.5所示。

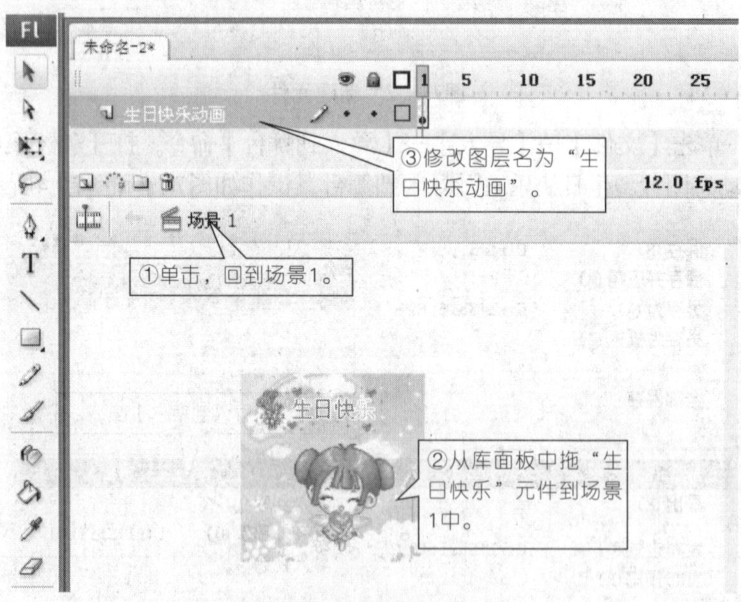

图7.1.5　拖放元件到场景中

第5步：打开素材\案例7.1\任务1文件夹下的“生日快乐音乐.mp3”文件导入到库面板中，操作如图7.1.6所示。

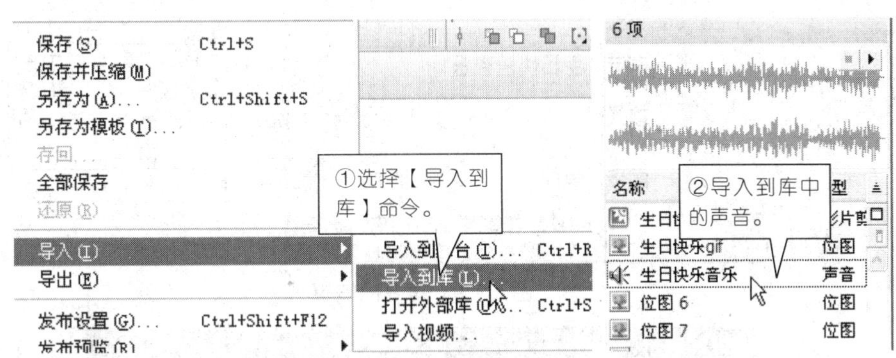

图7.1.6　将声音导入到库中

第6步：插入名为“生日快乐音乐”的图层，在第1帧中放入“生日快乐音乐”元件，如图7.1.7所示。

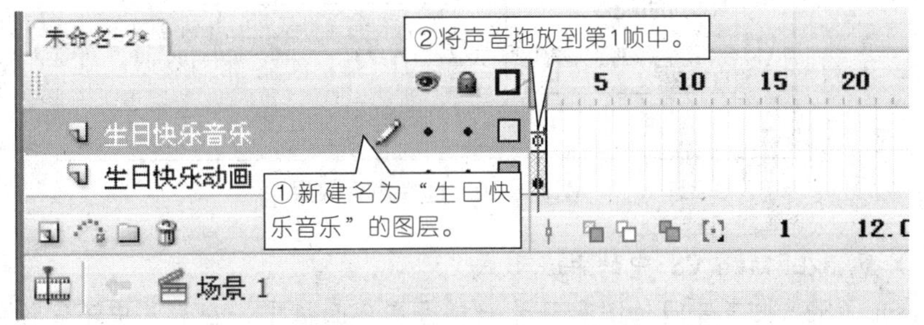

图7.1.7　拖放声音到第1帧中

第7步：修改文档背景为黑色，如图7.1.8所示。

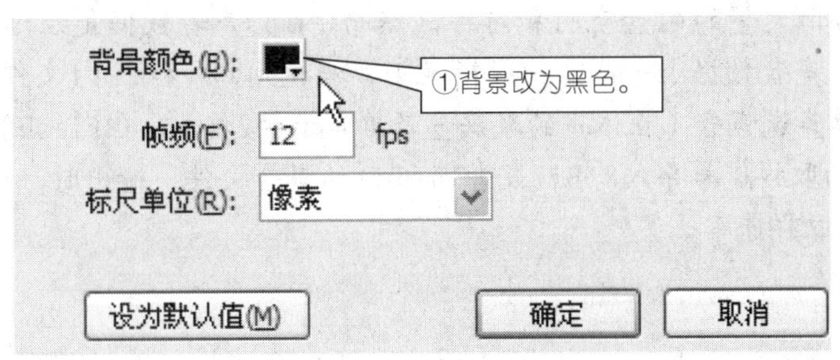

图7.1.8　修改背景颜色

第8步：保存文件，按快捷键“Ctrl+Enter”测试影片。

（1）声音的编辑

Flash CS3中提供了对声音的简单编辑功能。除了给出几种固定的声音模式外，还提供了自定义编辑方式，可以对声音添加不同效果，操作如图7.1.9和图7.1.10所示。

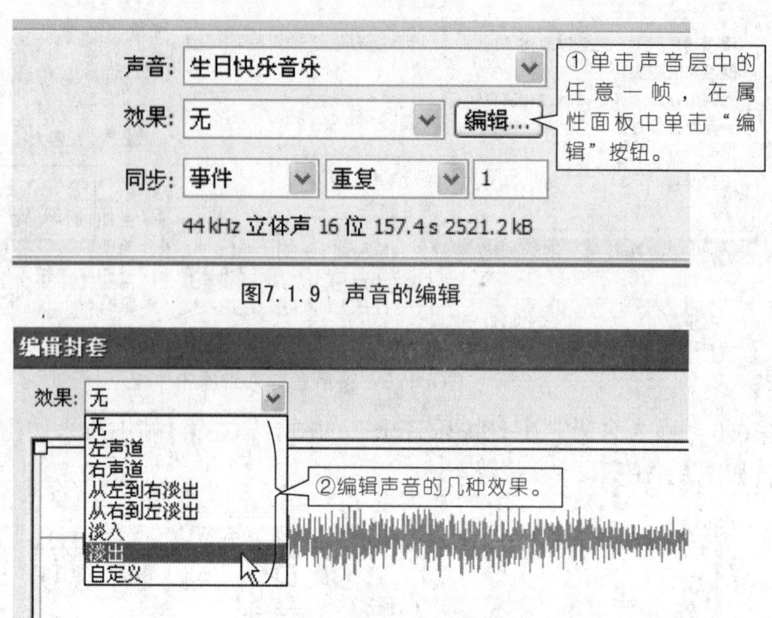

图7.1.9　声音的编辑

图7.1.10　选择声音效果

（2）声音在Flash CS3中的存在形式

Flash CS3 把声音同位图和符号一样存在库面板中，在影片中不管你使用多少次声音，以多少种方式使用，只需要一个声音文件就行了。如果想在Flash影片之间共享声音文件，可以把声音文件放入共享库中。

声音会占用大量的磁盘空间和内存，然而，mp3声音数据是经过压缩的，要比wav或者aiff声音数据小一些。一般情况下，当使用wav和aiff文件时，最好使用16-Bit 22Hz单声道声音（立体声的数据量是单声道的2倍），但Flash能以11 kHz，22 kHz，44 kHz的取样速率导入8-Bit或者16-Bit的声音文件。输出时，Flash能将声音转化成较低的取样速率。

任务  体验音效按钮

■ 任务要求

◎熟悉按钮制作的基本方法。

◎掌握如何给按钮添加声音的方法。

本任务完成的最终效果图如图7.1.11所示。

图7.1.11 音效按钮效果图

任务解析

1.相关知识

按钮(button)是一种特殊形式的符号，它包含4帧信息，每帧信息都代表着按钮的一种状态，它们分别是“弹起”、“指针经过”、“按下”和“点击”。当鼠标移动到按钮处或者用户单击该按钮时，按钮将做出的反应都与这4种状态的设置有关。

2.操作步骤

第1步：打开任务1中的“生日快乐.fla”文档，删除“生日快乐音乐”图层，其目的是为了能听到按钮的声音，如图7.1.12所示。

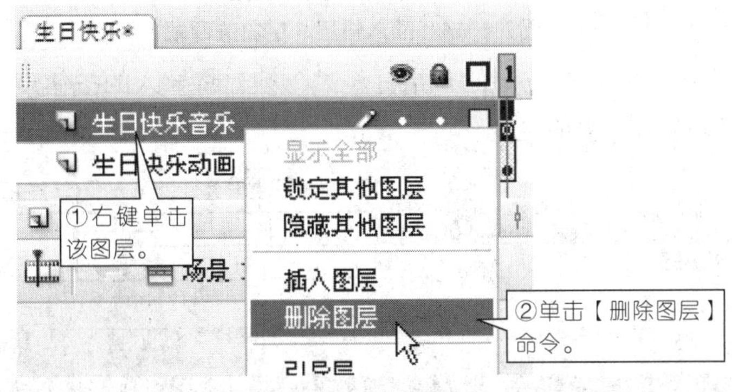

图7.1.12 删除图层

第2步：新建一个名为“音效按钮”的按钮元件，并利用工具箱中的工具分别绘制按钮的3种状态，操作如图7.1.13所示。

图7.1.13 按钮的3种状态

第3步：导入事先准备好的按钮音效声音到元件库中，可自行选择短促的声音音效文件。

第4步：双击库面板中“音效按钮”元件，对它进行编辑，在按钮中添加一个图层，命名为“声音”，并在“声音”图层中的“指针经过”处插入空白关键帧，操作如图7.1.14所示。

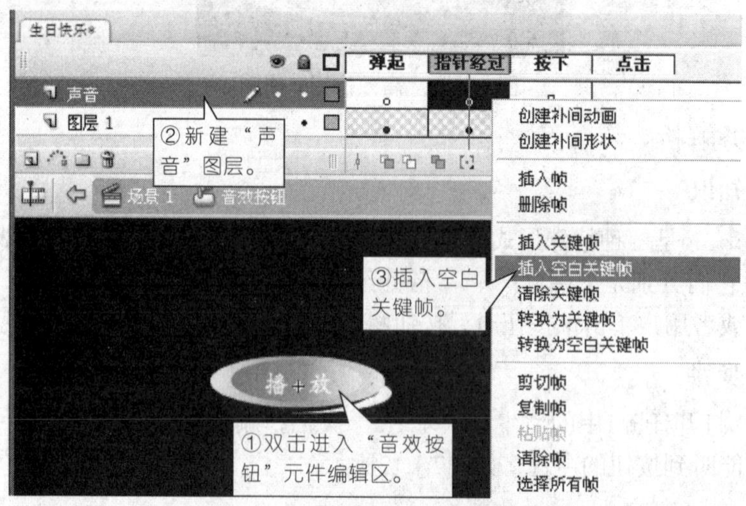

图7.1.14 插入图层、空白关键帧

第5步：选中“声音”图层的“指针经过”帧，将导入的按钮声音拖放到舞台任意位置，操作如图7.1.15所示。

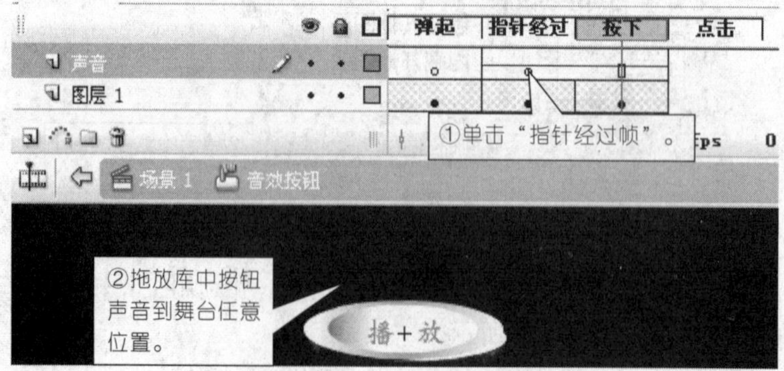

图7.1.15 给按钮添加声音

第6步：回到场景1，添加名为“按钮层”的新图层，并将库面板中的“音效按钮”元件拖放到该图层的第1帧上，操作如图7.1.16所示。

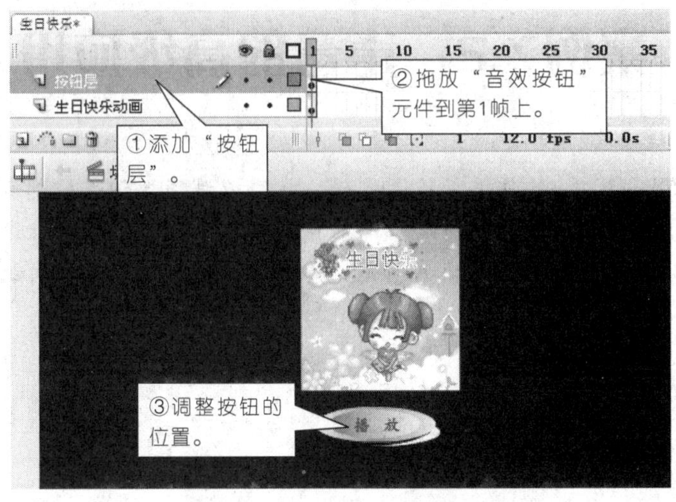

图7.1.16 设置“音效按钮”

第7步：将文件另存为“音效按钮.fla”，按快捷键“Ctrl+Enter”测试影片。

试一试

由于在制作按钮时，按钮有4种状态，即弹起、指针经过、按下、点击，而且这4种状态都是可编辑的，所以我们可以在4种状态上添加不同的声音以满足不同的要求。

请为4种状态制作好关键帧，为每一种状态添加一种声音。声音任意选择，宜短促。

练一练

制作一个“多媒体”风格的按钮，参考如图7.1.17所示效果图。

图7.1.17 “多媒体”风格按钮效果图

要求：

①按钮中具有动画效果。

②按钮中要有音效效果。

③按钮中的动画和音效自拟。

案例7.2　声音的高级应用

在Flash CS3中，给按钮添加控制代码，就可以利用按钮来控制音乐的播放，这些主要利用Flash CS3中声音的高级技术。在本案例中，我们将会让读者初步接触到ActionScript语言，详细讲解如何用ActionScript语言来灵活地控制声音的播放、暂停、停止及声音的循环播放。

任务  播放和停止声音

任务要求

◎初步了解Flash CS3中ActionScript语言的作用。

◎初步掌握Flash CS3中ActionScript语言的输入方法。

◎掌握用ActionScript语言控制声音播放、停止的方法。

本任务完成的最终效果图如图7.2.1所示。

图7.2.1　音效按钮效果图

任务解析

1.相关知识

mySound是一个声音对象，在用AS控制声音之前，一定要先使用构造函数newSound创建声音对象。只有先创建声音对象以后，Flash才可以调用声音对象的方法。还有，Flash的AS是区分大小写的，所以在写AS的时候，一定要注意。

下面是AS控制声音所要用到的一些常用代码：

◎mySound=newSound( );//新建一个声音对象，对象的名称是mySound。

◎mySound.start( );//开始播放声音。如想在声音的第2秒开始播放，可输入Sound.start(2)。

◎mySound.stop( );//停止声音的播放。

◎mySound.loadSound( );//从外部载入声音。

◎mySound.attachSound( );//从库中加载声音。

◎on(press) { 代码段；}；//鼠标单击事件可激活代码段的执行。

2.操作步骤

第1步：打开源文件\案例7.1\任务2 中的“音效按钮.fla”文档。

第2步：新建两个按钮元件，命名为“播放按钮”和“停止按钮”，按钮的制作方法和案例7.1中的“音效按钮”一样。将它们都拖放到场景1中，操作如图7.2.2所示。

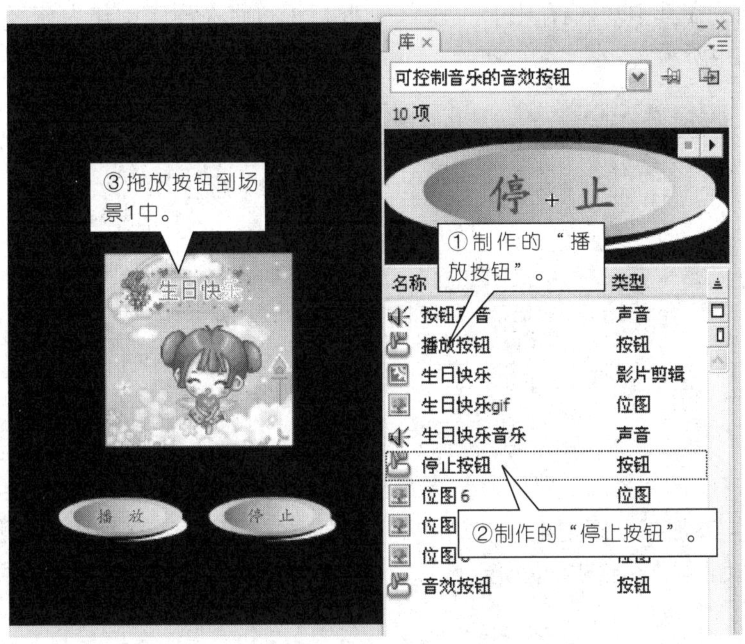

图7.2.2 播放、停止按钮的制作

第3步：给库面板中的声音添加ActionScript语言控制声音时，需要用到声音的“标识符”。给声音添加标识符的方法是：按快捷键“Ctrl+L”，弹出库面板，选中导入的“生日快乐音乐”声音，单击右键，在弹出的快捷菜单中选择【链接】命令，操作如图7.2.3所示。

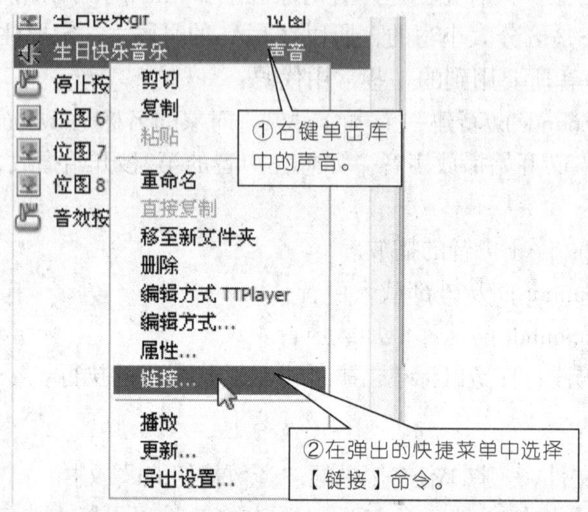

图7.2.3　给声音添加“标识符”

弹出“链接属性”对话框，勾选“为动作脚本导出”框，此时“标识符”一栏将变得可用，在其中输入标识符“srkl”，此标识符将在程序中作为该声音的标志，操作如图7.2.4所示。

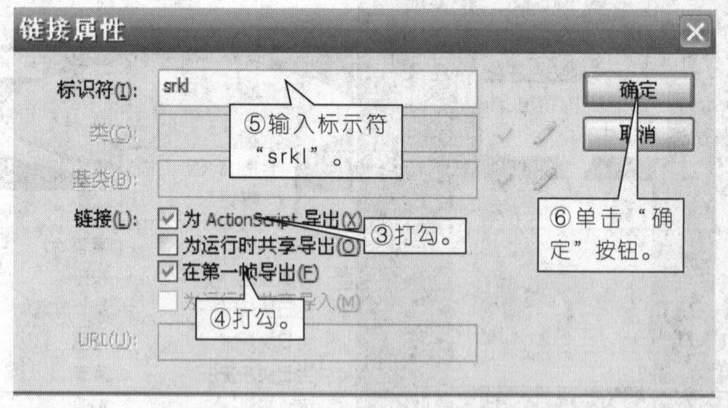

图7.2.4　给声音添加“标识符”

第4步：添加一个图层命名为“代码层”，在该图层的第1帧中写上加载声音的代码，操作如图7.2.5和图7.2.6所示。

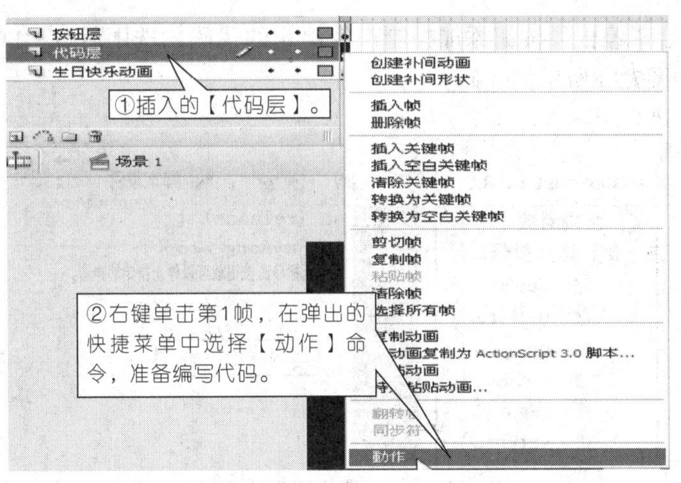

图7.2.5　添加一个图层

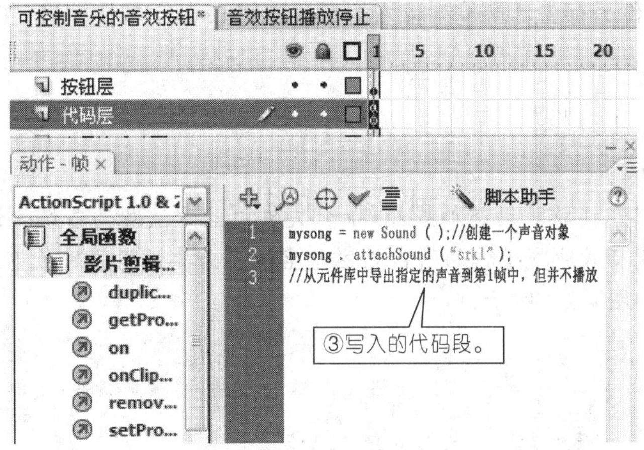

图7.2.6　加载声音的代码

第5步：给“播放”按钮添加控制声音播放的代码，选中后按“F9”键打开动作面板，添加如图7.2.7所示的代码。

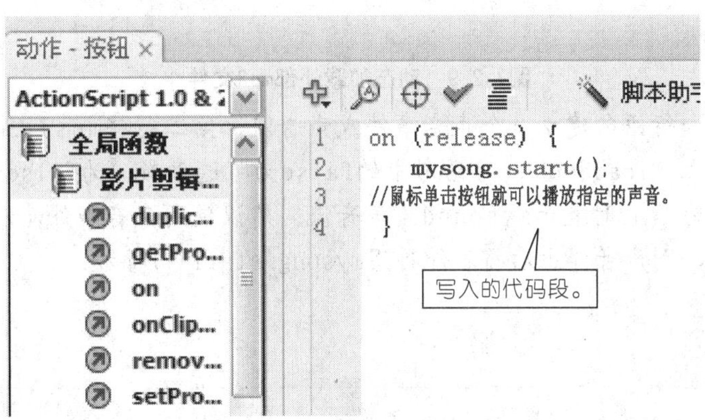

图7.2.7　播放声音的代码

第6步：给“停止”按钮添加控制声音停止的代码，选中后按“F9”键打开动作面板，添加如图7.2.8所示的代码。

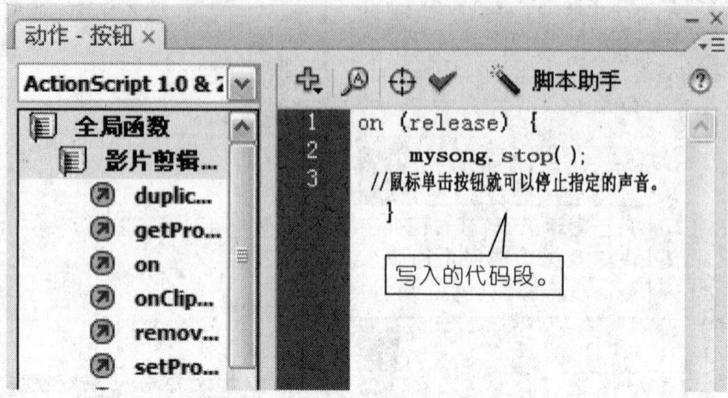

图7.2.8　停止声音的代码

第7步：文件另存为“可控制音乐的音效按钮.fla”，按快捷键“Ctrl+Enter”测试影片。

Flash可以在播放时动态加载外部mp3文件，此方法既为多媒体设计提供了更大的灵活性，也能有效地减小作品所占的磁盘空间。若要调用同目录下的music.mp3文件，实现代码如图7.2.9所示。

图7.2.9　动态加载外部mp3文件

说明：第一行语句建立一个声音事件或声音流，第二行将music.mp3加载到声音事件或声音流上，loadSound( )语句中的false为可选参数，为false时表示mysound为声音事件，为true时表示mysound为声音流。建议使用声音事件，以便于控制；如果使用声音流，则声音停止后将不能再用mysong.start( )播放。

如果不是在同一目录下的声音，该怎样写路径呢？

任务 2 暂停声音

任务要求

◎巩固Flash CS3中ActionScript语言的输入方法。

◎掌握用ActionScript语言控制声音的暂停播放。

任务解析

1.相关知识

（1）声音暂停的实现方法

Flash CS3中并没有提供直接暂停的方法，只有停止与播放的方法，可以通过Flash CS3提供的position属性，获取声音已播放到位置的毫秒数。通过单击按钮，获取当前声音所播放到的毫秒数，赋给一个变量，在下一次点击时，通过调用这个变量，从变量指向的位置开始播放。

下面是实现暂停播放的代码段：

on (press) {

var t=mysong.position/1000; //定义一个变量t，并将声音已播放到位置的毫秒数赋给变量t。

mysong.start(t); //播放时从变量t记录的位置开始播放。

}

（2）关于onSoundComplete事件

onSoundComplete 是声音播放完毕时自动调用的事件。我们来看下面一段代码的作用：

mysong.onSoundComplete = function( )；//当指定的mysong声音播放完后，就自动执行函数体function( )中的代码。

{ mysong.start( )； }

这样，当声音播放完毕后自动执行mysong.start( )，使声音不断播放。

2.操作步骤

第1步：打开案例7.2任务1 中的“可控制音乐的音效按钮.fla”文件。

第2步：打开库面板，把“停止按钮”上的标题改为“暂停按钮”，并重命名为“暂停按钮”，如图7.2.10所示。

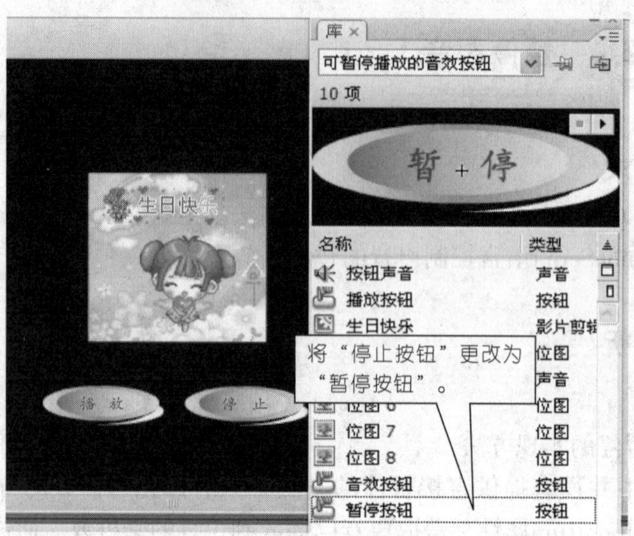

图7.2.10　制作暂停按钮

第3步：修改“播放按钮”中的代码段，其代码如图7.2.11所示。

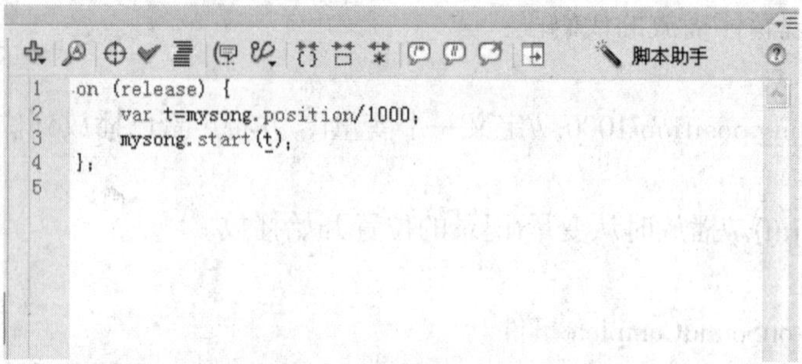

```
on (release) {
    var t=mysong.position/1000;
    mysong.start(t);
};
```

图7.2.11　播放按钮中的代码

第4步：修改场景1中“代码层”中第1帧上的代码。其代码如图7.2.12所示。

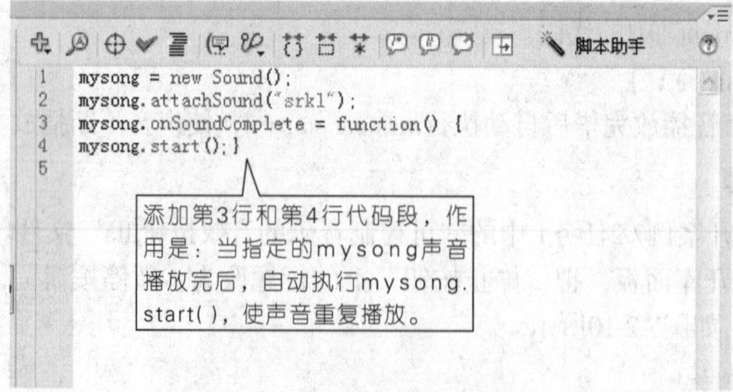

图7.2.12　添加重复播放代码

第5步：文件另存为“可暂停播放的音效按钮.fla”，按快捷键“Ctrl+Enter”测试影片。

看一看

声音的循环播放

下面，向读者介绍一种用代码实现声音的循环播放的方法，在时间轴的第一帧加入如下代码：

```
mysong = new Sound();
mysong.attachSound("srk1");
mysong.onSoundComplete = function(); {
mysong.start() ; }
```

以上代码的第3行是实现循环的关键，它创建了在调用onSoundComplete事件时执行的函数，onSoundComplete为声音播放完毕时自动调用的事件。这样，当声音播放完毕后自动执行函数体中的mysong.start()，使声音不断播放，从而实现循环播放。

试一试

找一段无声的动画，根据动画的内容，配上相应的音乐。

要求：①声音可以用按钮来控制，能播放、暂停和停止。

②声音能够循环播放。

练一练

制作一个简单的音乐播放器，自己设计界面，实现音乐的播放、暂停和停止。

8

创建ActionScript动画

通过前几章，我们已经领略了用Flash软件设计与制作动画的独特风采，但是Flash CS3更具特色的是ActionScript动画。ActionScript（动作脚本）能够对动画中各对象进行精确的控制，还能对动画进行交互式控制以实现交互式操作。

ActionScript是一种面向对象的脚本语言，易学易用，用脚本语言对各对象属性进行修改以达到控制的目的，大大增强了动画的交互性。如果你想在Flash领域有深远的发展，ActionScript动画是必须要学好的。

学习目标

了解ActionScript的基本概念和语法规则；

通过具体案例熟悉ActionScript（动作脚本）动画设计。

案例8.1 创建简单交互动画

王小东将自己在北京拍摄的风光照片制作成Flash动画，放在QQ空间里。王小东的照片既能手动控制翻动，也能间隔5s自动翻滚。我们经常在网页上的广告图片中看到这样的效果，有些图片的缩略图，用鼠标指向缩略图时，会感应出放大了的图片。王小东说，要是有五六张那样的缩略图排列成一行，当鼠标滑过时，一定是非常美妙的效果！其实，要制作这种效果不难，只需把缩略图做成按钮即可，而且还可将按钮做成半透明的。现在我们来看看王小东是如何用Flash软件设计属于他自己的AS动画。

任务  可控图片展览

任务要求

◎初识ActionScript动作脚本。

◎学会添加ActionScript动作脚本，掌握on ( )，gotoAndPlay( )等函数。

任务解析

1.相关知识

动作可以基于帧、按钮和影片剪辑。因此可以编写帧动作脚本、按钮动作脚本和影片剪辑动作脚本。本任务将首先接触到按钮动作脚本的编写，当单击按钮时，已经编写好的按钮动作脚本程序将被执行，以达到交互控制的目的。

如图8.1.1所示是本任务完成后的最终效果图。单击某个按钮，则显示与之相对应的图片。

图8.1.1　可控式图片展览最终效果图

2.操作步骤

第1步：启动Flash CS3，并新建一个Flash（ActionScript 2.0）文件，设置场景的大小为700像素×500像素。

第2步：将素材\案例8.1\任务1文件夹下的北京风光图片（共6张）导入到库，选择【文件】→【导入】→【导入到库…】命令，弹出如图8.1.2所示的对话框。

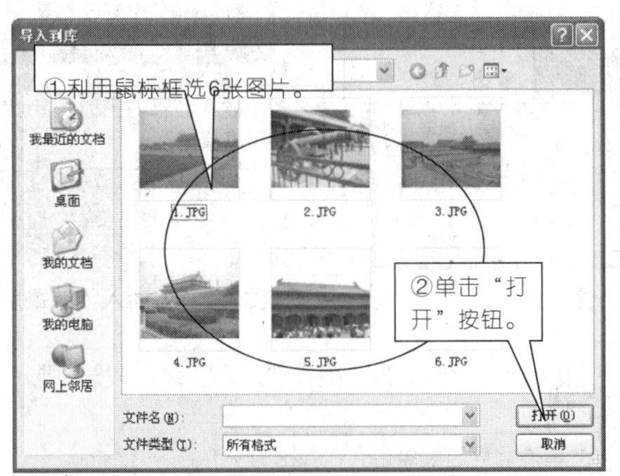

图8.1.2　导入图片到库中

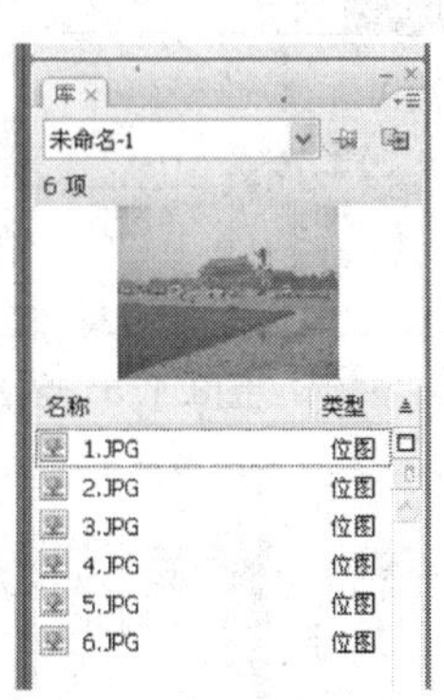

图8.1.3　已经导入成功

导入6张图片后，按快捷键“Ctrl+L”打开库面板，如图8.1.3所示。

第3步：处理背景，选用“6.jpg”作背景图片，操作如图8.1.4所示。

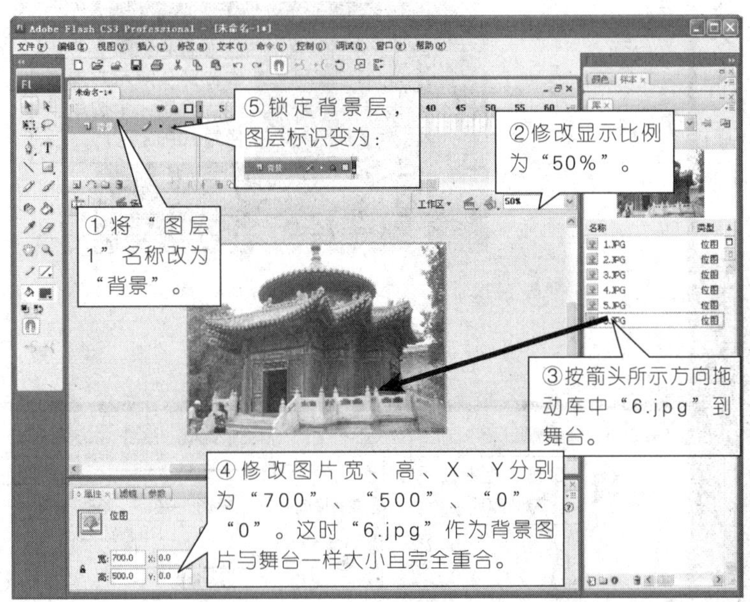

图8.1.4　处理背景

第4步：按快捷键“Ctrl+F8”打开“创建新元件”对话框，如图8.1.5所示，按图

所示设置后单击“确定”按钮。

之后进入名称为“1”的影片剪辑元件编辑区，从库中拖动“1.jpg”到编辑区，设置宽高分别为“600”、“400”，按快捷键“Ctrl+K”，利用对齐面板相对于舞台垂直、水平居中对齐图片。

第5步：设置遮罩，操作如图8.1.6、图8.1.7、图8.1.8所示。

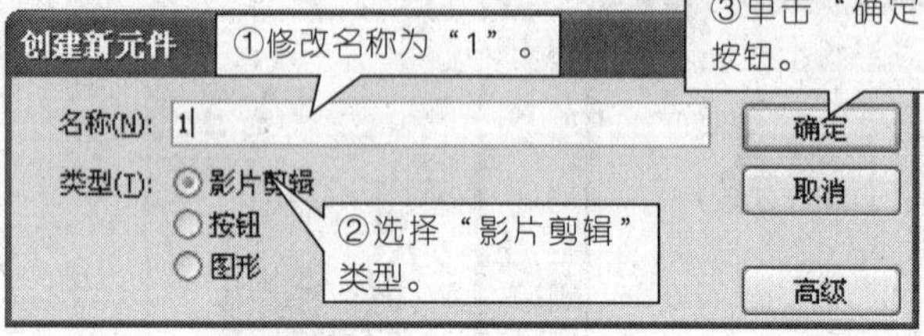

图8.1.5 创建新元件

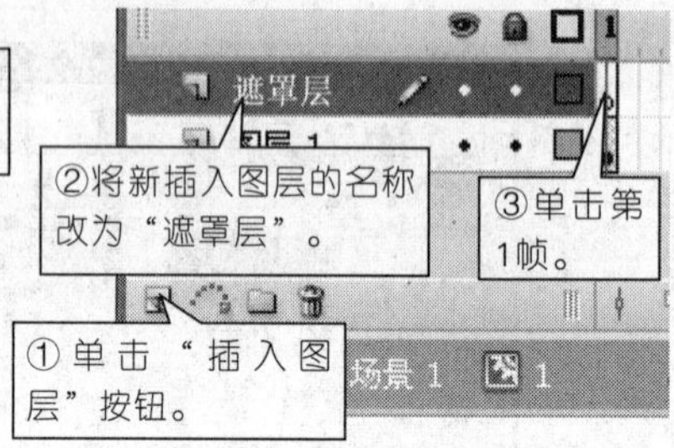

图8.1.6 插入“遮罩层”图层

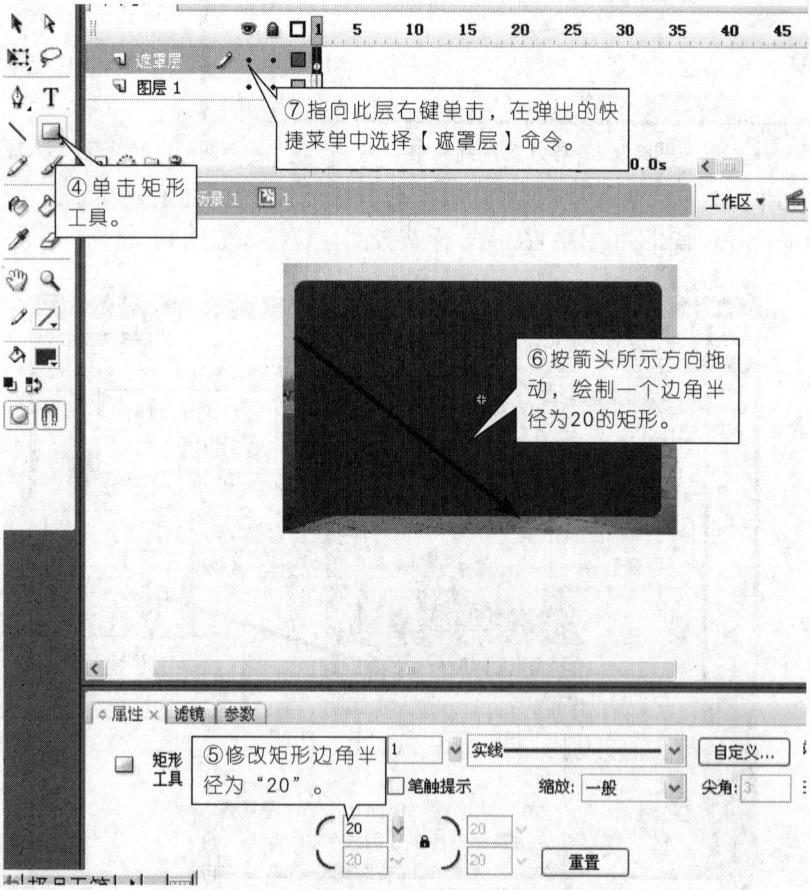

图8.1.7 将添加的圆角矩形设置成遮罩

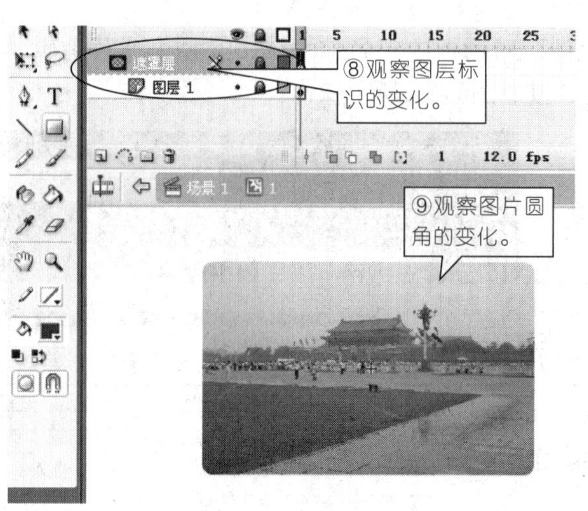

图8.1.8　圆角后的最终效果

第6步：完成影片剪辑“1”的编辑后，单击“场景1”回到场景。2.jpg~5.jpg用相同方法处理，完成后共有5个名称为“1”、“2”、“3”、“4”、“5”的影片剪辑。

第7步：制作有投影效果的圆角衬垫。在背景层上面新建立一个图层，取名为“圆角衬垫”，操作如图8.1.9所示。

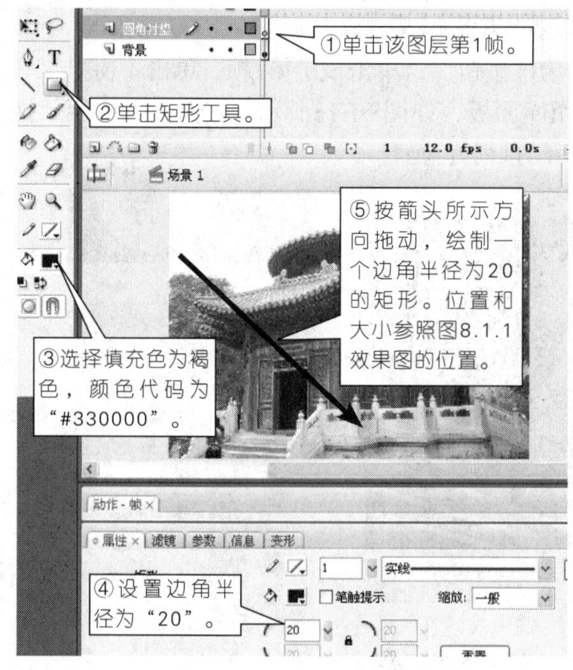

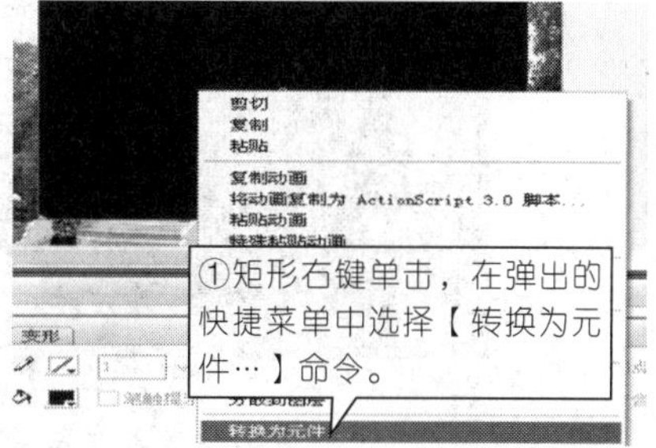

图8.1.9　创建圆角衬底　　　　图8.1.10　转换为元件

然后指向该矩形右键单击，在弹出的快捷菜单中选择【转换为元件…】命令，操作如图8.1.10所示。

在“转换为元件”对话框中，名称默认，类型为影片剪辑（否则不能设置投影滤镜），确定之后，按照图8.1.11所示操作。

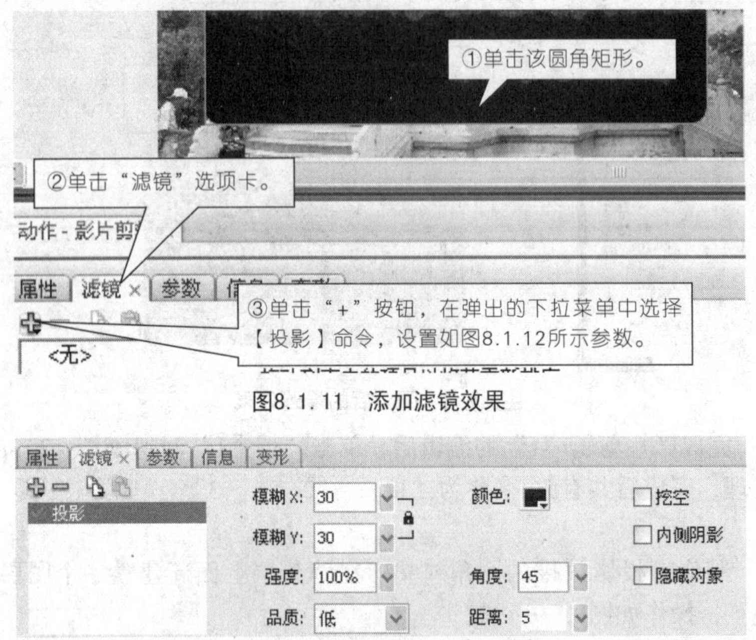

图8.1.11　添加滤镜效果

属性 滤镜 参数 信息 变形				
投影	模糊 X: 30	颜色:		挖空
	模糊 Y: 30			内侧阴影
	强度: 100%	角度: 45		隐藏对象
	品质: 低	距离: 5		

图8.1.12　设置滤镜参数

第8步：插入一个新图层，重命名为“按钮”，单击该层第1帧。单击【窗口】→【公用库】→【按钮】命令，打开公用库面板，如图8.1.13所示。按箭头方向所示拖动5个不同的按钮到舞台，按图8.1.14所示排列好位置。

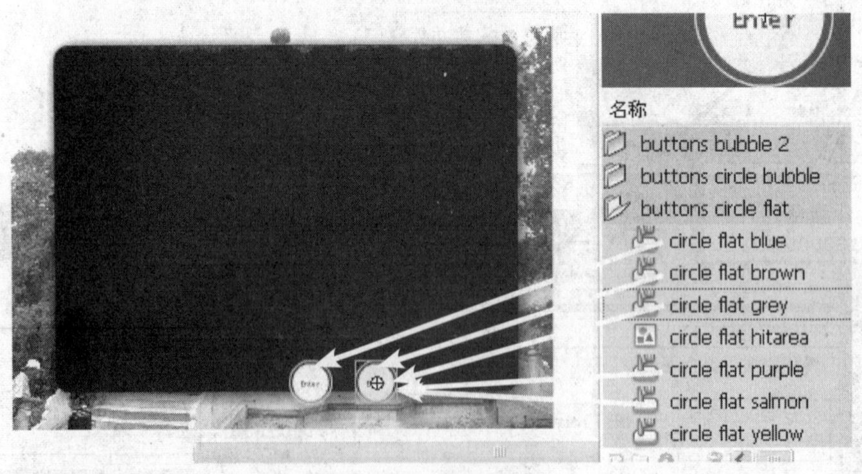

图8.1.13　引用公用库按钮

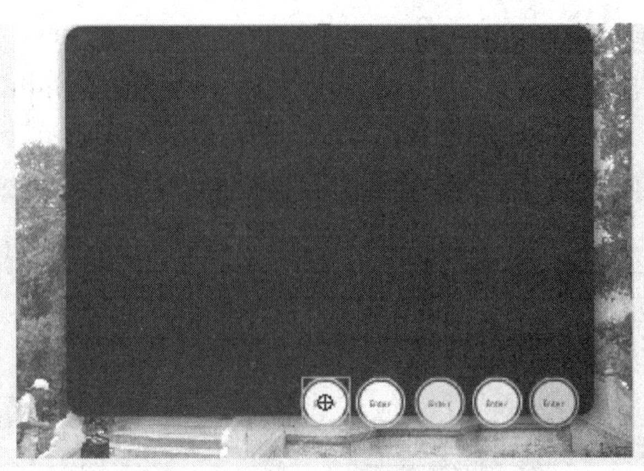
图8.1.14　已经排列好位置的5个按钮

第9步：修改按钮文字。用选择工具双击第1个按钮，进入元件编辑区，操作如图8.1.15所示。

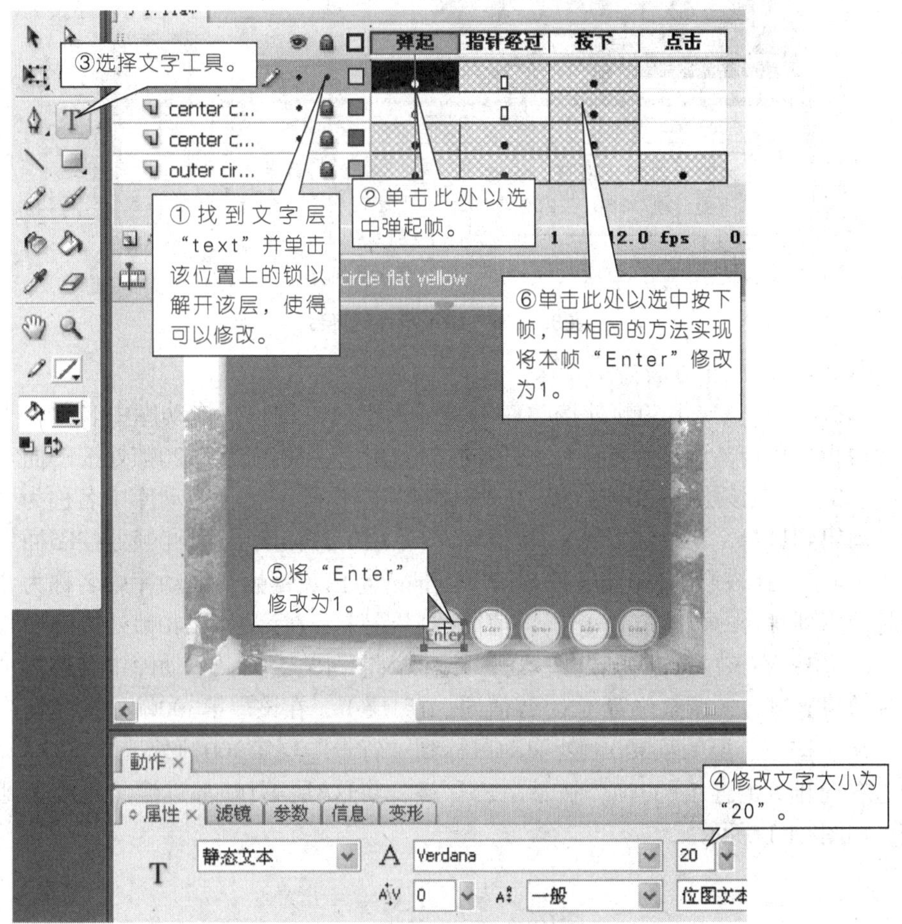

图8.1.15　修改按钮元件

将另外4个按钮的文字依次改成“2”、“3”、“4”和“5”。

第10步：添加圆角照片。在“按钮”层上插入5个图层，并由下到上分别将名称改为“1”、“2”、“3”、“4”和“5”，操作如图8.1.16所示。

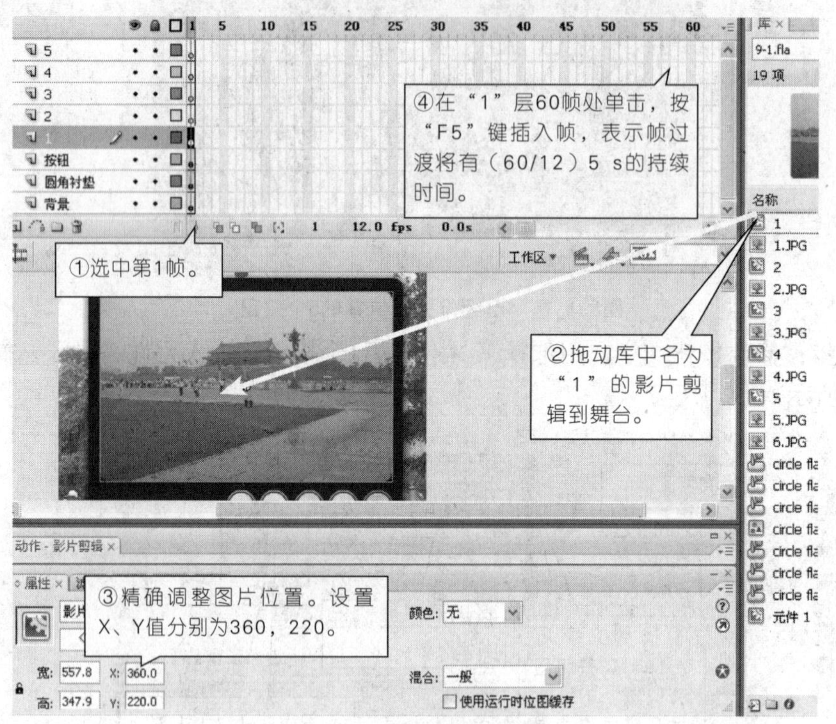

图8.1.16　加入照片到舞台

其他4层的操作方法：

◎2层：在该层第60帧处按“F7”键插入空白关键帧，拖动库中名称为“2”的影片剪辑到舞台，调整位置（X、Y值同“1”层），在该层第120帧处按F5插入帧。

◎3层：在该层第120帧处按“F7”键插入空白关键帧，拖动库中名称为“3”的影片剪辑到舞台，调整位置（X、Y值同“1”层），在该层第180帧处按F5插入帧。

◎4层：在该层第180帧处按“F7”键插入空白关键帧，拖动库中名称为“4”的影片剪辑到舞台，调整位置（X、Y值同“1”层），在该层第240帧处按F5插入帧。

◎5层：在该层第240帧处按“F7”键插入空白关键帧，拖动库中名称为“5”的影片剪辑到舞台，调整位置（X、Y值同“1”层），在该层第300帧处按F5插入帧。

从“按钮”层的第300帧处拖动鼠标到“背景”层第300帧处，以实现一次性选中这纵向排列的连续的3帧，按下“F5”键，将这3层第1帧都过渡（延续）到第300帧，如图8.1.17所示。

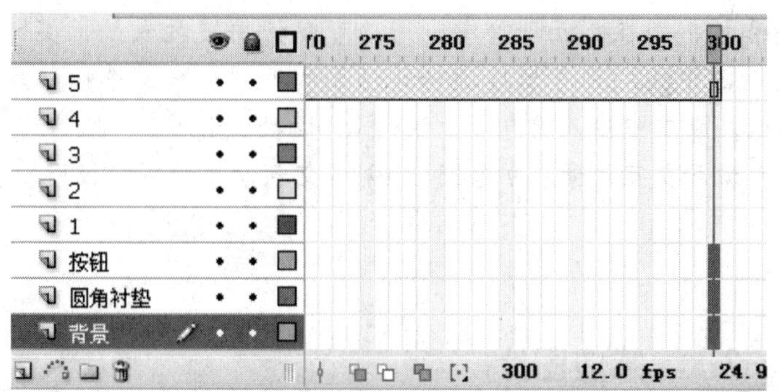

图8.1.17 选中连续帧

第11步：为5个按钮加入ActionScript代码。为“按钮1”到“按钮5”添加脚本。

◎按钮1的脚本：on (release) {gotoAndPlay(1);}

◎按钮2的脚本：on (release) {gotoAndPlay(60);}

◎按钮3的脚本：on (release) {gotoAndPlay(120);}

◎按钮4的脚本：on (release) {gotoAndPlay(180);}

◎按钮5的脚本：on (release) {gotoAndPlay(240);}

对于按钮2、3、4、5的脚本可用复制粘贴的方式，修改相应值即可。

第12步：按快捷键“Ctrl+s”保存作品，按快捷键“Ctrl+Enter”来测试整个动画的运行情况。

如果将gotoAndPlay( )更改为gotoAndStop( )，最终效果将有什么不同呢?

ActionScript初步

ActionScript动作脚本是遵循 ECMAscript第四版的Adobe Flash Player运行时环境的编程语言，在Flash内容和应用程序中实现交互性、数据处理以及其他功能。

ActionScript是Flash的脚本语言，与JavaScript相似，ActionScript是一种面向对象编程语言。

Flash使用ActionScript给动画添加交互性。在简单动画中，Flash按顺序播放

动画中的场景和帧，而在交互动画中，用户可以使用键盘或鼠标实现动画交互。例如，可以单击动画中的按钮，然后跳转到动画的不同部分继续播放，可以移动动画中的对象，可以在表单中输入信息等。使用ActionScript可以控制Flash动画中的对象，创建导航元素和交互元素，扩展Flash创作交互动画和网络应用的能力。

任务  感应图片

任务要求

◎进一步熟悉图片的大小和坐标的修改。

◎进一步熟悉逐帧动画制作。

◎学会制作特殊按钮。

◎学会采用复制的方法产生新元件，并对复制的元件进行局部修改。

◎学会添加ActionScript动作脚本，熟悉在鼠标rollOver事件中编写脚本。

任务解析

1.相关知识

本任务将继续按钮动作脚本的编写，当鼠标指向按钮时，其rollOver事件触发，已经编写好的rollOver事件脚本程序将被执行。

本任务完成后的最终效果图如图8.1.18所示。

图8.1.18　鼠标感应图片最终效果图

2.操作步骤

第1步：启动Flash CS3，新建一个Flash（ActionScript 2.0）文件。设置场景大小650像素×500像素，其他默认。选择【文件】→【导入】→【导入到库…】命令，将素材\案例8.1\任务2文件夹下的6张风光图片导入到库中。

第2步：插入逐帧图片。将“图层1”名称改为“图片”，从库面板中拖动已经导入的第1张图片“1.jpg”到舞台，如图8.1.19所示操作将图片大小改成与舞台一样大，且与舞台重合。

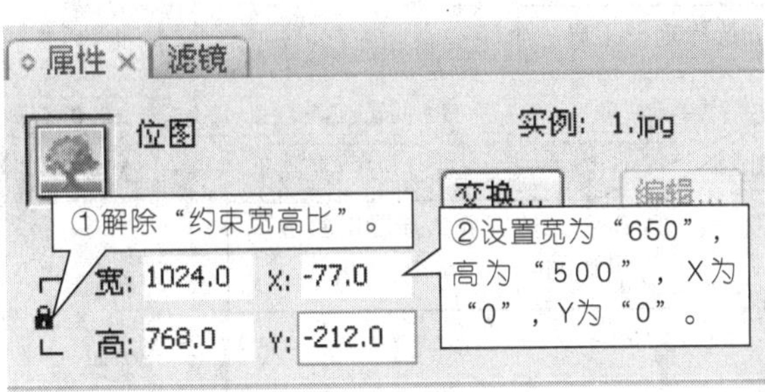

图8.1.19　修改图片大小

第3步：按“F7”键在第2帧处插入空白关键帧，从库面板中拖动已经导入的第2张图片“2.jpg”到舞台，调整图片大小与舞台一样大且与舞台重合。用相同的方法设置第3～7张图片，大小、位置相同且都与场景重合。

第4步：按快捷键“Ctrl+F8”打开“创建新元件”对话框，名称为“1”，类型为按钮，确定后进行按钮元件编辑工作区，操作如图8.1.20所示。

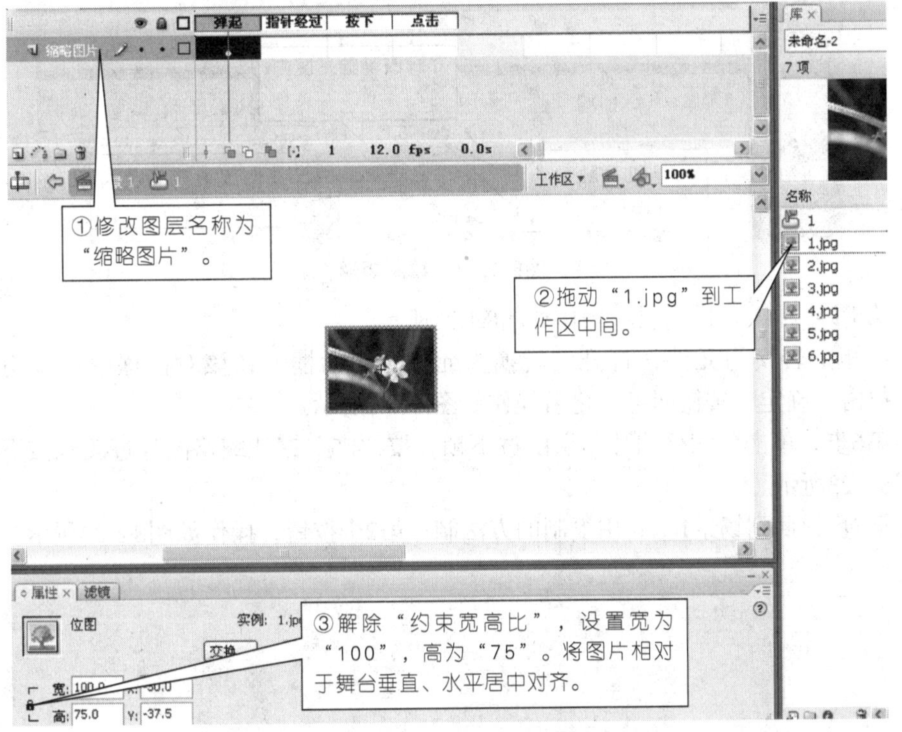

图8.1.20　处理缩略图片

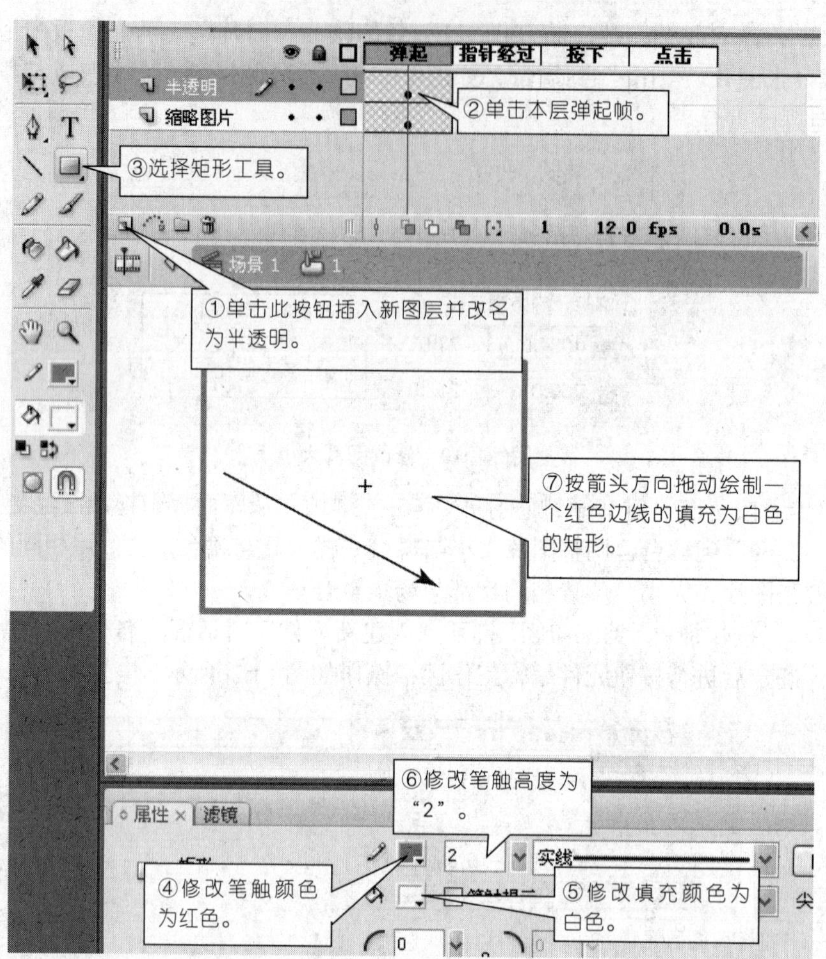

图8.1.21 绘制矩形

第5步：加入半透明层，操作如图8.1.21所示。

将矩形转换为元件，打开“转换为元件”对话框，在该对话框中设置均为默认，单击“确定”按钮即可，之后操作如图8.1.22所示。

第6步：单击“缩略图片”层的按下帧，按“F5”键让缩略图片过渡到按下帧，如图8.1.23所示。

第7步：回到场景1，利用复制的方法制作第2个按钮，操作如图8.1.24所示。

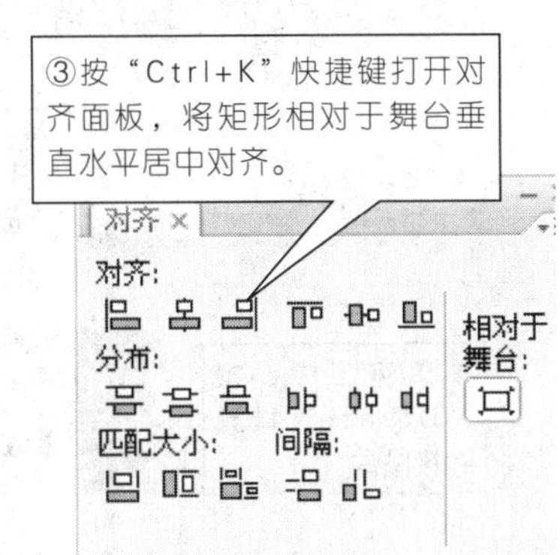

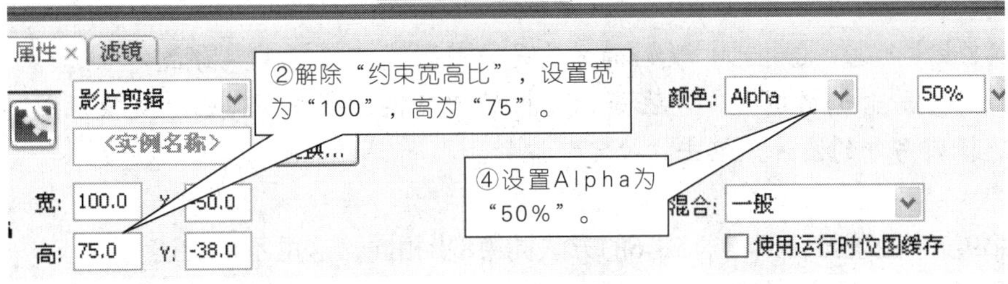

图8.1.22　半透明处理

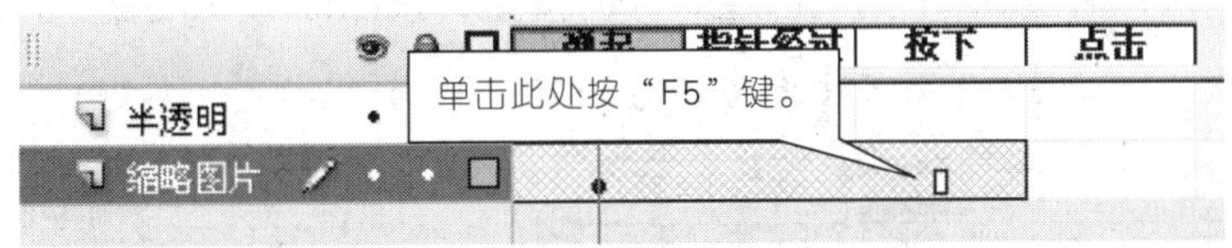

图8.1.23　缩略图片过渡到按下帧

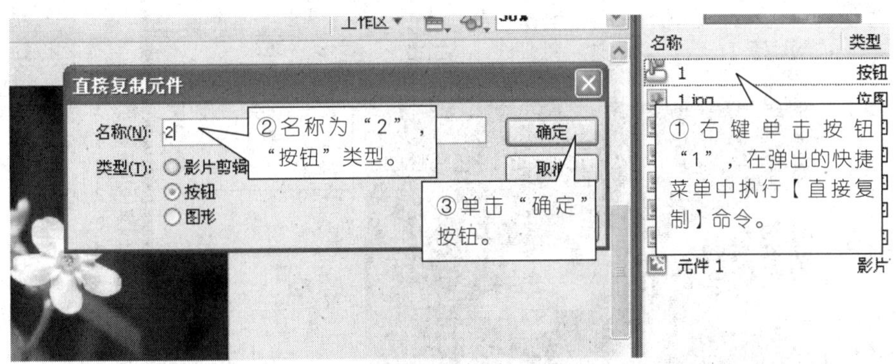

图8.1.24　直接复制元件

第8步：进入元件按钮“2”的编辑空间，操作如图8.1.25所示。

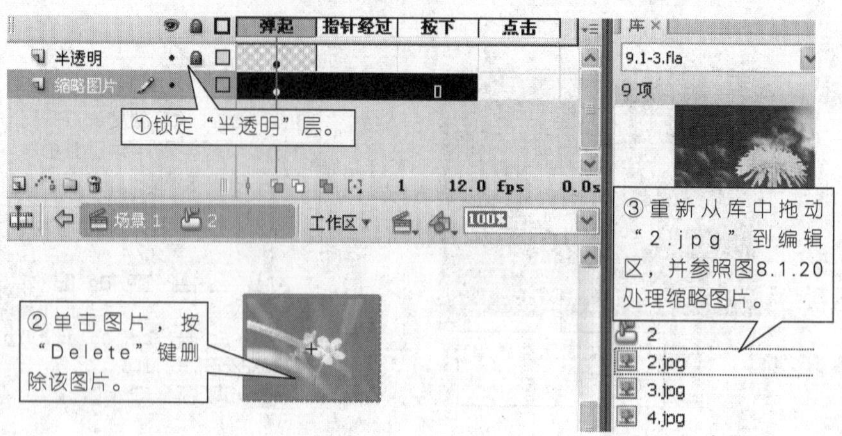

图8.1.25 撤换图片

试一试

第8步中的②、③小步，更好的方法是使用图片的“交换”属性。

操作步骤：选择图片，单击属性栏中的“交换”按钮，弹出“交换位图”对话框，选择好另外的图片，单击“确定”按钮。

第9步：处理按钮3、4、5、6的方法同第8步相同，这里不再讲述。

第10步：回到场景中，在“图片”层上方插入一个图层，取名为“按钮”。单击“按钮”层第1帧，从库中拖动已经做好的按钮，按图8.1.26所示排列好。

图8.1.26 在场景中逐个加入按钮

第11步：为按钮添加代码。首先单击第1个按钮选中它，然后按“F9”键打开基于该按钮的动作面板，操作如图8.1.27所示。

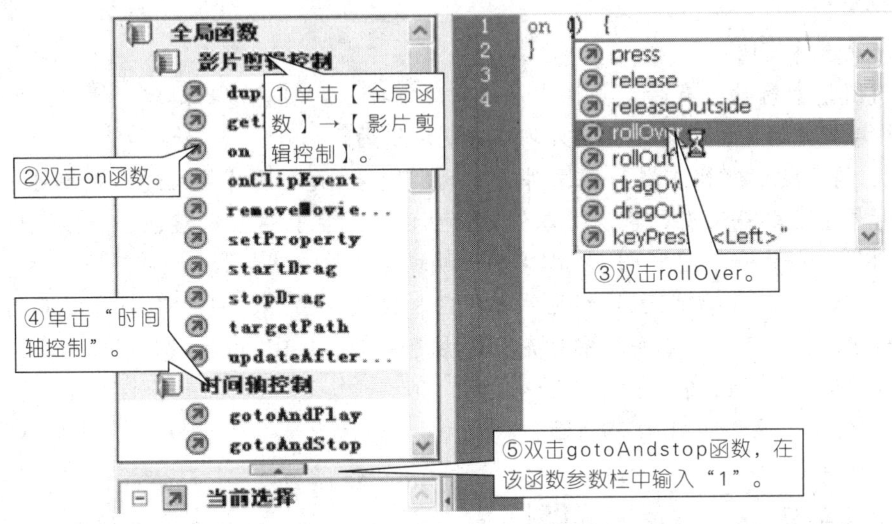

图8.1.27　处理脚本

最后形成的代码是：on (rollOver) {gotoAndStop(1);}

对于按钮2~6，操作方法一样，建议采用复制/粘贴的方法。

第12步：加入as层。在“按钮”层上面插入一个新图层，取名为“as”，单击第1帧，按“F9”键打开动作面板，输入：stop( ); 如图8.1.28所示。

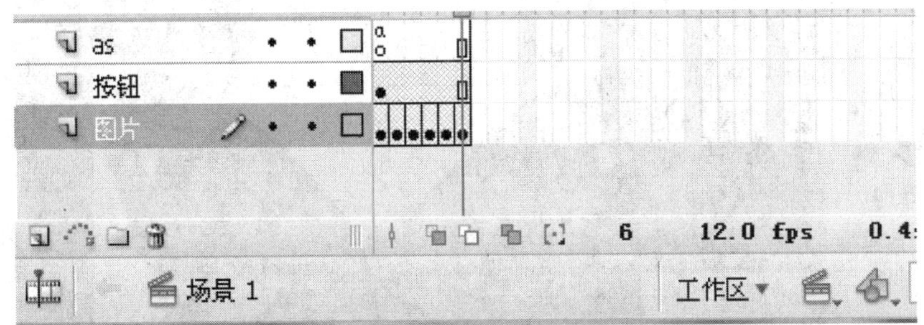

图8.1.28　加入as层后的时间轴

如果这一步不做会出现什么情况?

第13步：按快捷键“Ctrl+S”保存作品，然后按快捷键“Ctrl+Enter”来测试整个动画的运行情况。

练一练

图片背景透明处理

当使用图片素材时，有时需要将背景的色块去掉，即实现透明处理。这里以网上下载的蝴蝶图片为例，看看是如何处理成透明蝴蝶的。

第1步：将素材\案例8.1\练一练文件夹下的“蝴蝶.jpg”图片导入到库中备用。修改场景背景色为非蝴蝶背景色块（本例为白色以外的色，这里选蓝色）。按快捷键“Ctrl+F8”，新建一个图形元件，取名为“蝴蝶（背景透明）”。

第2步：从库中拖动蝴蝶图片到元件编辑区。按快捷键“Ctrl+K”打开对齐面板，将蝴蝶图片相对于舞台水平居中对齐。按快捷键“Ctrl+B”分离该位图成形状，即我们经常所说的打散该图。

第3步：处理，操作如图8.1.29所示。

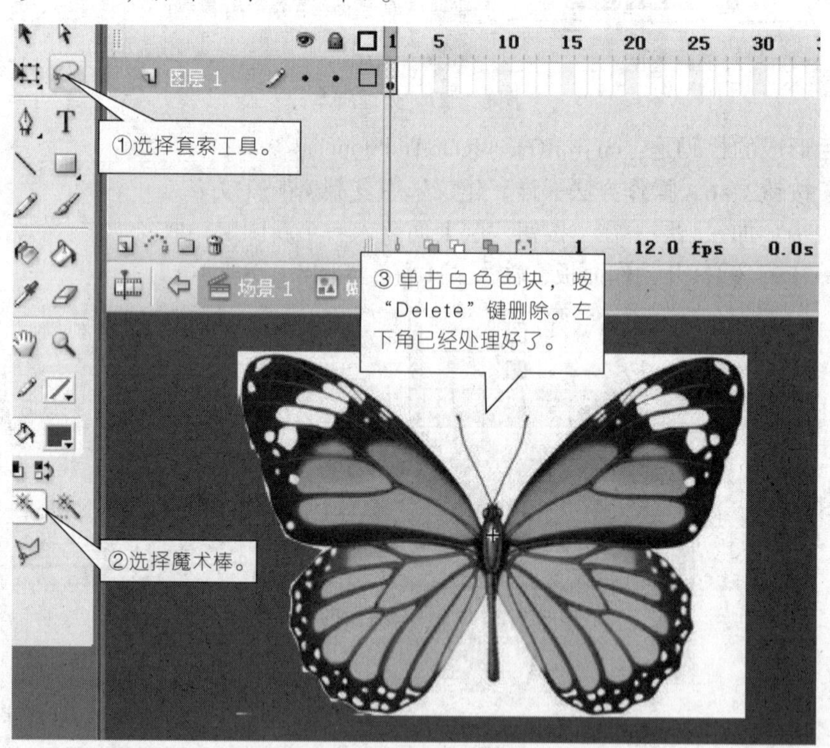

图8.1.29 处理白色背景

对于局部没有处理干净的，可以采用橡皮擦工具进行处理，为方便处理局部，一般要放大显示。

至此，库中“蝴蝶（背景透明）”元件已经产生，且不再有白色背景色块，是透明的了，方便以后创建实例对象时拖动引用。

案例8.2　创建复杂交互动画

已经初步理解了脚本动画AS，王小东想通过动作脚本为小学生设计与制作一个交互式动画，能够自动出题，并能对小学生作出的回答进行判定与评价。同时，他想为自己设计一个SWF格式的石英钟，放在启动组中，让计算机一启动就能够运行。下面，让我们一起和王小东来完成这些复杂的任务吧。

任务  设计小学数学口算题

任务要求

◎学会输入文本框的应用。

◎进一步学会为帧和按钮添加动作脚本。

◎学会if条件分支语句的用法。

◎在脚本中学会使用随机函数。

本任务完成后的最终效果图如图8.2.1所示。

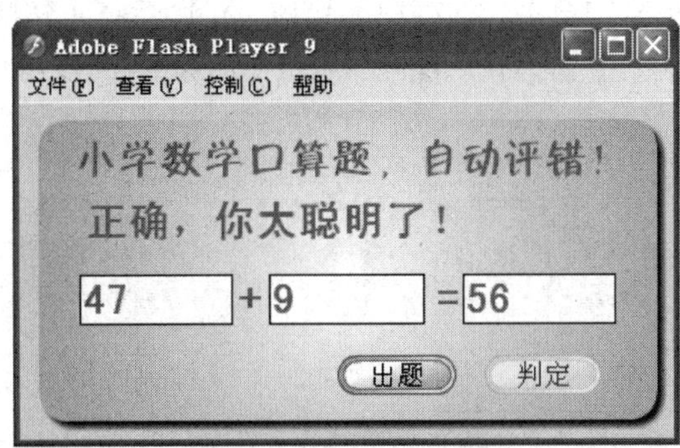

图8.2.1　最终效果图

任务解析

1.相关知识

（1）随机函数random(x)

随机函数random(x)，能够返回0～x的随机整数。如random(10)返回数可能是0，1，2，…，9之中的任何数。

（2）输入文本框

输入文本框，不同于静态文本框，可以利用其变量属性取得输入的值，也可以利用变量属性将变量值显示在文本框中。在输入文本框的属性面板的“变量”处给文本框取个变量名，其名称必须以字母开头。

2.操作步骤

第1步：启动Flash CS3，新建立一个文件。设置场景大小为400像素×200像素，颜色为粉色稍浅一些，颜色代码为“#FFCCFF”。按如图8.2.2所示操作，绘制一个红白圆角矩形。

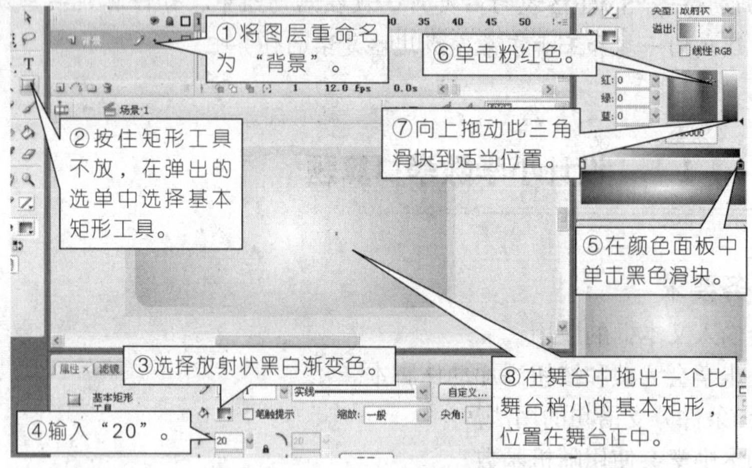

图8.2.2　绘制红白圆角矩形

第2步：指向矩形右键单击，在弹出的快捷菜单中执行【转换为元件…】命令，将其转换成影片剪辑元件，名称默认。图8.2.3所示操作为影片剪辑的矩形设置投影滤镜。

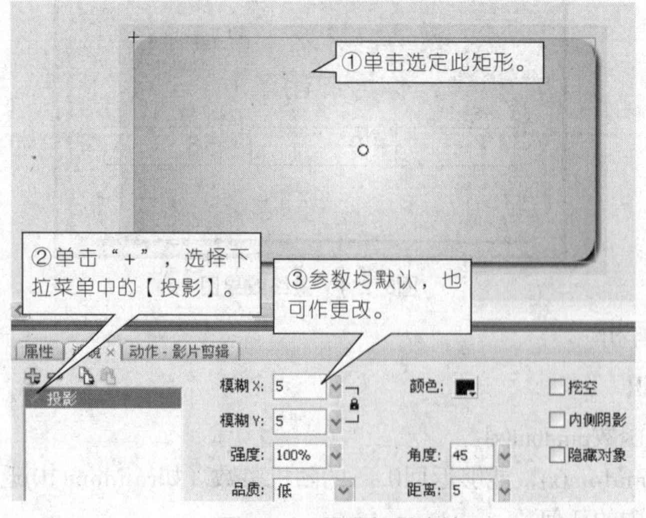

图8.2.3　设置投影滤镜

第3步：添加标题说明文字，操作如图8.2.4所示。

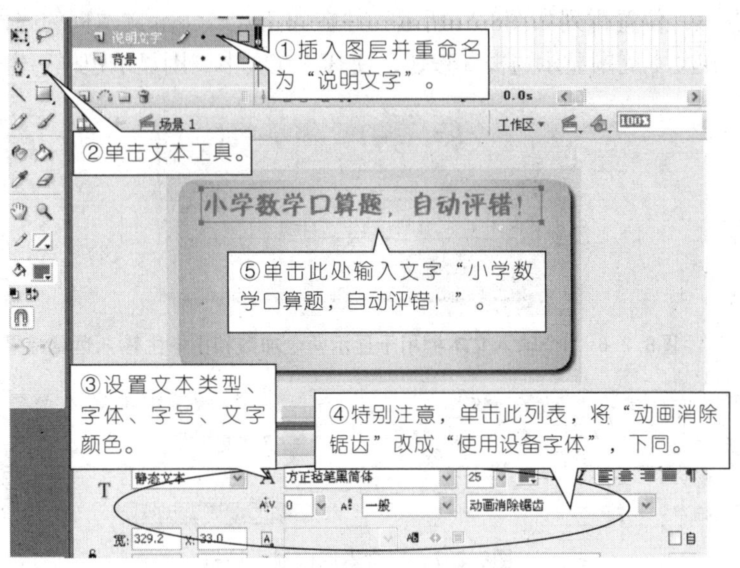

图8.2.4　添加标题说明文字

试一试

如果不选择“使用设备字体”会有什么效果？

第4步：加入显示评判结果的输入文本框，按图8.2.5所示操作和设置属性面板参数。

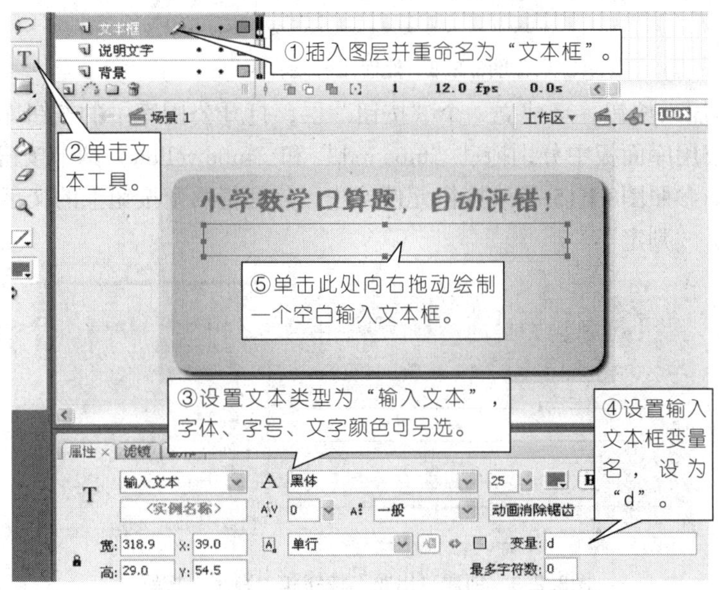

图8.2.5　加入显示评判结果的输入文本框

第5步：用相同方法在“文本框”层加入3个输入文本框，变量名分别改为“a”、“b”、“c”，位置排列如图8.2.6所示，并在如图8.2.7所示文本框的属性栏中单击变量左边的“在文本周围显示边框”按钮，使其“在文本周围显示边框”生效。

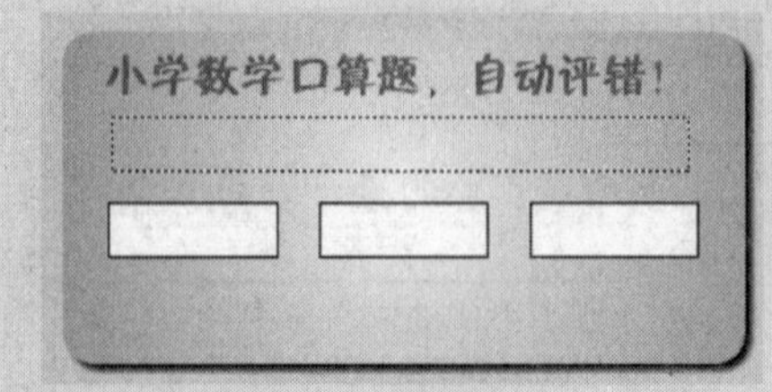

图8.2.6　3个输入文本框用于显示两个加数和小学生输入运算结果

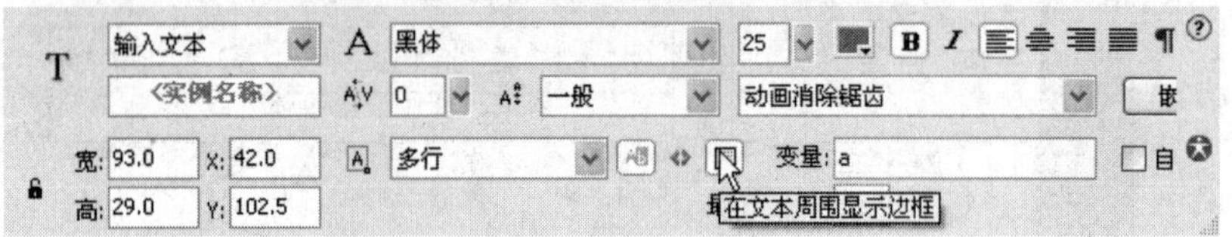

图8.2.7　在文本周围显示边框

第6步：新建立一个图层，取名为“+=”，并在该层上输入两个静态文本“+”和“=”，位置分别放在如图8.2.8所示的位置。

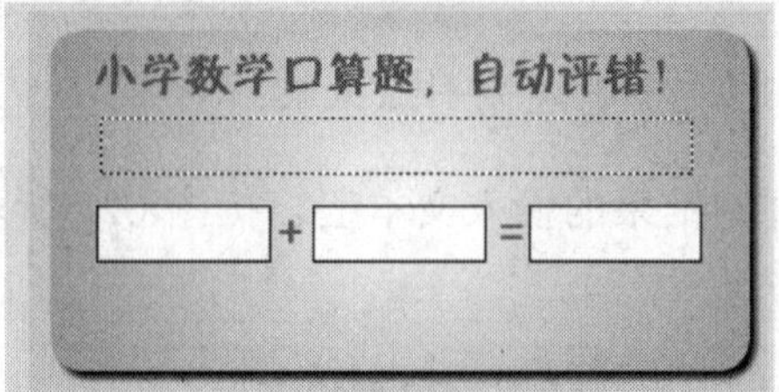

图8.2.8　处理“+”和“=”

第7步：加入按钮。新建立一个“按钮”层，打开公用库中的按钮库面板。在如图8.2.9所示公用库面板中分别拖动“tube red ”和“tube yellow”两个按钮到舞台右下角并排列好。参照图8.1.15 修改按钮元件方法，分别将两个按钮上的文字“Enter”改为“出题”、“判定”。

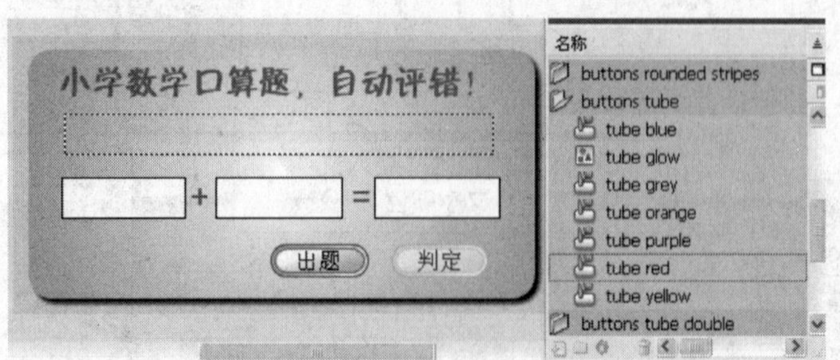

图8.2.9　创建“出题”按钮和“判定”按钮

第8步：创建动作脚本。在“按钮”层上面新建立一个“脚本”层，单击第1帧，按“F9”键调出帧动作面板，输入“stop()；”，如图8.2.10所示。

图8.2.10　为第1帧添加停止动作脚本

单击“出题”按钮，按“F9”键，调出按钮动作面板，输入如图8.2.11所示脚本。

单击“判定”按钮，按“F9”键，调出按钮动作面板，输入如图8.2.12所示脚本。

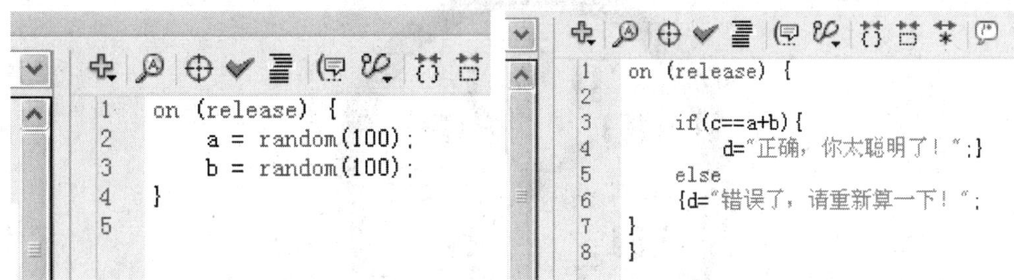

图8.2.11　“出题”按钮脚本　　　　图8.2.12　“判定”按钮脚本

其中，a = random(100);表示随机产生一个100以内的整数放在变量名为a的输入文本框进行显示。

```
if(c==a+b){
   d="正确，你太聪明了！";}
else
{d="错误了，请重新算一下！";}
```

这段脚本的意思是，如果变量名为c的文本框的值与变量名为a与b文本框的值的和相等，就在变量名为d的文本框中显示“正确，你太聪明了！”；否则，变量名为d的文本框中就显示“错误了，请重新算一下！”。注意，“c==a+b”不能写成“c=a+b”。

第9步：用快捷键“Ctrl+S”保存作品，然后按快捷键“Ctrl+Enter”测试效果。

试一试

在任务1中添加一个“重置”按钮，单击时，将3个文体框的显示内容清空。

任务 2 设计超炫石英钟

任务要求

◎学会从其他Flash文档的库中复制元件的方法。

◎进一步学会添加动作脚本。

◎学会用Date( )在脚本中调用日期时间，包括提取时、分、秒的getHours( )、getMinutes( )、getSeconds( )函数。

◎在脚本中学会使用实例名称来修改实例属性（_rotation旋转属性）。

本任务完成后的最终效果图如图8.2.13所示。

图8.2.13　超炫石英钟最终效果图

任务解析

1.相关知识

本任务就是将时、分、秒三支针作为运动的元素，形成动画的核心，其本质在于三支针必须是影片剪辑元件，并对三支针取实例名称，通过三支针的名称调用来修改三支针的旋转属性（_rotation）。旋转当然是绕轴进行的，所以，中心点的调整一定要精确，调整旋转中心点时建议放大显示，以更好地进行局部调整操作。

2.操作步骤

第1步：启动Flash CS3，新建立一个文件，设置场景大小为250像素×250像素，其他默认。将素材\案例8.2\任务2文件夹下的“石英钟.png”导入到库中备用，并将文档保存为“设计超炫石英钟.fla”。

第2步：从其他文档中复制元件。打开素材\案例8.2\任务2文件夹下的“针.fla”，操作如图8.2.14所示。图8.2.15所示为该文件的库面板，已经有4个元件。

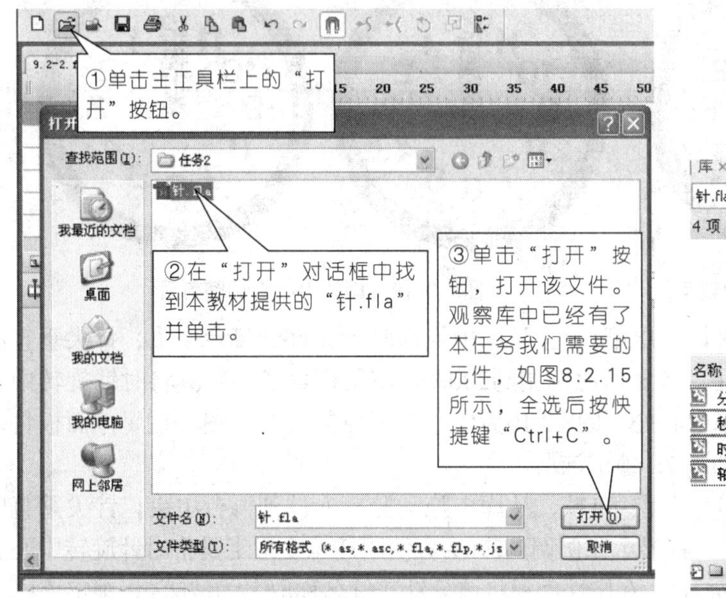

图8.2.14　打开文件“针.fla”

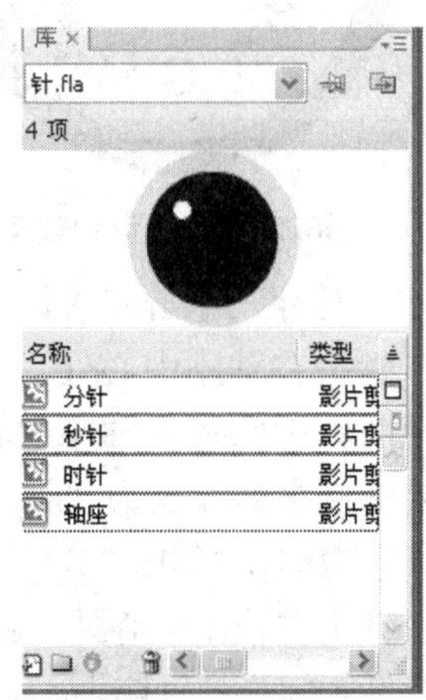

图8.2.15　文档库

再切换到第1步新建立的Flash文档，切换方法如图8.2.16所示。切换后单击库面板，按快捷键“Ctrl+V”，将刚才复制的4个元件粘贴到本文档库中备用。

第3步：插入图层，按图8.2.17所示建立好图层并改名。

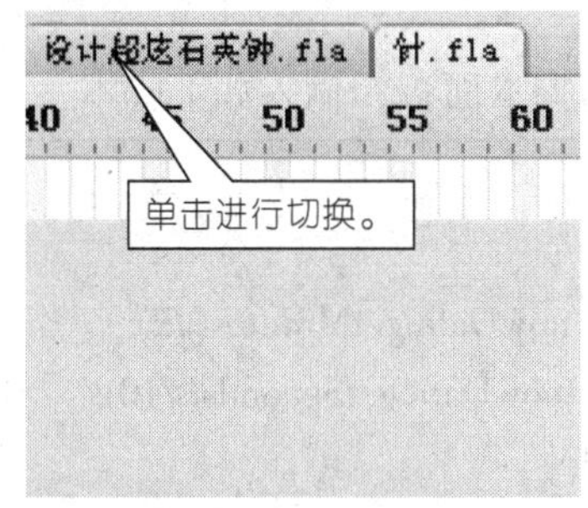

图8.2.16　文档切换

图8.2.17　本任务用到的图层

第4步：创建舞台实例。

①钟盘。单击“钟盘”层第1帧，从库中拖动“石英钟.png”元件到舞台，按快捷键“Ctrl+K”打开对齐面板，将“石英钟.png”图片相对于舞台垂直水平居中对齐，锁定该层。

②轴座。单击“轴座”层第1帧，从库中拖动“轴座”元件到舞台，相对于舞台垂直水平居中对齐，锁定该层，完成后的效果如图8.2.18所示。

图8.2.18　钟盘和轴座　　　　图8.2.19　旋转中心点调整前后

③时针。单击“时针”层第1帧，从库中拖动时针元件到舞台中央，针尖垂直向上，针头在轴座中心处，将显示比例调到200%。使用任意变形工具将时针旋转中心点从时针中间拖到轴座中心处，图8.2.19为中心点改变前后对比图。在属性面板将该时针实例名称取名为“sz”，锁定该层。

④分针。单击“分针”层第1帧，从库中拖动分针元件到舞台中央，针尖垂直向上，针头在轴座中心处，将显示比例调到200%。使用任意变形工具将时针旋转中心点从分针中间拖到轴座中心处。在属性面板将该分针实例名称取名为“fz”，锁定该层。

⑤秒针。单击“秒针”层第1帧，从库中拖动秒针元件到舞台中央，针尖垂直向上，针头在轴座中心处，将显示比例调到200%。使用任意变形工具将秒针旋转中心点从秒针中间拖到轴座中心处。在属性面板将该秒针实例名称取名为“mz”，锁定该层。

第5步：输入动作脚本。

单击“脚本”层第1帧，按“F9”键调出动作脚本面板，输入如下脚本：

```
_root.onEnterFrame = function() {
    nowDate = new Date();
    sz._rotation = nowDate.getHours()*30+(nowDate.getMinutes()/2);
    fz._rotation = nowDate.getMinutes()*6+(nowDate.getSeconds()/10);
    mz._rotation = nowDate.getSeconds()*6;
}
```

nowDate = new Date( );语句用来创建一个Date类，并取得系统时间。nowDate.getHours( )得到系统时间的小时，nowDate.getMinutes ( )得到系统时间的分，nowDate.getSeconds( )得到系统时间的秒。

_rotation是影片剪辑的旋转属性，专门用于控制旋转，由于时针取名为“sz”，所以sz._rotation表示时针的旋转。同样fz._rotation表示分针的旋转， mz._rotation表示秒针的旋转。

第6步：按“Ctrl+S”快捷键保存作品。

按“Ctrl+Enter”快捷键来测试整个动画的运行情况。

看一看

脚本中常用函数简介

◎on　鼠标事件的触发条件

◎onClipEvent MC的事件触发程序

◎play　播放

◎print　输出到打印机

◎removeMovieClip　删除MC

◎return　在函数(function)中返回一个值

◎set variable　设定变量值

◎setProperty　设定属性

◎startDrag　开始拖动

◎stop　停止

◎stopAllSounds　停止所有声音的播放

◎stopDrag　停止拖动

◎swapDepths　交换两个MC的深度

◎tellTarget　指定Action命令生效的目标

◎toggleHighQuality　在高画质和低画质间切换

◎trace　跟踪调试

◎unloadMovie　卸载MC

练一练

（1）魔法变变变——属性的改变。制作一个动画，单击相应按钮就会实现对象相应的变化。本例先要制作一个箭头形状的影片剪辑，然后通过单击相应按钮实现这个箭头的“左行”、“右行”、“上行”、“下行”、“变长”、“变短”、“变胖”、“变瘦”、“顺时转动”、“反时转动”。其实质是实现影片剪辑的各种属性的修改，即_x、_y、_height、_width、_rotation。最后效果如图8.2.20所示。可参考源文件\案例8.2\练一练文件夹下的“魔法变变变——属性的改变.fla”。

（2）为超炫石英钟添加数字显示。本章案例2的任务2超炫石英钟我们已经做过，要求在此基础上添加时钟的数字显示，可利用学过的输入文本框来实现。最终效果如图8.2.21所示。

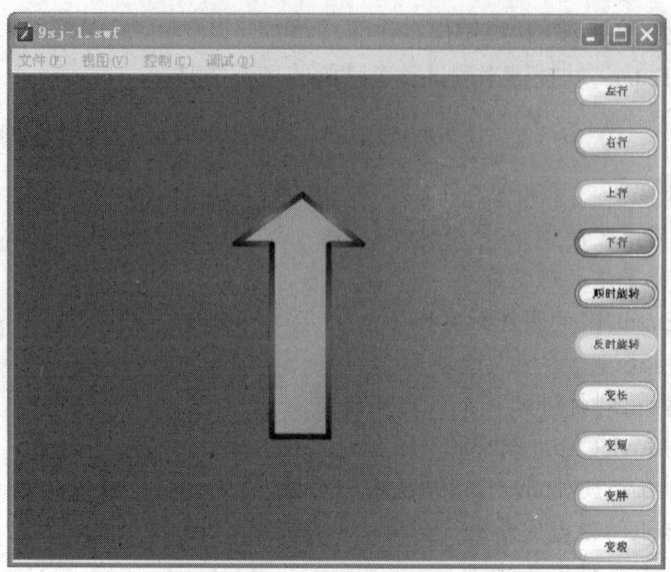

图8.2.20　魔法变变变最后效果

图8.2.21　石英钟效果图

可参考源文件\案例8.2\练一练文件夹下的“超炫石英钟添加数字显示.fla”。

（3）参照“聚集水立方内景”，设计AS动画，用方向键手动实现探照灯的移动，即实现移动遮罩。图片自选，其中暗调图的实现方法为：在明调图上方加入一个图层，并在此层上绘制一个相同大小的黑色矩形，并将其黑色的Alpha设置为80%。可参考源文件\案例8.2\练一练文件夹下的“手动遮罩.fla”。最终效果如图8.2.22所示。

图8.2.22 手动移动遮罩效果图

（4）制作一个带切换效果的鼠标感应图片，效果如图8.2.23所示。可参考源文件\案例8.2\练一练文件夹下的“带切换效果的鼠标感应图片.fla”。

图8.2.23 带切换效果的鼠标感应图片

9 应用Flash CS3组件

Flash的组件是带参数的影片剪辑，是一系列“程序模块”，用户可以方便而快速地构建功能强大且具有一致外观和行为的应用程序（如日历、调查表、MP3播放器等），而不需要编写复杂的AS代码，实现了应用程序设计过程和编码过程的独立性。

本章重点介绍Flash CS3中常用的组件以及如何利用组件开发应用程序。

学习目标

了解组件的类别和各自的用途；
掌握常用组件的使用方法；
会利用组件开发简单应用程序。

案例9.1 组件初步

王小东想在Flash中添加时钟和日历，这就必须用到Flash 组件。 Flash CS3中都有哪些组件呢，能做些什么呢？下面，让我们和王小东一起来认识一下吧！

任务 1 介绍组件类别和常见组件

任务要求

◎了解组件的类别、组件面板、参数面板和组件检查器。
◎掌握常用组件的创建方法和参数设置。

任务解析

1.相关知识

（1）组件面板

选择【窗口】→【组件】命令，或者按快捷键“Ctrl+F7”，打开组件面板。

图9.1.1 组件面板

Flash文件(ActionScript 2.0)中包含的组件分为4类：用户界面 (UI) 组件、媒体组件、数据组件和管理器，如图9.1.1所示。使用 UI 组件，用户可以与应用程序进行交互操作；利用媒体组件，可以将媒体流入到应用程序中；利用数据组件，可以加载和处理数据源的信息；管理器是不可见的组件，使用这些组件，可以在应用程序中管理诸如焦点或深度之类的功能。

单击⊞按钮可展开该类组件，如图9.1.2所示。

图9.1.2　用户界面组件

用户界面组件中常用的组件如图9.1.3～图9.1.7所示。

图9.1.3　按钮组件Button

图9.1.4　复选框组件CheckBox

图9.1.5　单选项组件RadioButton

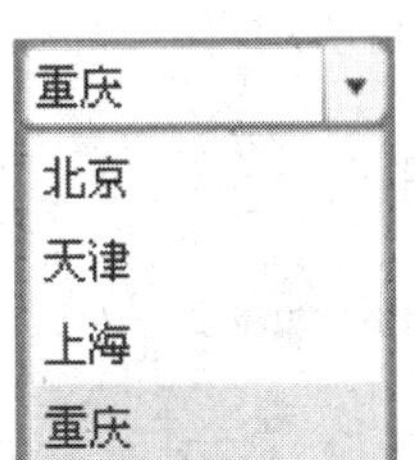

图9.1.6　下拉列表框组件ComboBox

图9.1.7　日历组件DateChooser

（2）两种修改参数的方法

第1种：通过参数面板修改。选择【窗口】→【属性】→【参数】命令，可以打开参数面板，如图9.1.8和图9.1.9所示。

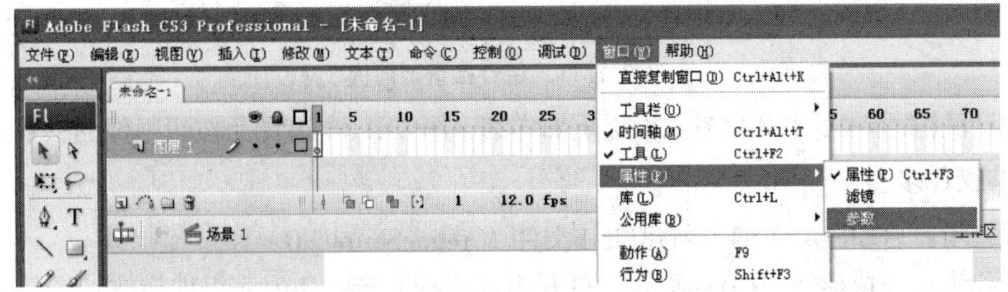

图9.1.8　打开参数面板

图9.1.9　参数面板

参数面板是组件专用面板，当选中一个组件时，面板中就会出现相应组件的参数，不同组件的参数各不相同，如图9.1.10所示。

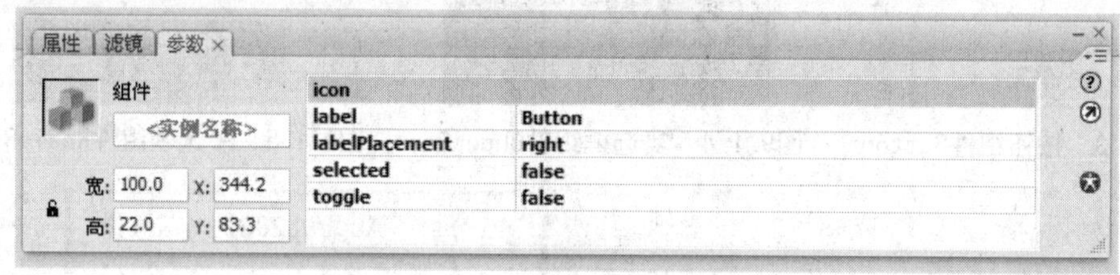

图9.1.10　按钮组件的参数面板

第2种：通过组件检查器修改。选择【窗口】→【组件检查器】命令，或者按快捷键“Shift+F7”，可以打开组件检查器面板，如图9.1.11所示。

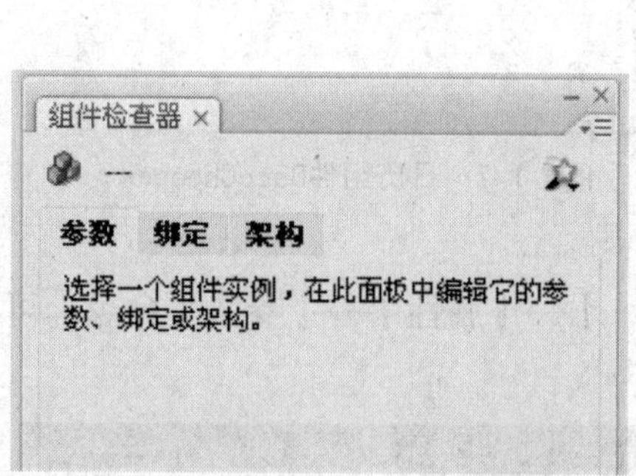

图9.1.11　组件检查器面板

组件检查器中的参数比参数面板更加详细，图9.1.11 的右图是按钮组件的参数。

2.操作步骤

第1步：启动Flash CS3，新建Flash文件（ActionScript 2.0）。

第2步：按快捷键“Ctrl+F7”，打开组件面板，选择Button组件拖放到场景中，操作如图9.1.12所示。

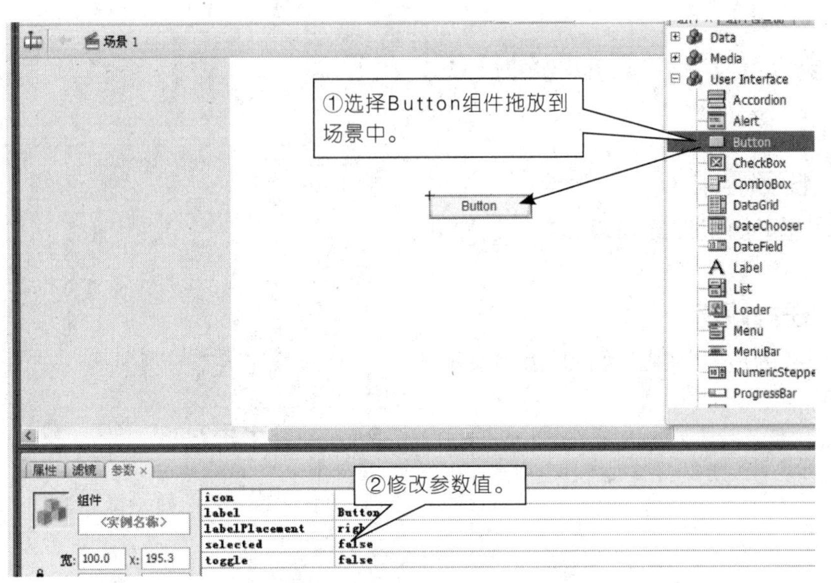

图9.1.12　添加组件

第3步：打开参数面板，面板将显示出按钮组件的参数，如图9.1.12所示。如果没用显示，单击刚才拖入场景中的按钮，就会显示了。

第4步：选中参数值，就可以对其进行修改。

按钮组件的参数说明：

◎icon：为按钮添加自定义图标。该值是库中影片剪辑或图形元件的链接标识符。没有默认值。

◎label：设置按钮上文本的值。默认值是"Button"。

◎labelPlacement：确定按钮上的标签文本相对于图标的方向。此参数可以是以下4个值之一：left、right、top或bottom，默认值为right。有关详细信息，请参阅Button.labelPlacement。

◎toggle：将按钮转变为切换开关。如果值为true，则按钮在单击后保持按下状态，并在再次单击时返回到弹起状态；如果值为false，则按钮行为与一般按钮相同。默认值为false。

◎selected：如果toggle参数的值是true，则该参数指定按钮是处于按下状态(true)还是释放状态(false)。默认值为 false。

当然，只修改参数是不能实现交互功能的。还得为组件编写动作脚本，通过利用其属性、方法和事件来控制组件，实现程序的控制。

任务  添加时钟日历

任务要求

◎掌握日历组件的创建和参数设置方法。

任务解析

本任务的最终效果图如图9.1.13所示。

13:47:25

图9.1.13　给时钟添加日历最终效果

1.相关知识

动态文本里面的内容可动态地改变。例如，创建一个动态文本，这里面的text可以被程序随意改动，当设置程序为一系列变化的量，可以用动态文本来动态变化着显示。

2.操作步骤

第1步：启动Flash CS3，新建一个文件（ActionScript 2.0）。

第2步：修改图层1的名称为“时间”。

第3步：在“时间”层第1帧处添加一个动态文本框，按图9.1.14所示设置属性面板。

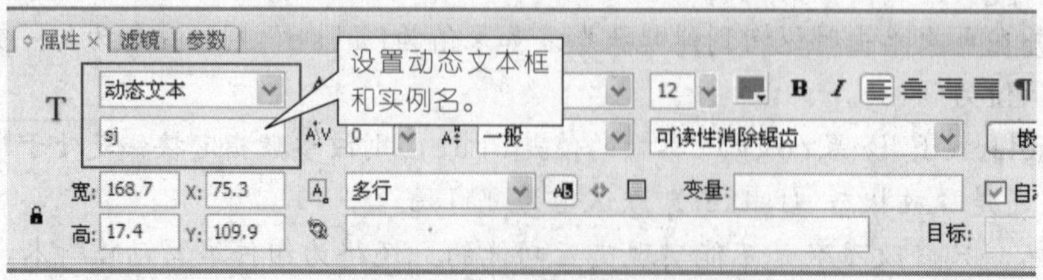

图9.1.14　修改属性

第4步：按快捷键“Ctrl+F8”，创建一个影片剪辑元件，命名为“时间”。

第5步：选择第1帧，按“F9”键打开帧动作面板，为“时间”影片剪辑的第1帧添加动作代码，如图9.1.15所示，目的是用代码获取系统时间并通过sj动态文本显示。

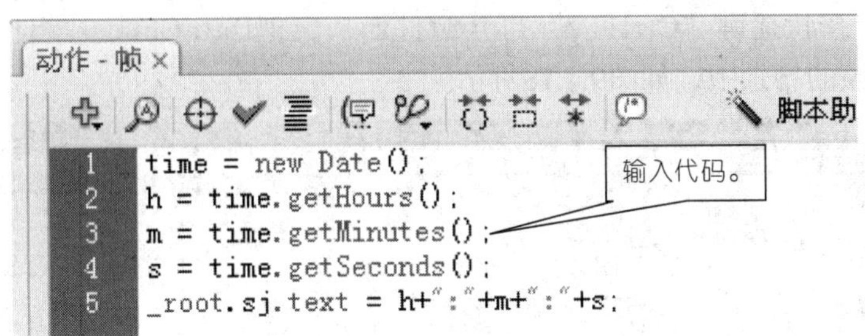

图9.1.15　添加动作代码

第6步：继续在“时间”元件中编辑制作，在第2帧处添加空白关键帧，目的是让代码循环获取时间。

第7步：返回场景1，添加图层，重命名为“AS”，用于放“时间”影片剪辑，如图9.1.16所示。

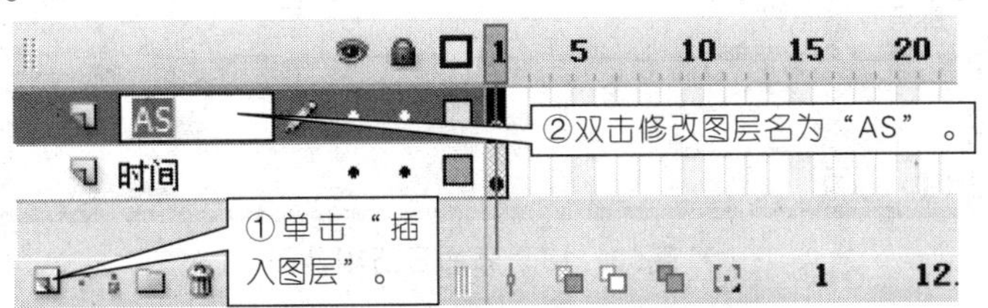

图9.1.16　添加图层并修改图层名称

第8步：按快捷键“Ctrl+L”打开库面板，把“时间”影片剪辑拖放到AS图层第1帧的场景中，操作如图9.1.17所示。

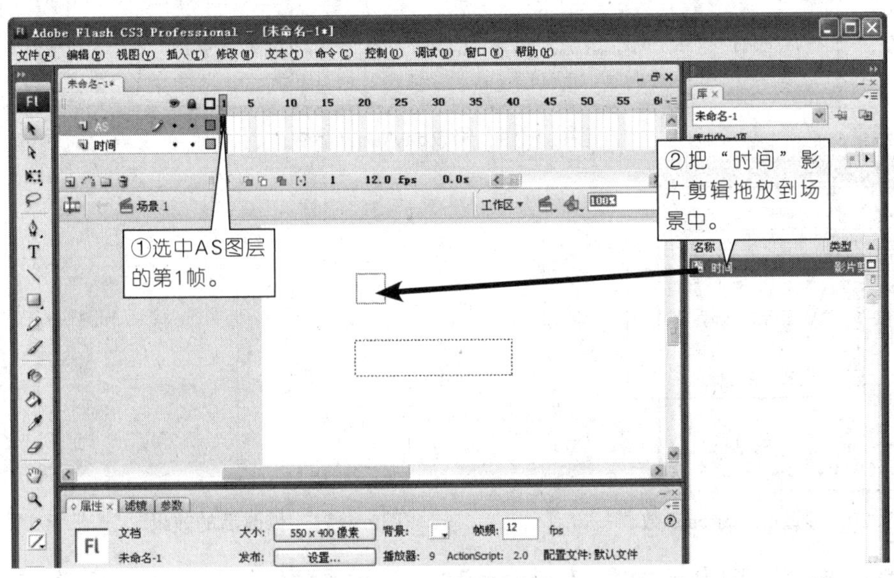

图9.1.17　添加影片剪辑

第9步：电子时钟就做好了，按快捷键“Ctrl+Enter”测试效果。

第10步：插入一个新图层，重命名为“日历”。

第11步：按快捷键“Ctrl+F7”打开组件面板，把DateChooser组件拖放到“日历”图层第1帧的场景中，如图9.1.18所示。

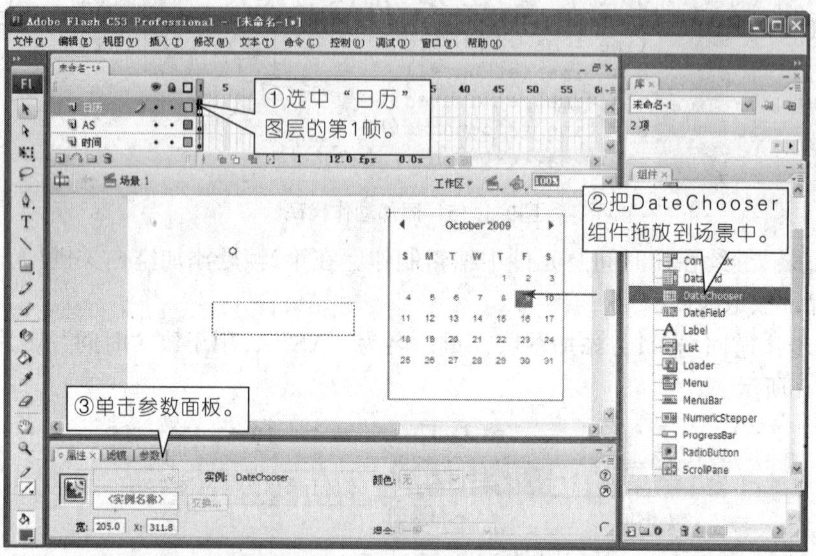

图9.1.18　添加日历组件

第12步：修改dayNames的参数值，如图9.1.19～图9.1.30所示。

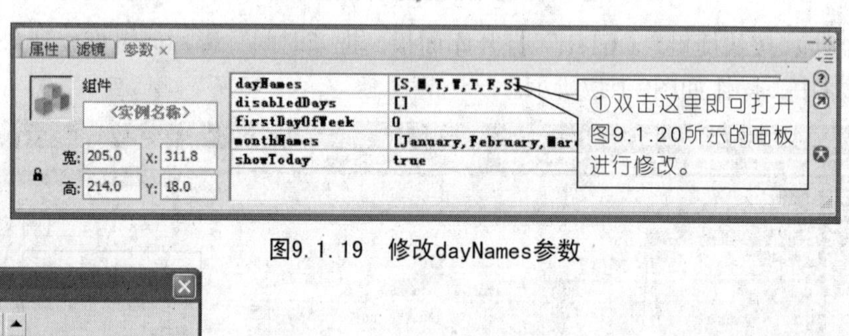

图9.1.19　修改dayNames参数

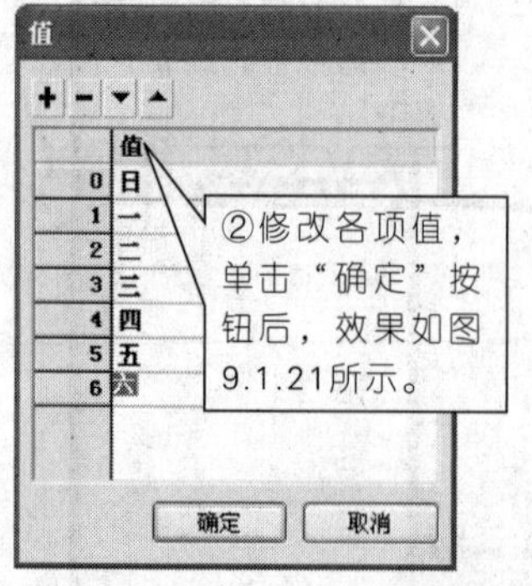

图9.1.20　修改dayNames参数

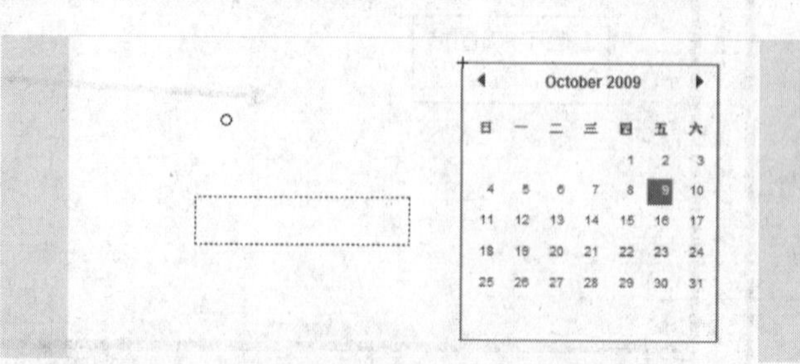

图9.1.21　修改后的效果

第13步：使用同样的方法，修改monthNames的参数值，如图9.1.22所示，现在日

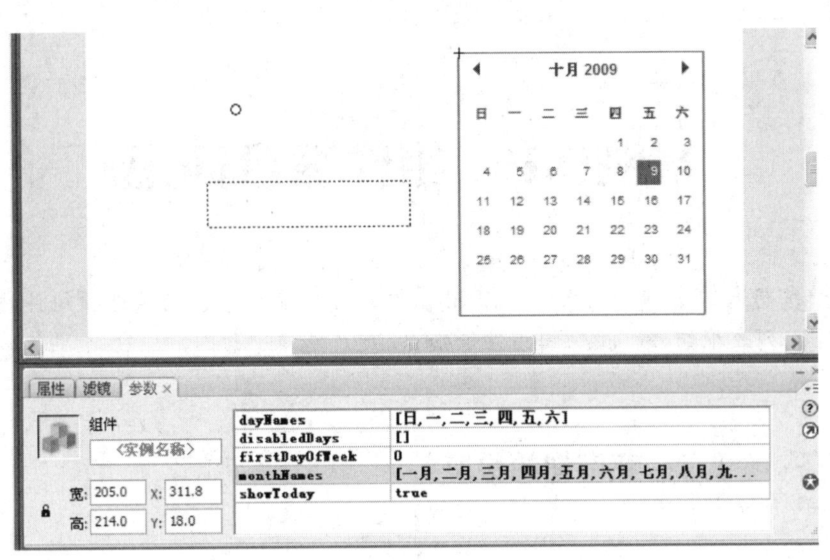

图9.1.22　修改monthNames参数

历的星期和月份都变成了中文。

第14步：按快捷键“Ctrl+Enter”看看最终效果。

将时间显示改为：13点47分25秒。

日期组件的参数说明：

◎dayNames：设置一星期中各天的名称。该值是一个数组，其默认值为[“S”，“M”，“T”，“W”，“T”，“F”，“S”]。

◎disabledDays：指示一星期中禁用的各天。该参数是一个数组，并且最多具有7个值。默认值为[]（空数组）。

◎firstDayOfWeek：指示一星期中的哪一天（其值为 0～6，0 是 dayNames 数组的第一个元素）显示在日期选择器的第一列中，此属性更改“日”列的显示顺序。

◎monthNames：设置在日历的标题行中显示的月份名称。该值是一个数组，其默认值为[“January”，“February”，“March”，“April”，“May”，“June”，“July”，“August”，“September”，“October”，“November”，“December”]。

◎showToday：指示是否要加亮显示今天的日期。默认值为 true。

制作个性日历，日历的设计与风格请自拟。

案例9.2　组件综合应用

王小东想通过实际案例来学习Flash组件的综合应用，包括单选项组件、复选框组件、下拉列表框组件、按钮组组件等知识。

任务  查询你的星座

■ 任务要求

◎掌握ComboBox组件的创建方法和参数设置。

■ 任务解析

本任务的最终效果图如图9.2.1所示。通过下拉列表选择不同月份，单击“确定”按钮后就会出现相应的星座介绍画面。

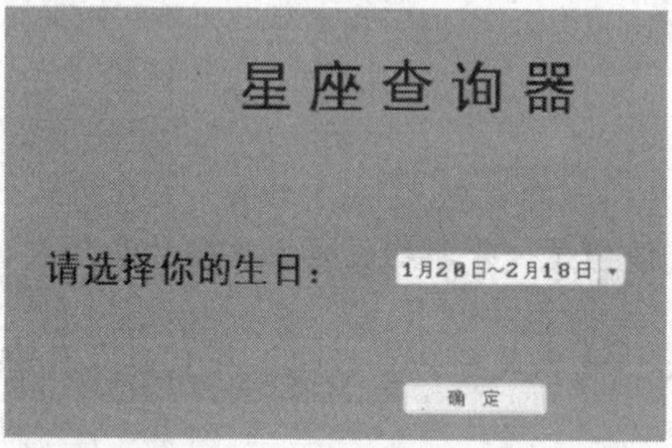

图9.2.1　星座查询器效果图

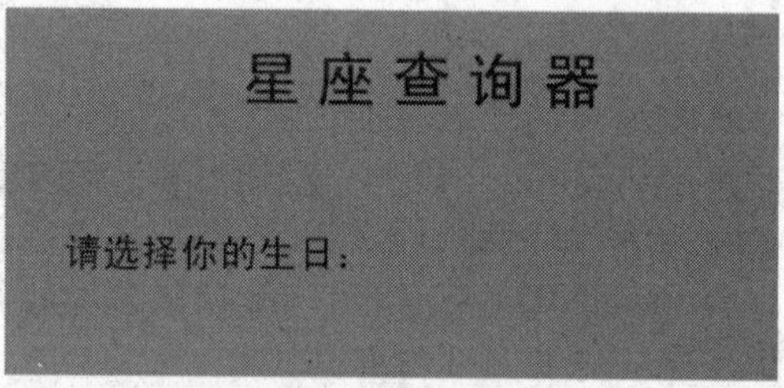

图9.2.2　添加文本信息

1.相关知识

按快捷键“Ctrl+F7”，可以打开组件面板选用组件。可以用参数面板修改组件参数值。

2.操作步骤

第1步：启动Flash CS3，新建一个文件（ActionScript 2.0）。

第2步：设置文档属性为天蓝色背景，其他参数默认。

第3步：将图层1重命名为“背景”，在第1帧场景中添加如图9.2.2所示的文本。

第4步：新建一个图层，重命名为“组件”，用来放置组件。

第5步：按快捷键“Ctrl+F7” 打开组件面板，把ComboBox组件拖放到“组件”图层的第1帧，并通过任意变形工具作适当调整，操作如图9.2.3所示。

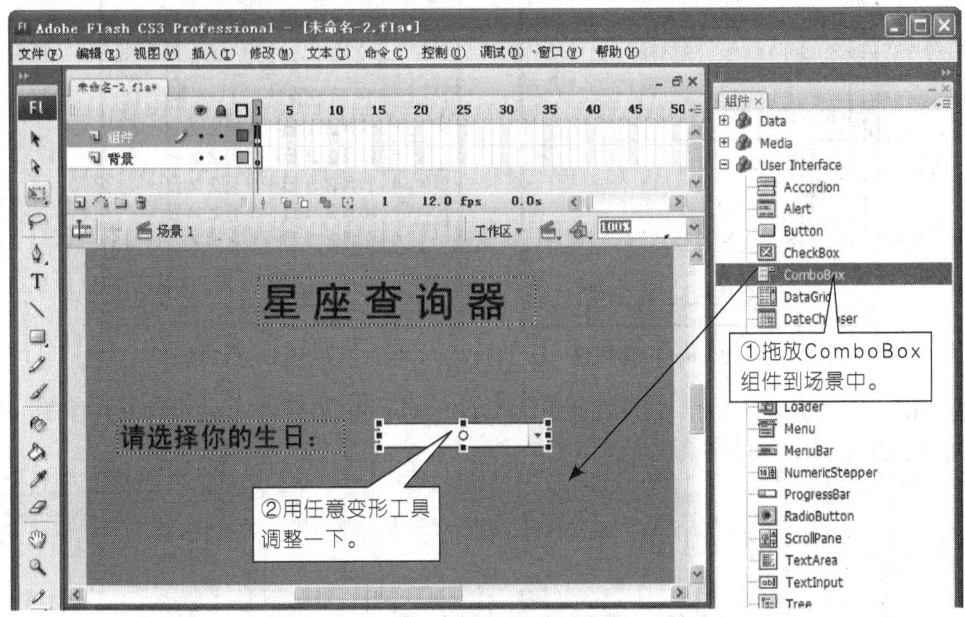

图9.2.3 添加ComboBox组件

第6步：设置ComboBox组件的属性，如图9.2.4所示。

图9.2.4 修改组件实例名

第7步：设置ComboBox组件的参数，操作如图9.2.5 ~ 图9.2.7所示。

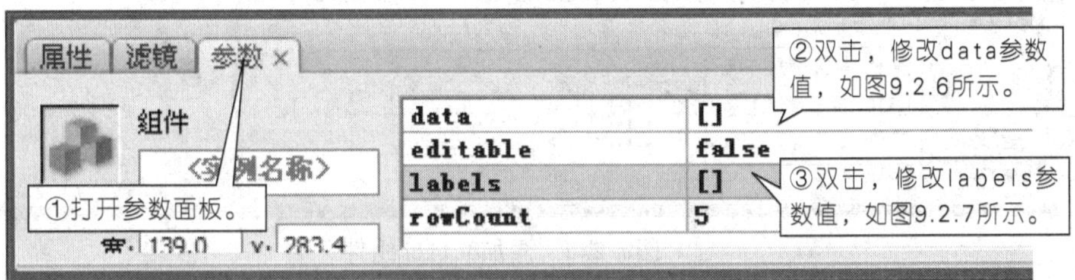

图9.2.5 修改data参数和labels参数

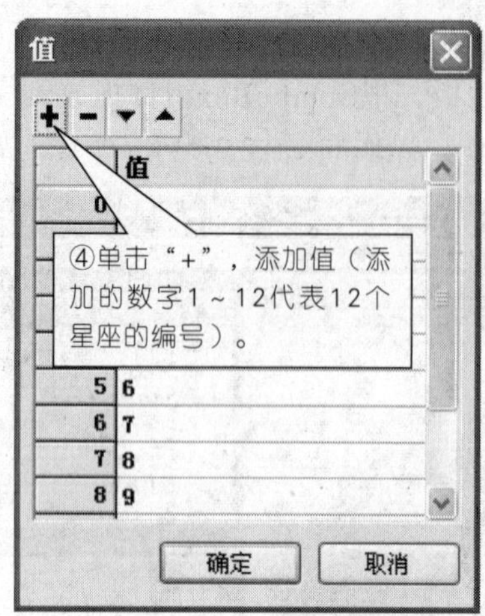

图9.2.6 dayNames参数值

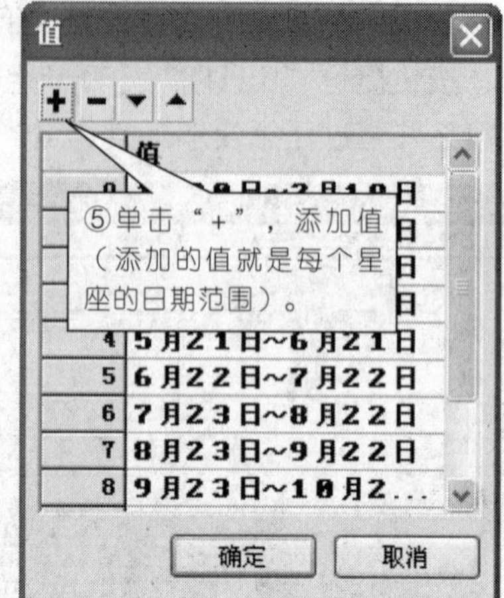

图9.2.7 labels参数值

第8步：把Button组件拖放到刚才创建的ComboBox组件下面，并修改其参数label为"确定"，操作如图9.2.8所示。

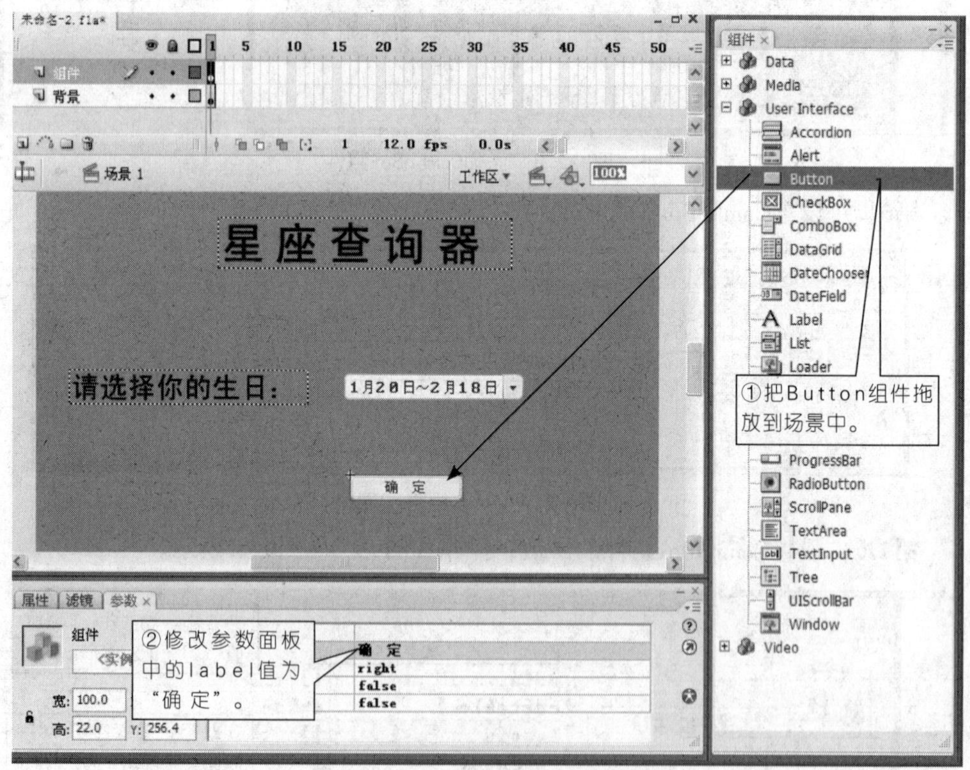

图9.2.8 添加Button组件

第9步：插入图层，重命名为"星座"，用来显示每个星座的画面。

第10步：在"星座"图层第1帧，按"F9"键打开动作面板，输入代码：stop();。

第11步：在“星座”图层第2帧，按“F6”键插入关键帧，如图9.2.9所示。输入第一个星座的信息，如图9.2.10所示，当然还可以插入图片来美化一下。

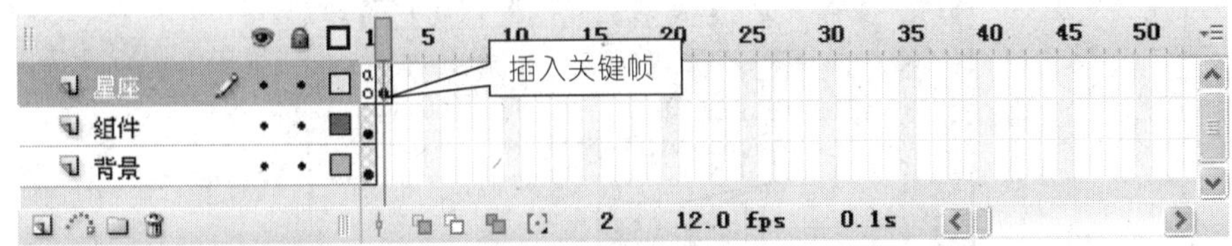

图9.2.9　添加关键帧

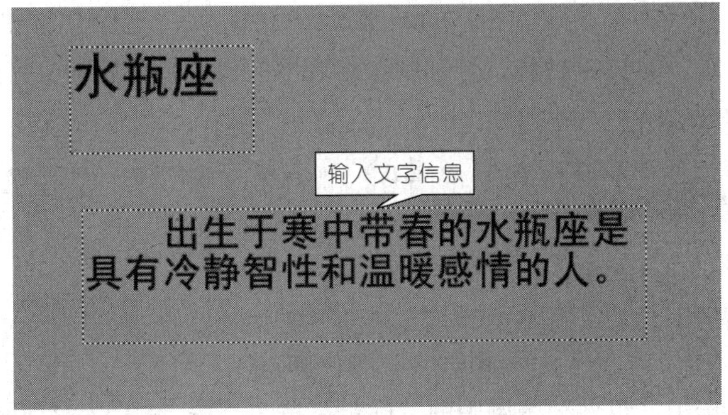

图9.2.10　添加一个星座的文本信息

第12步：同样还是在这一帧，拖放一个Button组件到场景中，修改label参数为“返回”，操作如图9.2.11所示。

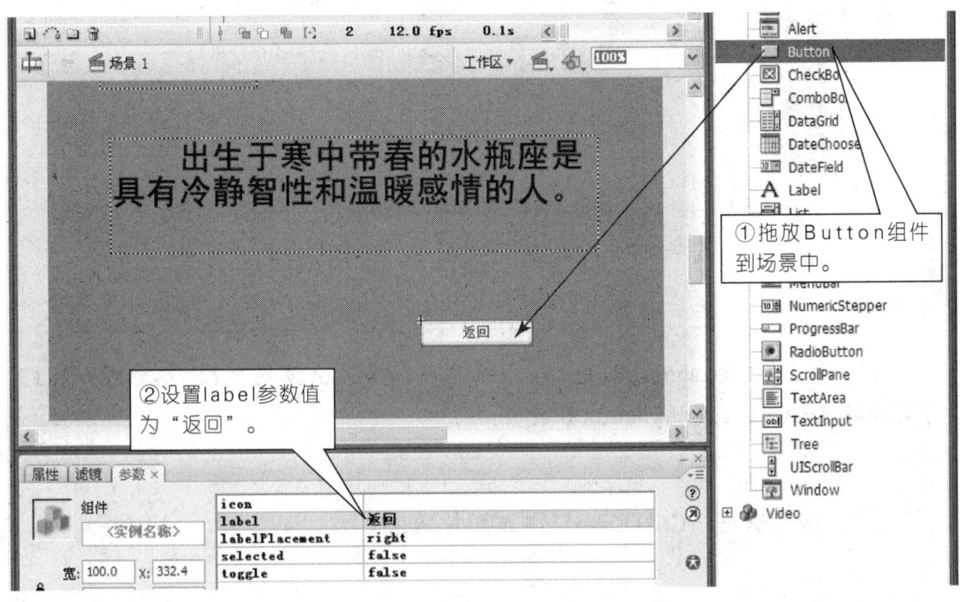

图9.2.11　添加“返回”Button组件

第13步：选中“返回”按钮，按“F9”键打开动作面板，输入如图9.2.12所示的代码。

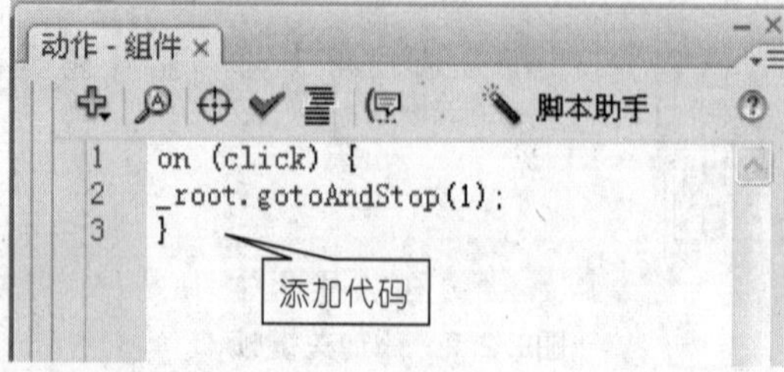

图9.2.12 添加动作代码

第14步：重复第11～13步，分别制作出剩下的11个星座画面，完成后的时间轴如图9.2.13所示。

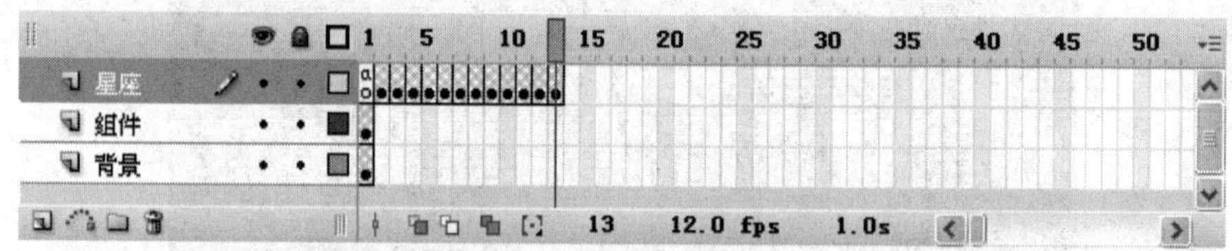

图9.2.13 时间轴效果

第15步：选中“组件”图层中的“确定”按钮，按“F9”键打开动作面板，输入如图9.2.14所示的代码。

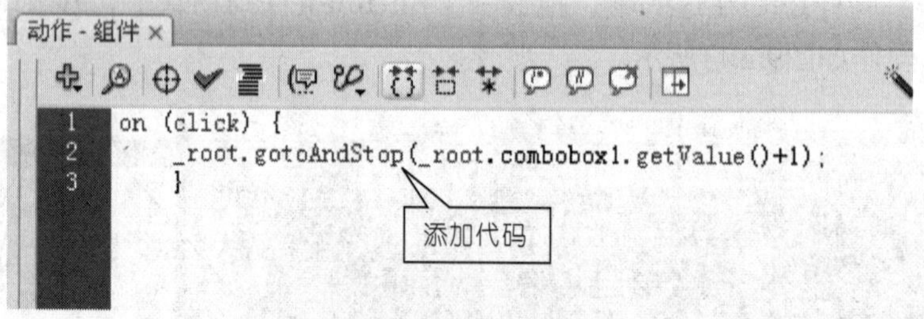

图9.2.14 添加动作代码

此处的_root.combobox1.getValue( )+1，是什么意思呢？ 参考图9.2.13时间轴效果如图9.2.6dayNames参数值。

第16步：按快捷键“Ctrl+Enter”测试影片效果。

任务  设计调查表

任务要求

◎掌握RadioButton组件、ComboBox组件的创建方法和参数设置。

◎掌握组件及变量的综合应用。

本任务将制作一个能统计出所填写表单的结果的交互动画，其最终效果图如图9.2.15所示。

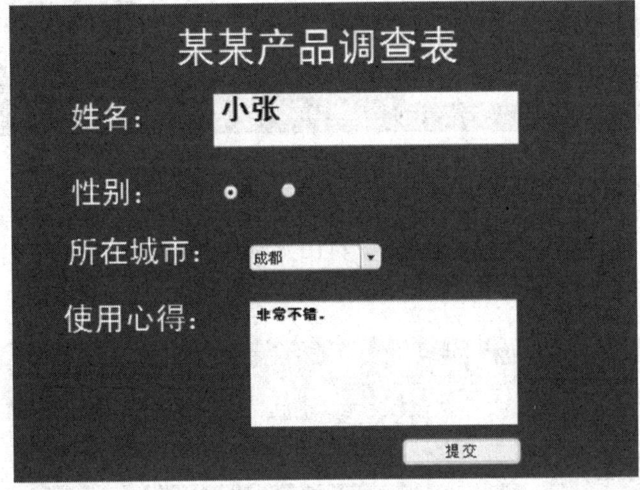

图9.2.15 调查表效果图

任务解析

1.相关知识

◎为动态文本框设置变量，可以在其属性栏中进行。

◎字符串表达式可以加入“\r”，这是一个特殊控制符，代表换行。

2.操作步骤

第1步：启动Flash CS3，新建一个文件（ActionScript 2.0）。

第2步：修改文档的背景色为蓝色，其他参数默认。

第3步：将图层1重命名为“背景”，并在第1帧添加文字和白色矩形框，操作如图9.2.16所示。

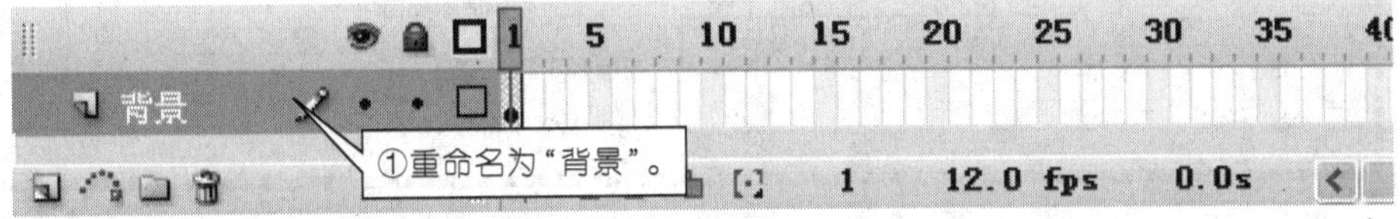

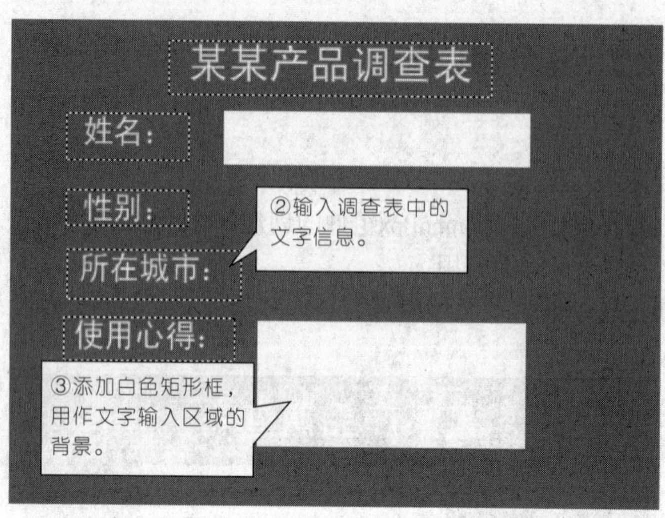

图9.2.16　为背景图层添加文本信息

第4步：新建一个图层，重命名"变量"，用于放置调查表中的输入数据。

第5步：在"变量"图层的第1帧场景中添加一个单行输入文本框，如图9.2.17所示，属性设置如图9.2.18所示。

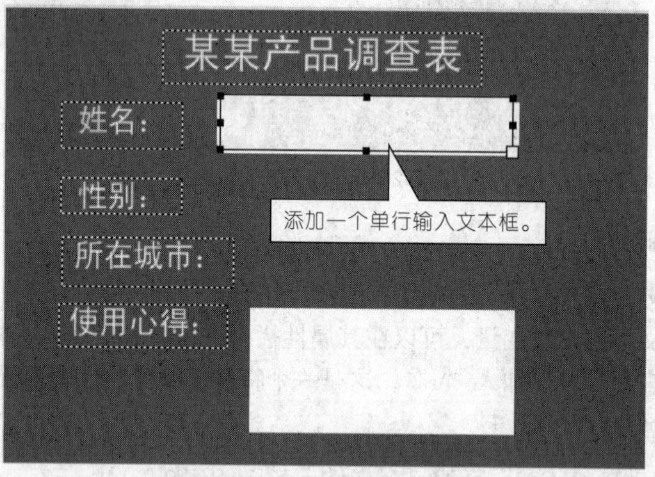

图9.2.17　添加输入文本框

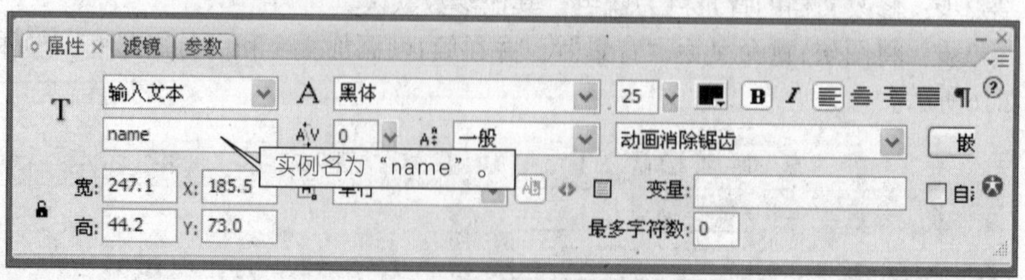

图9.2.18　设置输入文本框的实例名

第6步：同上，继续添加一个多行输入文本框，在属性栏中设置实例名为“message”。

第7步：同样还是在“变量”图层的第1帧，按快捷键“Ctrl+F7”打开组件面板，拖放RadioButton组件到场景中，如图9.2.19所示。

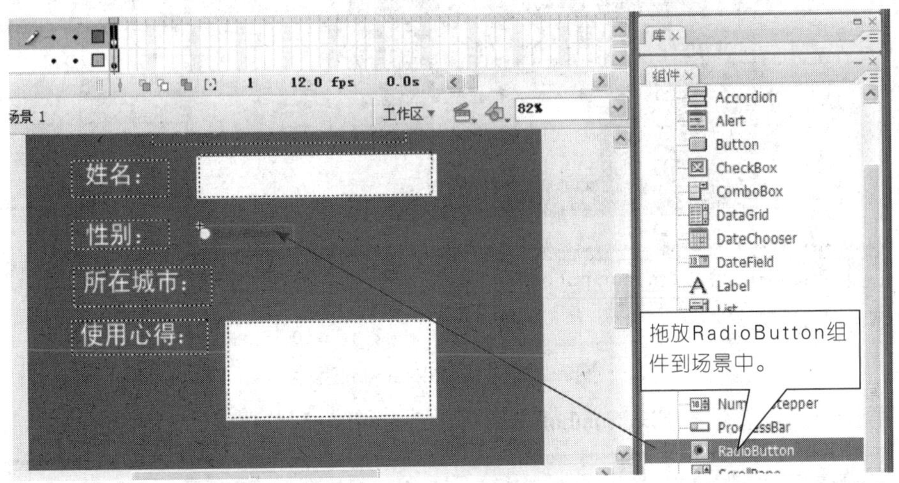

图9.2.19 添加RadioButton组件

第8步：修改RadioButton组件的label参数值为“男”，如图9.2.20所示。

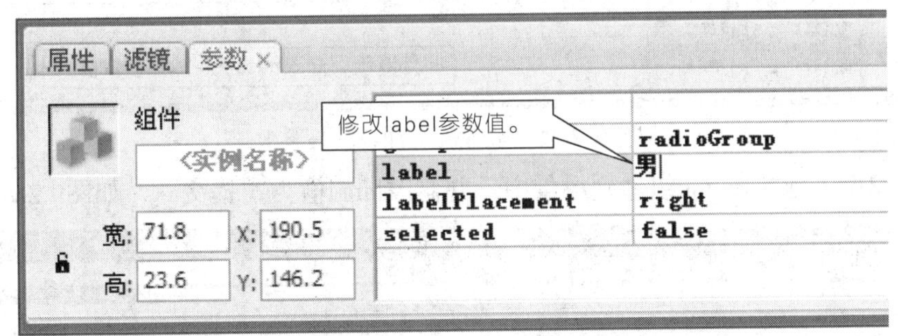

图9.2.20 设置label参数

第9步：再拖一个RadioButton组件到场景中，把label参数值设为“女”，效果如图9.2.21所示。

图9.2.21 添加两个RadioButton组件后的效果

第10步：继续拖一个ComboBox组件到场景中，实例名修改为“mycombobox”，如图9.2.22所示。

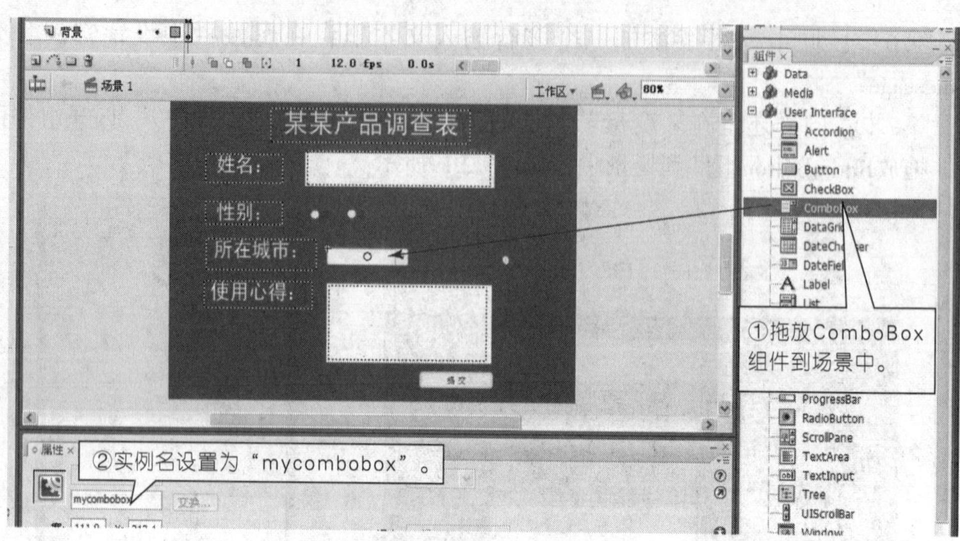

图9.2.22 添加ComboBox组件

第11步：设置下拉列表ComboBox组件的data和labels参数值，如图9.2.23所示。

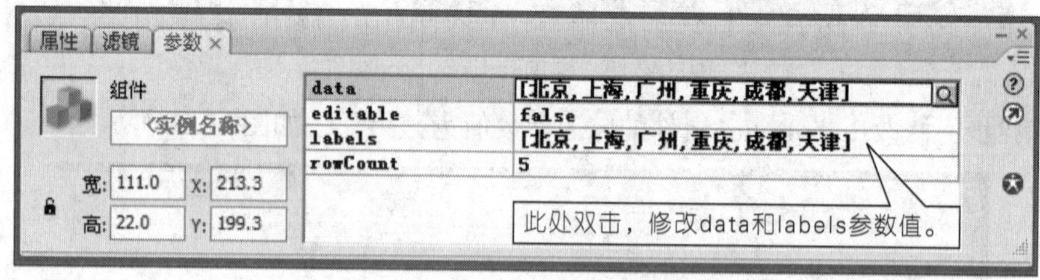

图9.2.23 修改data和labels参数

第12步：拖放Button组件到场景中，并修改label值为“提交”，如图9.2.24示。

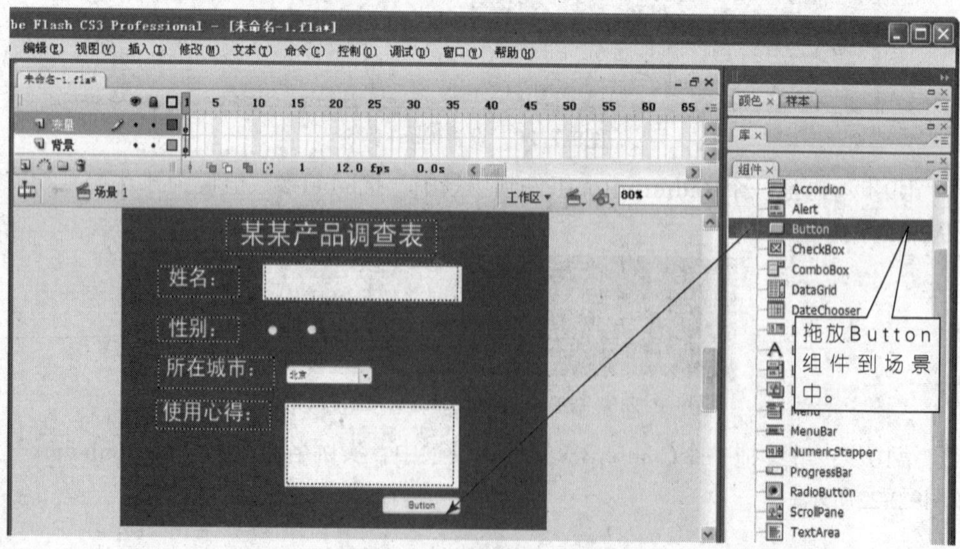

图9.2.24 添加Button组件

第13步：添加图层，重命名为“结果”，用于显示调查表的结果信息。

第14步：在“结果”图层的第1帧处按“F9”键打开动作面板，添加动作代码为“stop();”。

第15步：在“结果”图层的第2帧处插入关键帧，添加一个多行的动态文本框，用于显示调查表的结果信息，操作如图9.2.25和图9.2.26所示。

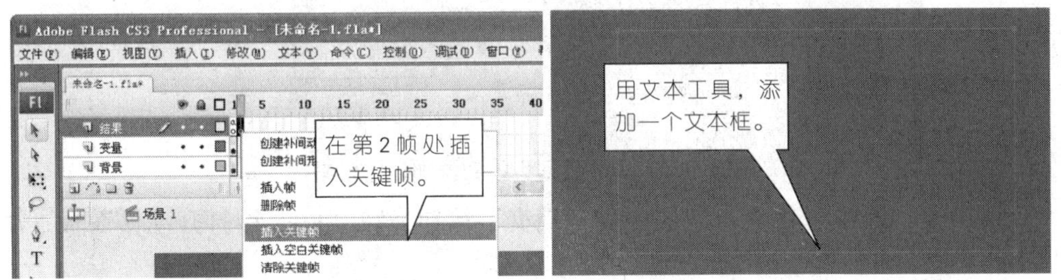

图9.2.25　插入关键帧　　　　图9.2.26　添加动态文本框

第16步：为动态文本框设置属性和变量，变量名为“_root.result”，如图9.2.27所示。

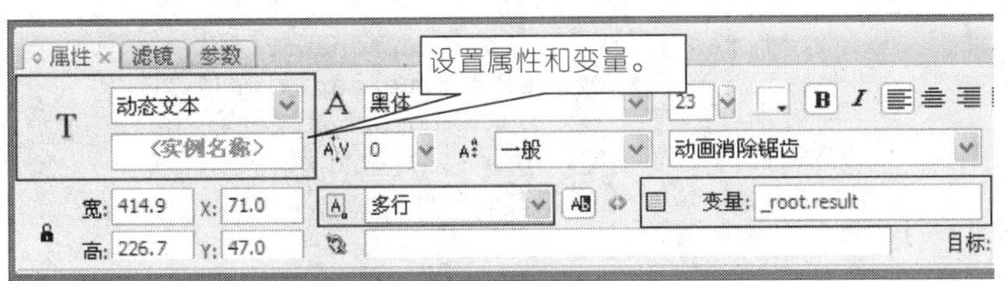

图9.2.27　设置动态文本框的属性

第17步：在调查结果画面上放一个“返回”按钮，操作如图9.2.28所示。

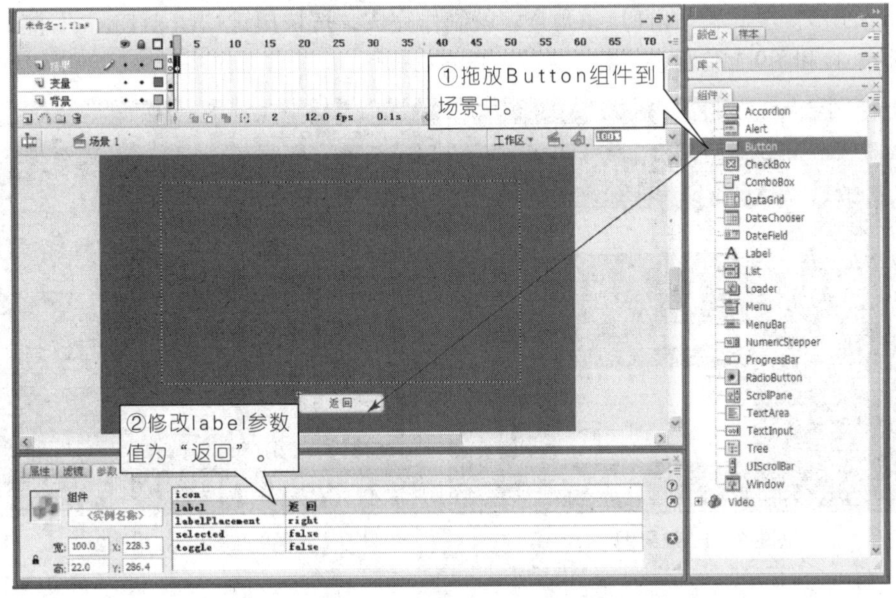

图9.2.28　添加Button组件

第18步：选中“返回”按钮，按“F9”键打开动作面板，添加动作代码，如图9.2.29所示。

```
on (click) {
_root.gotoAndStop(1);
}
```

添加代码。

图9. 2. 29　为“返回”按钮添加动作代码

第19步：选中“变量”图层中的“提交”按钮，按“F9”键打开动作面板，添加动作代码，如图9.2.30所示。

```
on (click) {
    _root.result = "姓名:"+_root.name.text
    +"\r性别:"+_root.radioGroup.getValue()
    +"\r所在城市: "+_root.mycombobox.getValue()
    +"\r使用心得:"+_root.message.text;
    _root.gotoAndStop(2);
}
```

添加代码。

图9. 2. 30　为“提交”按钮添加动作代码

第20步：至此，一份Flash调查表就制作完成，按快捷键“Ctrl+Enter”测试效果如图9.2.31和图9.2.32所示。

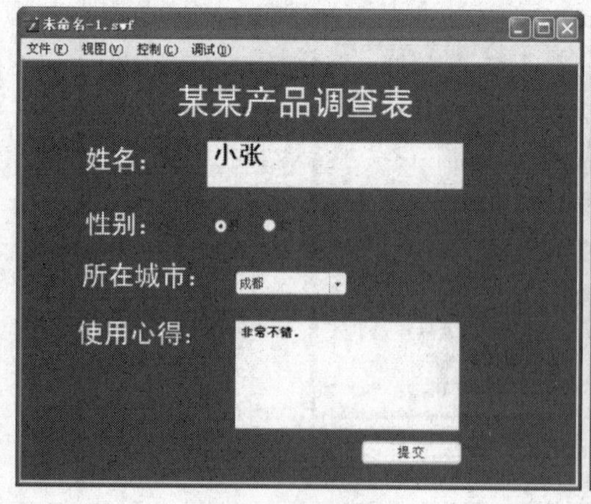

图9. 2. 31　效果图1

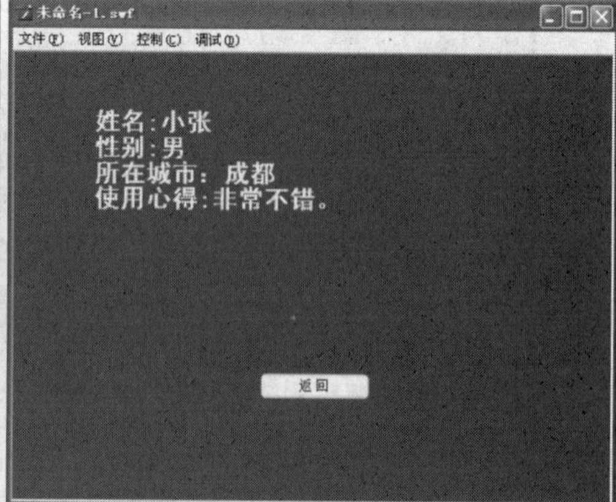

图9. 2. 32　效果图2

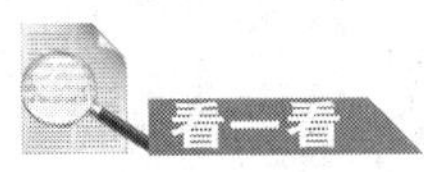

（1）单选按钮组件的参数说明

◎data：是与单选按钮相关的值。没有默认值。

◎groupName：是单选按钮的组名称。默认值为radioGroup。

◎label：设置按钮上的文本值。默认值为RadioButton（单选按钮）。

◎labelPlacement：确定按钮上标签文本的方向。该参数可以是下列4个值之一：left、right、top 或bottom。默认值为 right。

◎selected：将单选按钮的初始值设置为被选中(true) 或取消选中(false)。被选中的单选按钮中会显示一个圆点。一个组内只有一个单选按钮可以有表示被选中的值true。如果组内有多个单选按钮被设置为true，则会选中最后实例化的单选按钮，默认值为 false。

（2）下拉列表组件的参数说明

◎data：将一个数据值与ComboBox组件中的每一项相关联。该数据参数是一个数组。

◎editable：确定ComboBox组件是可编辑的(true)还是只是可选择的(false)。默认值为false。

◎labels：用一个文本值数组填充ComboBox组件。

◎rowCount：设置列表中最多可以显示的项数。默认值为5。

（1）在以上的案例中，可以加入一些图片来作为背景，或者修饰一下文字，这样制作出的动画就更漂亮了。

（2）制作提交画面。

制作会员注册提交画面，栏目可自行拟定，建议包括姓名、性别、出生日期、证件类型（身份证、学生证、军人证等）、证件号码、个人爱好（音乐、上网、游戏、购物等）等。要求至少包含单选组件、多选组件、下拉列表组件、按钮组件。

10

Flash综合实例

通过前面章节的系统学习，我们已经对Flash制作二维动画有了一定了解，下面将通过精选的综合实例讲解，把所学的知识运用到一系列完整的案例中来，从而进一步的深入学习Flash在实际运用中的技巧与规范。

从动画的表现特征上讲，需要制作者具有一定的美术功底。好的作品同样离不开好的创意，可见做出一个完美的作品需要经过长期不懈的努力。

学习目标

了解完整Flash项目的制作流程与规范；
通过实践，掌握Flash软件操作的基础知识与技巧；
学会系统科学地管理图层以及库文件；
学会通过简单代码处理常见特效。

案例10.1　制作电子相册

王小东和父母去九寨沟旅游，拍了许多风景优美的照片，他精选10张存入计算机。准备使用Flash制作电子相册。下面，我们就来看看王小东是如何制作电子相册的。

动态文本里面的内容可动态地改变。例如，创建一个动态文本，这里面的text可以被程序随意改动，当设置程序为一系列变化的量，可以用动态文本来动态变化着显示。

本案例将利用读取外部数据的方法，制作一个动态的电子相册。当单击“下一张”时，照片会自动跳转到下一张照片显示；同理，当单击“上一张”时，照片会自动跳转到上一张照片显示。除此之外，电子相册还提供了直接跳转查看功能，我们可以通过文本输入的方式，快速地浏览相应的照片。最终效果图如图10.1.1所示。

图10.1.1　电子相册最终效果图

任务要求

◎灵活使用按钮元件。

◎学习使用loadMovie（）函数来读取外部影片或图片资料。

◎学习通过简单的变量运算与条件判断语句实现所需效果。

■ 任务解析

1.相关知识

（1）按钮元件的4个状态

按钮元件有4个关键帧状态，这4个状态中前3个属于表现状态，第4个为热区，下面将介绍4个关键帧所在处的具体功能。

◎ 弹起：指按钮初始化的状态。

◎ 指针经过：指鼠标指针停留在按钮上时按钮所表现出的状态。

◎ 按下：指鼠标指针在按钮上时，单击鼠标左键所表现出的状态。

◎ 点击：划定按钮触发事件的区域范围，即热区。若此关键帧为空，则按钮热区继承于之前关键帧图像范围。

注意：当按钮前3个状态为空，第4帧有图像时，动画发布后按钮将不可见，但是按钮功能热区依然存在，其热区范围取决于第4帧图像的大小，单击时依旧能触发相应事件。

（2）关于loadMovie（ ）函数

Flash提供了强大的程序编辑功能，loadMovie（ ）是其中一个比较常用的读取外部数据的功能函数，我们可以通过loadMovie（ ）函数将外部swf、jpeg、gif 或 png 文件加载到 Flash Player中的影片剪辑中。

该函数的使用方法为：

loadMovie（url地址，目标，方法）

◎url地址：指要加载的 swf 文件或 jpeg 文件的绝对或相对 URL。相对路径必须相对于级别0处的 swf 文件。绝对URL必须包括协议引用，例如http://或file:///。

◎目标：指对影片剪辑对象的引用或表示目标影片剪辑路径的字符串。目标影片剪辑将被加载的 swf 文件或图像所替换。

◎方法：指定用于发送变量的 http 方法。该参数必须是字符串 get 或 post。如果没有要发送的变量，则省略此参数。get 方法将变量附加到 url 的末尾，它用于发送少量的变量。post 方法在单独的 http 标头中发送变量，它用于发送长字符串的变量。

2.操作步骤

第1步：启动Flash CS3，新建一个Flash文档（ActionScript 2.0），文档标题设为“电子相册.fla”，将画布大小修改为400像素×500像素，背景白色，帧频“12” fps，如图10.1.2所示。

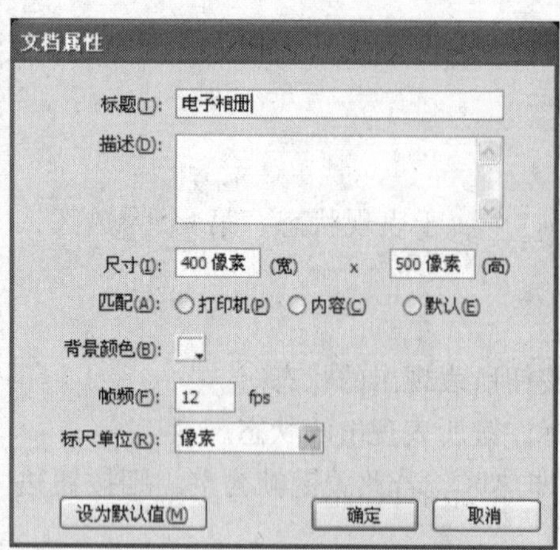

图10.1.2 新建Flash文档

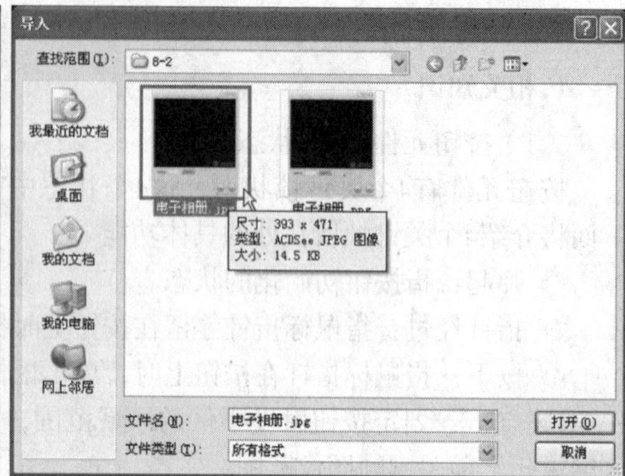

图10.1.3 打开导入对话框

第2步：打开“导入”对话框，如图10.1.3所示。

第3步：将素材\案例10.1文件夹下的“电子相册.jpg”图片导入到舞台中，并对齐至舞台中心，如图10.1.4所示。

第4步：新建一图层，使用矩形工具，在舞台上绘制一颜色任意的矩形，宽为“370”，高为“300”，并使其与图片显示区域对齐，如图10.1.5所示。

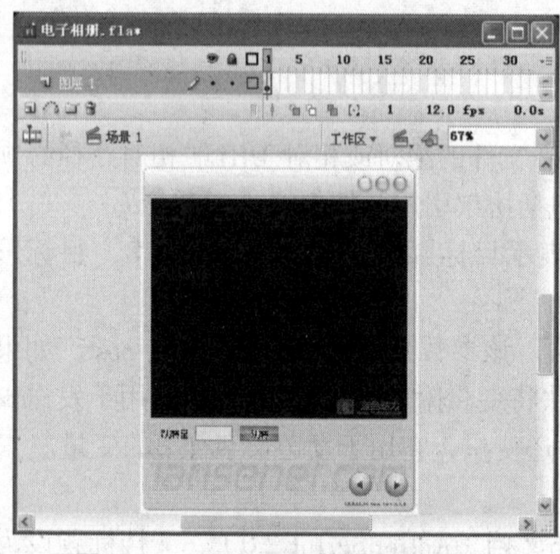

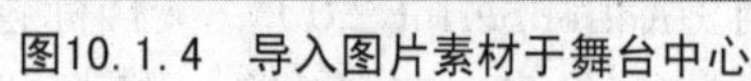

图10.1.4 导入图片素材于舞台中心

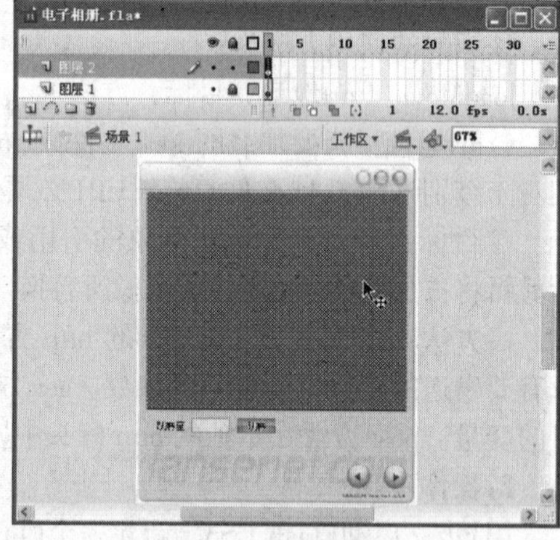

图10.1.5 绘制一矩形对象于图片显示区域

第5步：修改所绘制矩形属性，将其透明度降低为“0”，如图10.1.6所示。

第6步：选中矩形框，将类型转换为“影片剪辑”元件，注意将元件的注册中心点设到左上角，操作如图10.1.7所示。

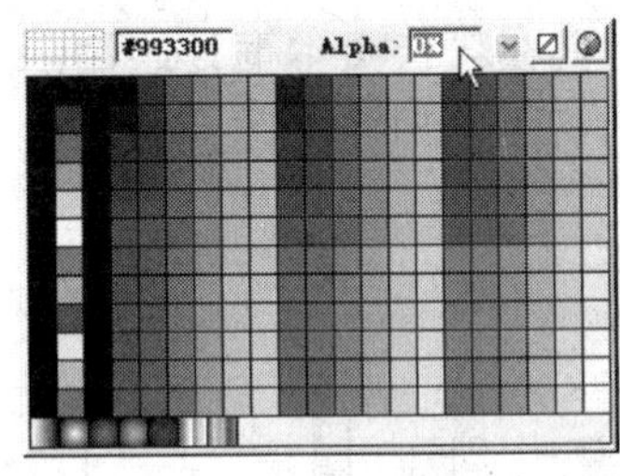

图10.1.6　设置矩形框透明属性

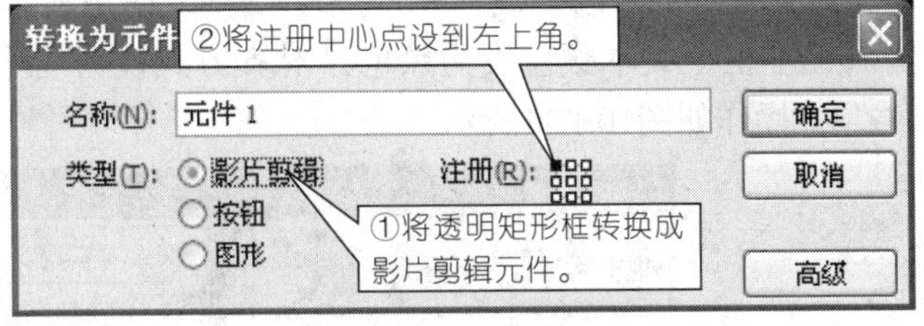

图10.1.7　将透明矩形框转换为影片剪辑元件

第7步：选中舞台上矩形影片剪辑实例，打开属性面板，将该元件的实例名称命名为“picture”，如图10.1.8所示。

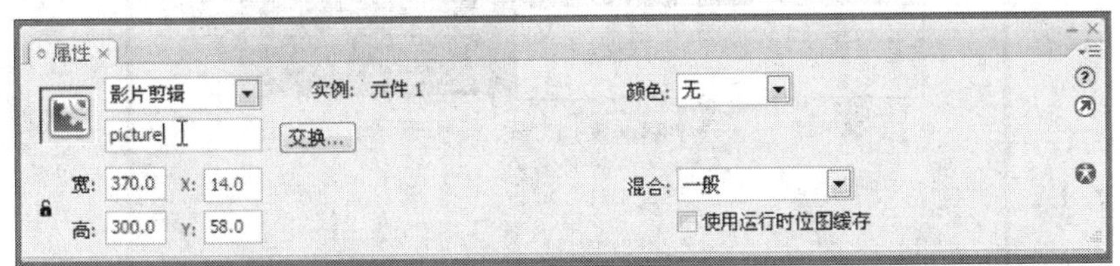

图10.1.8　将影片剪辑元件实例命名为“picture”

第8步：插入一个名为“点击按钮”的按钮元件，单击“确定”按钮进入按钮元件编辑区，如图10.1.9所示。

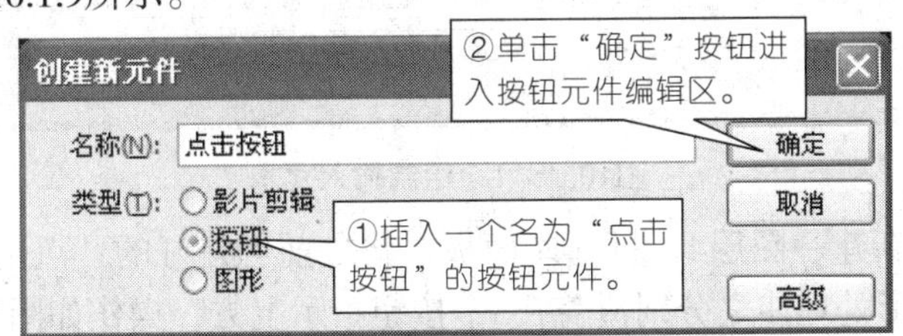

图10.1.9　创建按钮元件并进入元件编辑区

第9步：在“点击”状态处插入空白关键帧。使用矩形工具在舞台中心区域绘制一任意矩形，如图10.1.10所示。

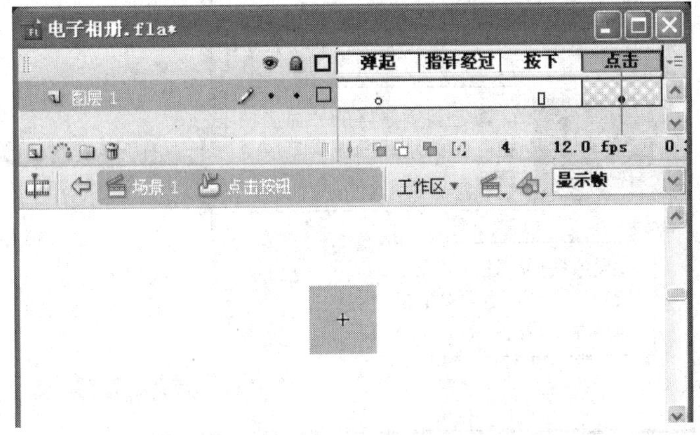

图10.1.10　在按钮元件点击状态处绘制一任意矩形

第10步：回到主场景，新建一图层3，使用文本工具在舞台文本框处绘制一个输入文本框，文本颜色设为黑色，对齐方式设为居中对齐，同时将文本变量设置为“i”，操作如图10.1.11所示。

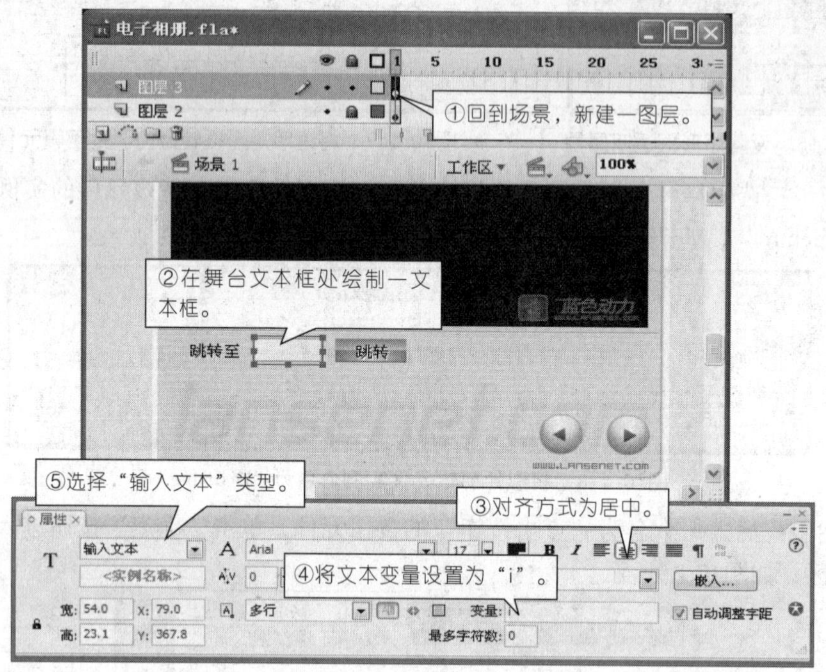

图10.1.11　绘制输入文本

第11步：再新建一图层4，打开库面板，将之前创建好的“点击按钮”元件拖放至舞台，通过变形处理使之分别覆盖在3个按钮指示上方，操作如图10.1.12所示。

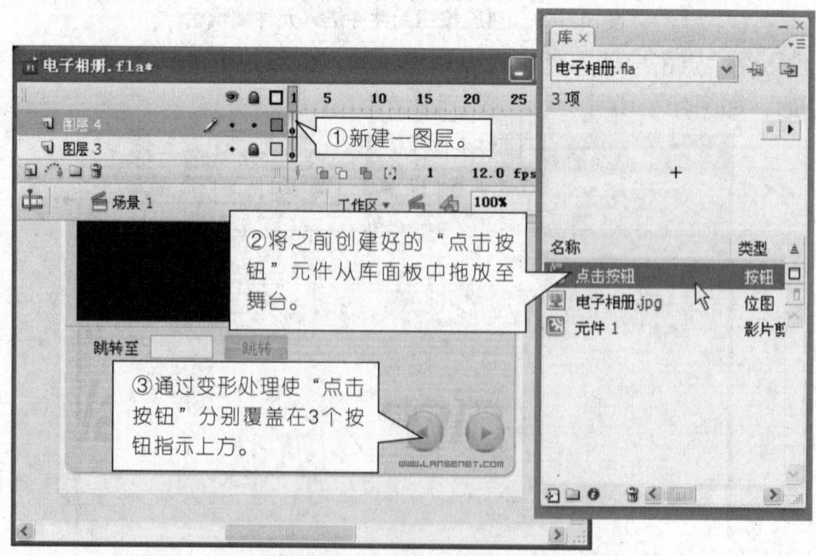

图10.1.12　将“点击按钮”覆盖在3个按钮指示上方

第12步：再新建一图层，将图层命名为“AS”，打开Flash CS3的动作面板。在第1帧输入以下代码：i = 1;，如图10.1.13所示。

图10.1.13　在动作面板中输入代码

第13步：选中舞台上方“上一张”的按钮，打开动作面板并输入如图10.1.14所示的代码。

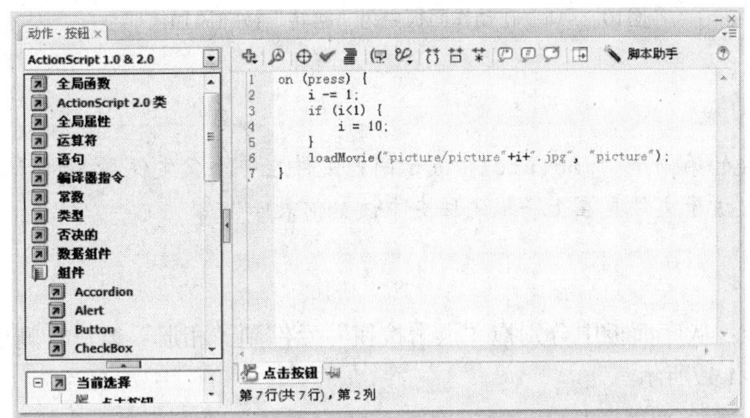

图10.1.14　在动作面板中为“上一张”按钮添加代码

第14步：选中舞台上方“下一张”的按钮，打开动作面板并输入如图10.1.15所示的代码。

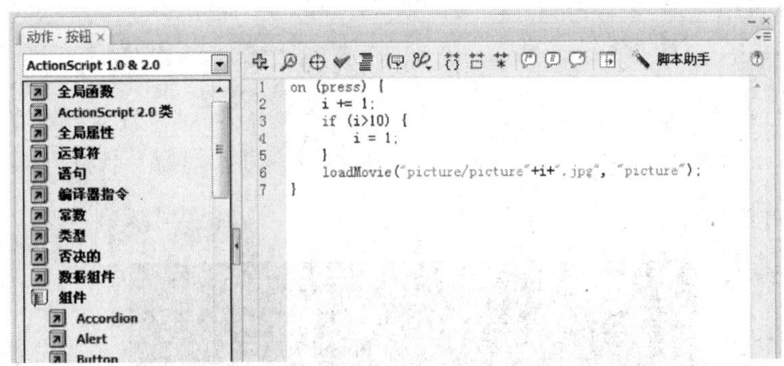

图10.1.15　在动作面板中为“下一张”按钮添加代码

第15步：选中舞台上方“跳转”的按钮，打开“动作面板”并输入如图10.1.16所示的代码。

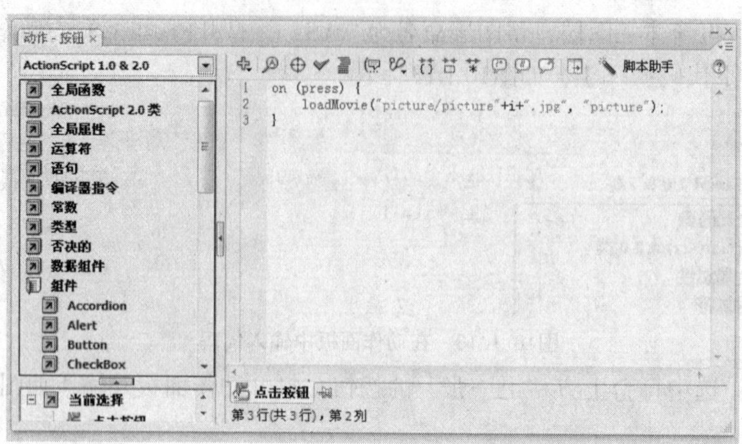

图10.1.16　在动作面板中为“跳转”按钮添加代码

此处的第一个“picture/”表示同源文件在一个父文件夹下的picture子文件夹，该子文件夹在上一级文件夹中该如何表示？

第16步：从库面板中分别拖“点击按钮”元件到“相册”窗口右侧顶部按钮区域，如图10.1.17所示。

图10.1.17　将“点击按钮”覆盖在3个按钮指示上方

第17步：分别选中3个按钮，打开动作面板，按左、中、右的顺序，分别输入以下代码。

左侧按钮代码：

```
on(press){
    fscommand("fullscreen", false);
}
```

中间按钮代码：

```
on(press){
    fscommand("fullscreen", true);
}
```

右侧按钮代码：

```
on(press){
    fscommand("quit");
}
```

第18步：打开“导出影片”对话框，将Flash影片导出到一文件夹中。

第19步：打开Flash影片源文件所在文件夹，在该源文件同一目录下新建一个名为“picture”的子文件夹，如图10.1.18所示。

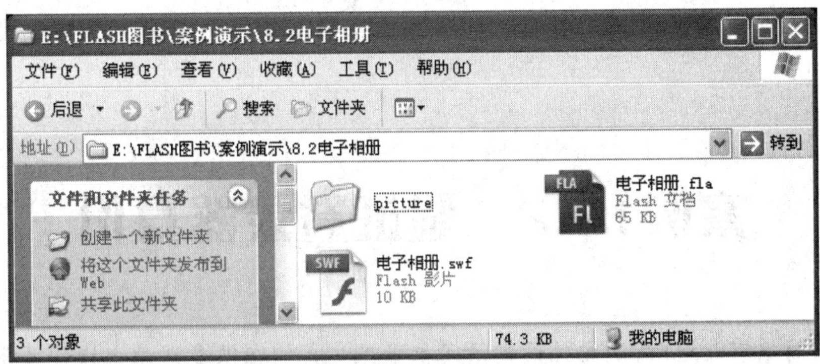

图10.1.18　新建一个名为“picture”的文件夹

第20步：拷贝10张大小为370×300像素的图片于“picture”文件夹中，并将这些图片依次命名为“picture1”、“picture2”、“picture3”…，如图10.1.19所示。当然在素材\案例10.1文件夹下有picture文件夹，里面已经有图片了，直接复制即可。

图10.1.19 将图片重命名并拷贝到“picture”的文件夹中

至此，电子相册已经制作完成，双击播放“电子相册”影片，将看到制作出的最终效果。除此之外，别忘了分别点击影片右上角的3个按钮，看看它们分别能实现什么样的功能。

制作一个带有装饰边框的电子相册，使之能单击控制并浏览20张或更多的照片。

案例10.2 验证登录器身份

如何简单有效地对swf文件设定访问权限呢？我们在很多网站上操作并体验过用户验证功能，在网站上，凡是注册的成功用户，都可以通过自己注册时提供的账号和密码，登录到网站的功能页进行一系列的权限操作。

网络注册的原理是基于数据库表单的，那么，Flash能否实现类似的“身份验证”功能呢？答案是肯定的。我们将在下面的实例中和王小东一起学习如何利用简单的条件判断语句实现单个swf的身份验证功能。

任务要求

◎文本工具的使用。

◎学习通过条件判断语句实现所需效果。

◎学习常用运算符的使用。

任务解析

1.相关知识

（1）3种文本类别的区别

文本工具可创建3种类别文本，我们可根据实际需要进行合理调用，不同的文本类型表现出不同的属性特征。

◎静态文本：只能通过 Flash 创作工具来创建，它属于固定显示文本类。

◎动态文本：包含从外部源（例如文本文件、xml文件以及远程 Web 服务）加载的内容，它属于动态演示文本类。

◎输入文本：是指用户输入的任何文本或用户可以编辑的动态文本。可以设置样式表来设置输入文本的格式，或使用 flash.text.TextFormat 类为输入内容指定文本字段的属性。它属于动态演示文本类。

（2）关于判断语句的使用

if...else 条件语句可以让使用者测试一个条件，如果该条件成立则执行一个代码块，否则执行另一个代码块。

若只是测试运行第一个代码块，而不运行另一个代码块，可直接使用if语句。

若是判断多个条件，则可以使用if...else if 条件语句。

（3）常用运算符的表达

运算符是指定如何组合、比较或修改表达式值的字符。常用运算符号如下：

+：将数值表达式相加或者连接（合并）字符串。

-：用于取反或是进行减法运算。

*：将两个数值表达式相乘。

/：将两个数值表达式相除，前者除以后者。

=：将位于右侧的参数赋值给左侧的变量、数组元素或属性。

==：测试两个表达式是否相等。

==：测试两个表达式是否相等。除了不转换数据类型外，全等运算符（===）与等于运算符（==）执行运算的方式等同。

!=：测试结果是否与等 于运算符（==）正好相反，即不等于。

!==：测试结果是否与全等运算符（===）正好相反，即完全不等于。

||：逻辑OR运算符，可以理解为“或者”。

&&：逻辑AND运算符，可以理解为“和”。

2.操作步骤

第1步：启动Flash CS3，新建一个Flash文档（ActionScript 2.0），文档标题设

为“登录验证”，画布大小为“530像素×330像素”，背景为白色，帧频为“12” fps，如图10.2.1所示。

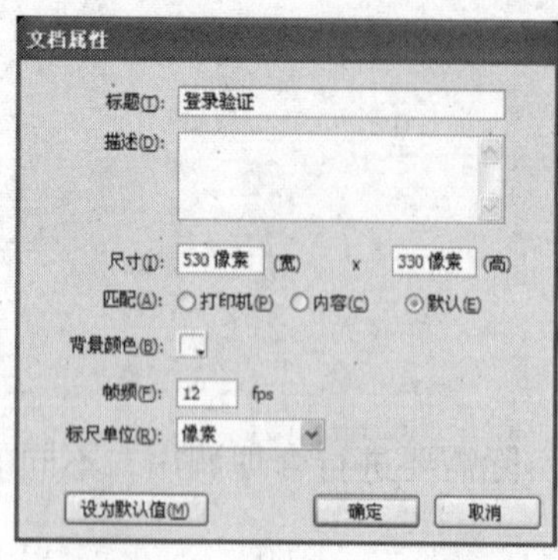

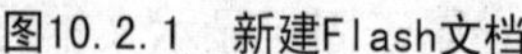

图10.2.1 新建Flash文档

图10.2.2 打开导入对话框

第2步：打开“导入”对话框，如图10.2.2所示。将素材\案例10.1文件夹下的“界面.jpg”导入到舞台中，并对齐至舞台中心，如图10.2.3所示。

第3步：新建一个名为“点击按钮”的按钮元件，在按钮元件编辑区，简单绘制按钮的几个状态，如图10.2.4所示。

图10.2.3 导入图片素材于舞台中心

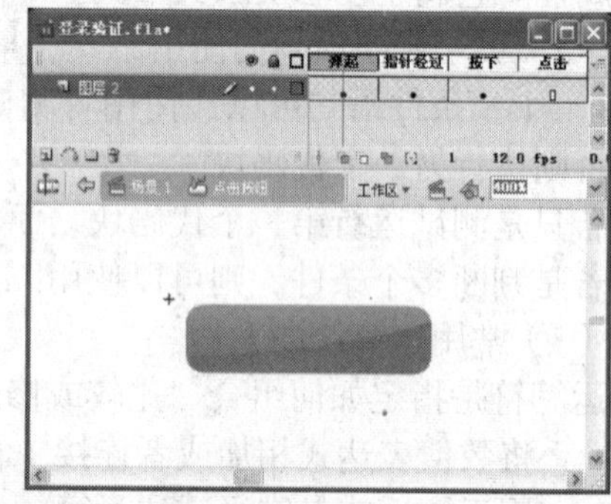

图10.2.4 绘制一矩形对象于图片显示区域

第4步：回到主场景，新建一图层并重命名为“按钮”。打开库面板，将之前创建好的“点击按钮”元件拖放至舞台对应区域，如图10.2.5所示。

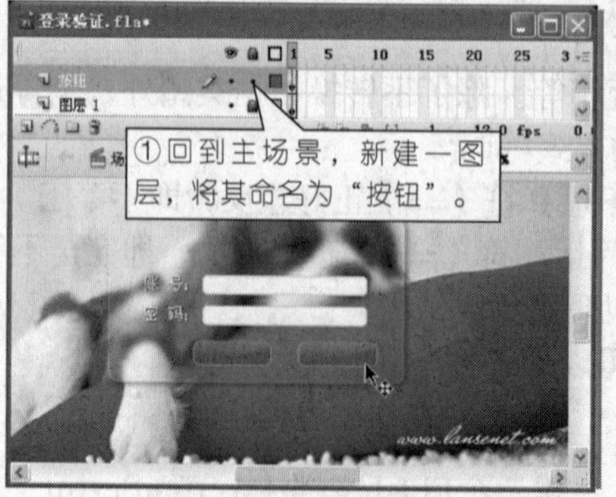

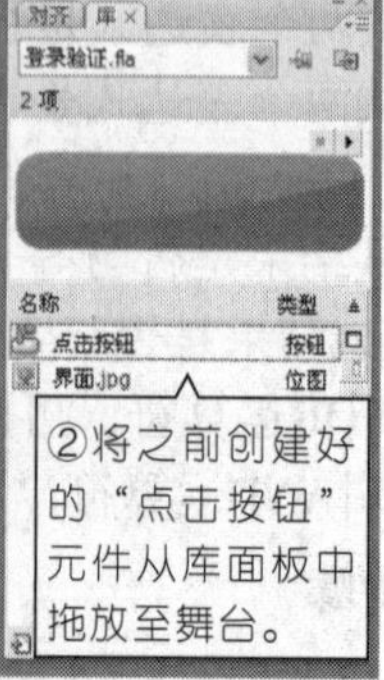

图10.2.5 将“点击按钮”放置于舞台

第5步：新建一图层，将图层命名为“文字”。使用文本工具在舞台相应位置输入“我的动画空间”，字体样式、大小、字间距可根据需要自行调整。打开滤镜面板，为对象添加“发光”滤镜，设置X轴和Y轴方向上的模糊度为“2”，强度为“1000%”，品质为高，颜色为白色，如图10.2.6所示。

第6步：选中“文字”图层，使用文本工具分别在两个按钮上输入内容为“确定”和“取消”的文本。文本样式、大小、颜色自定义，如图10.2.7所示。

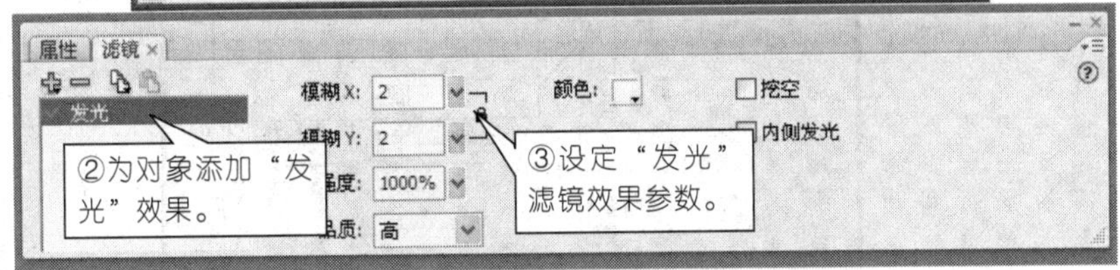

图10.2.6　为静态文本添加发光效果

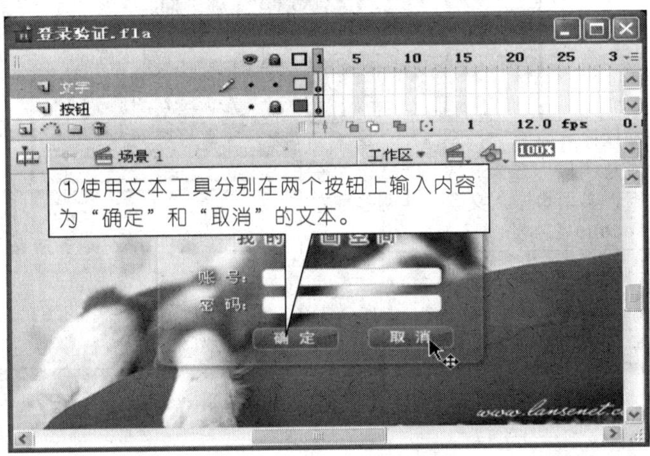

图10.2.7　输入静态文本

第7步：为了实现验证通过后能看见提示动画，我们新建一图层，将图层名称取为“动画”。在该层时间轴上的第2帧处放置权限内容，可以将权限内容设计为一段精美的动画或是精美的图片，当然也可以放置一个Flash游戏（程序）或者是一段文字描述。

在示例中，向读者展示的是一个简单的交互动画（创建过程将不再详细描述）。从第2帧处创建权限内容，时间轴结构，如图10.2.8所示。

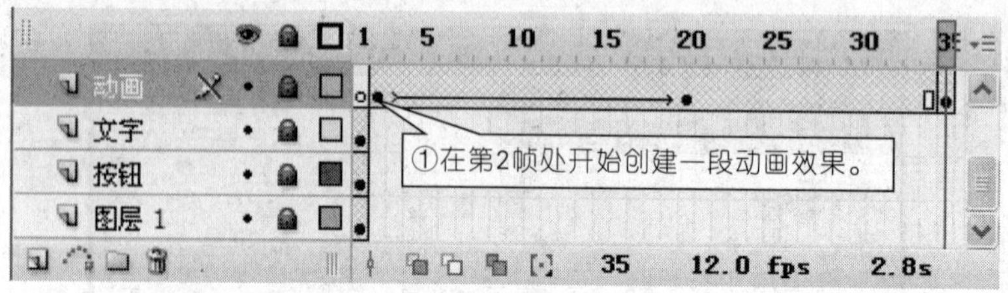

图10.2.8　创建自定义动画

第8步：新建一图层，将图层命名为“输入文字”。使用文本工具在舞台上创建一个输入文本框，使之覆盖于“账号文本框”上方。将字体颜色改为黑色，字体设为“_sans”，字体大小设为“12”像素，对齐方式设为左对齐，实例名称为“account”，操作如图10.2.9所示。

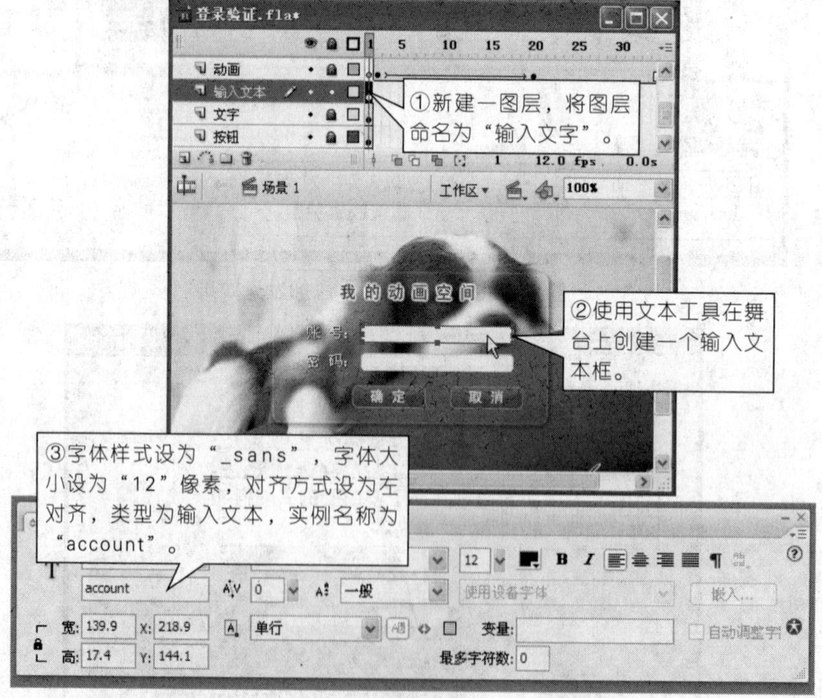

图10.2.9　创建实例名为“account”的输入文本

第9步：在“输入文字”层中使用文本工具在舞台上创建一个输入文本框，使之覆盖于“密码文本框”上方。将字体颜色改为黑色，字体设为“_sans”，字体大小设为“12”像素，对齐方式设为左对齐，实例名称为“password”，线条类型设为密码，操作如图10.2.10所示。

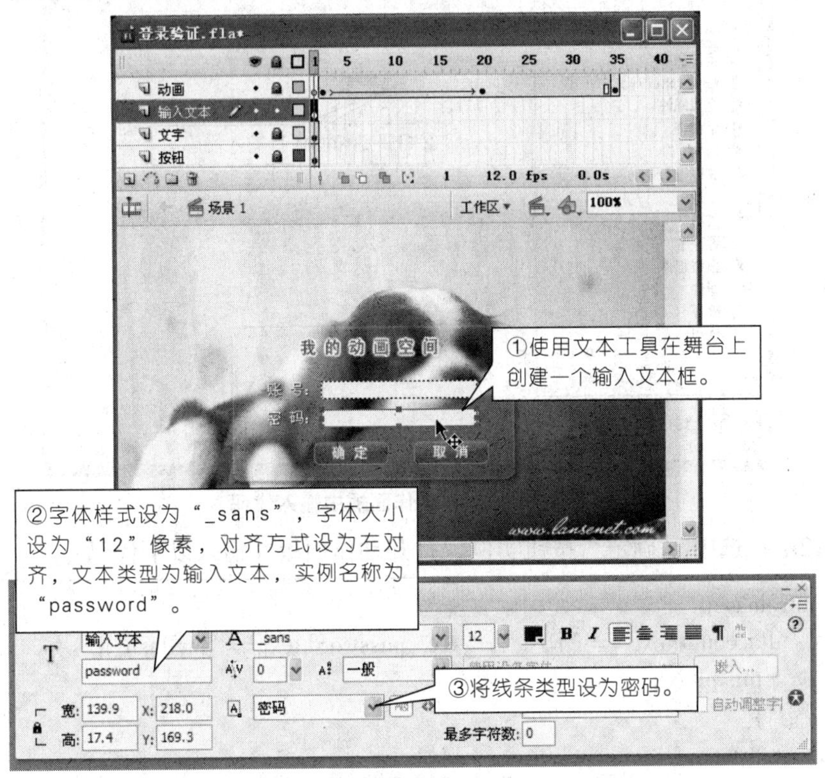

图10.2.10　创建实例名为“password”的输入文本

第10步：新建一图层并重命名为“输出文本”。使用文本工具在舞台上方合适区域创建一个动态文本框。将字体设为“宋体”，字体颜色为黄色，字体大小设为“12”像素，对齐方式设为左对齐，实例名称为“massage”，如图10.2.11所示。

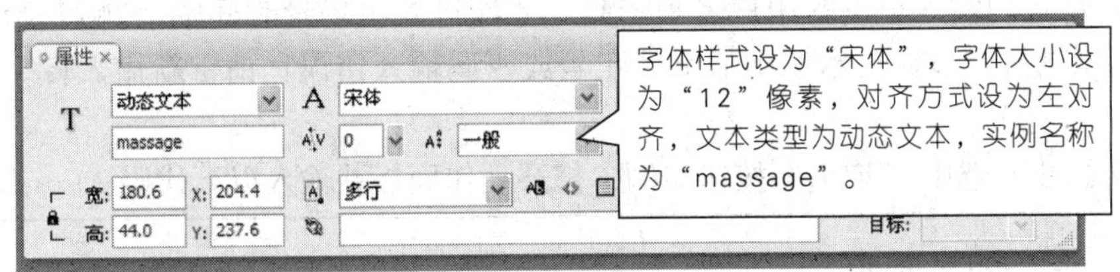

图10.2.11　创建实例名为“massage”的动态文本

第11步：新建一图层并重命名为“AS”，分别在时间轴首尾两帧处插入空白关键帧。打开动作面板在首尾两个空白关键帧中分别输入相同代码：stop( );，如图10.2.12所示。

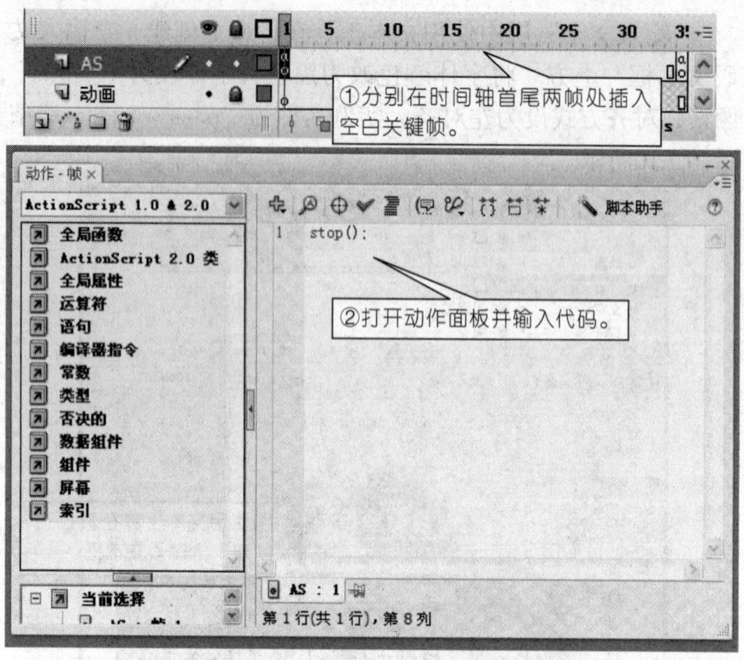

图10.2.12　在动作面板中输入代码

第12步：选中 “确定”按钮实例，打开动作面板并输入以下代码：

```
on(release){
   if(account.text  ==  "淘金者"  &&  password.text == "myflash"){
     this.play();
     }
   else{
              massage.text = "账号或密码输入错误！请重新输入！"
     }
}
```

我们将用户名设定为“淘金者”，密码设定为“myflash”。当动画发布后，首先需要我们输入正确的用户名和密码，才能进入主场景时间轴第2帧开始播放，否则，将在massage文本框中显示“账号或密码输入错误！请重新输入！”的提示信息。

第13步：选中 “取消”按钮实例，打开动作面板并输入以下代码：

```
on(release){
     account.text = "";
     password.text ="";
     massage.text = "";
}
```

当我们单击“取消”按钮，3个文本框中的文本信息将会被清空，以方便我们重新输入。

现在，身份验证登录器已经制作完成，播放“登录验证”影片，可测试并使用我们设计的所有功能。

练一练

根据所学知识，为自己的动画添加一个密码登录验证程序，正确则播放影片，错误则提示重新输入。